区块链技术及可信交易应用

张　勖　王东滨　邵苏杰　智　慧
北京同邦卓益科技有限公司研发团队　编著

北京邮电大学出版社
www.buptpress.com

内容简介

基于区块链的可信交易技术能够为融合新技术、新业态和新服务方式的现代服务业提供交易安全支撑，能够确保交易主客体信息真实、交易过程安全可信、交易可信透明、业务服务符合规范等。本书是作者在现代服务可信交易理论领域科研工作的总结，主要内容包括区块链发展和核心技术、现代服务业和可信交易，以及基于可信交易区块链平台的数据可信共享、信用评估、供应链应用，并以京东区块链为例介绍其在多行业中的应用。

本书可作为高等学校网络空间安全、计算机和电子信息类专业高年级本科生、研究生的学习参考用书，也可供相关领域的专业技术人员参考学习。

图书在版编目（CIP）数据

区块链技术及可信交易应用 / 张勖等编著. -- 北京：北京邮电大学出版社，2022.6（2024.4 重印）
ISBN 978-7-5635-6661-7

Ⅰ. ①区… Ⅱ. ①张… Ⅲ. ①区块链技术 Ⅳ. ①TP311.135.9

中国版本图书馆 CIP 数据核字（2022）第 101165 号

策划编辑：马晓仟　　**责任编辑**：孙宏颖　　**封面设计**：七星博纳

出版发行：北京邮电大学出版社
社　　址：北京市海淀区西土城路 10 号
邮政编码：100876
发 行 部：电话：010-62282185　传真：010-62283578
E-mail：publish@bupt.edu.cn
经　　销：各地新华书店
印　　刷：保定市中画美凯印刷有限公司
开　　本：787 mm×1 092 mm　1/16
印　　张：10.75
字　　数：281 千字
版　　次：2022 年 6 月第 1 版
印　　次：2024 年 4 月第 2 次印刷

ISBN 978-7-5635-6661-7　　定价：39.00 元

·如有印装质量问题，请与北京邮电大学出版社发行部联系·

前　言

现代服务业是融合新技术、新业态和新服务方式改造传统服务业，创造需求，引导消费，向社会提供高附加值、高层次、知识型的服务形态的行业。与此同时，现代服务业面临着参与交易主体间信任度低、交易过程不透明、结算可靠性不足、交易审计难等可信问题。而近年出现的区块链技术具有去中心化/分布式、去中介化、极难篡改、可追溯性、可编程性等特点，能够不需要中心化机构或者平台的信用评估与担保，实现在非信任环境下的多方间可信交易。基于区块链的可信交易技术和应用能够为构建可信社会交易体系和信任体系、促进现代服务业发展提供重要的技术保障和实现路径。

本书内容从现代服务业可信交易的关键技术和实践应用两个角度划分为上篇基础篇和下篇实践篇。本书共 10 章，包括上篇 6 章和下篇 4 章。第 1 章为区块链概述，包括区块链发展、区块链技术特点、区块链分类、区块链架构和典型区块链系统。第 2 章讲述区块链技术，包括区块链运行过程、区块链数据结构、区块链哈希运算、默克尔树、共识算法和智能合约。第 3 章阐述现代服务业和可信交易与区块链技术的关系，并侧重于介绍资产证券化和供应链金融领域区块链技术应用模式分析。第 4 章到第 6 章从现代服务业的典型应用，即数据共享、信用评估和供应链，阐述区块链技术应用于供应链、新能源互联网、企业与个人信用评估、供应链金融等场景的模式设计方案。第 7 章主要介绍区块链技术对产业和未来网络演进的意义和发展趋势。第 8 章至第 10 章以京东区块链为例介绍面向可信交易服务的区块链架构体系、典型应用、与智能技术融合发展等内容。

本书第 1、2 章由王东滨、智慧执笔；第 3 章由张勖执笔；第 4、5、6 章由邵苏杰执笔；第 7、8、9、10 章由姚乃胜带领的北京同邦卓益科技有限公司研发团队执笔。本书是在国家重点研发计划项目“现代服务可信交易理论与技术研究”（2018YFB1402700）的支持下完成的。来自北京邮电大学、北京同邦卓益科技有限公司、中国民航信息网络股份有限公司的作者在撰写本书的过程中，受到了北京航空航天大学、北京大学、北京科技大学、西安交通大学、清华大学、北京物资学院、赛迪工业和信息化研究院有限公司、中化能源股份有限公司、交通运输部科学研究院、北京德法智诚信息科技有限公司等项目组成员单位的各位专家、学者的指导，在此谨向以上各位表示衷心的感谢。

21 世纪信息社会的颠覆性技术、创新应用不断涌现，现代服务业可信交易的相关理论和技术也处于持续发展和快速演进过程中。作者试图紧跟时代前进的脚步，但限于作者的学识水平和表达能力，本书有限的篇幅很难反映区块链技术及其在可信交易应用中的全貌和发展趋势，书中难免存在疏漏和不当之处，恳请读者批评指正。此外，本书参考了大量专业论文、书籍和其他资料，如有引用遗漏或者给原作者带来任何不便，恳请与我们联系，我们将及时响应并更正。

目　录

上篇　基础篇

第 1 章　区块链概述 ······ 3

1.1　区块链的发展 ······ 3
1.2　区块链的技术特点 ······ 6
1.3　区块链的分类 ······ 7
1.4　区块链的架构 ······ 7
1.4.1　数据层 ······ 8
1.4.2　网络层 ······ 9
1.4.3　共识层 ······ 9
1.4.4　激励层 ······ 10
1.4.5　合约层 ······ 11
1.4.6　应用层 ······ 12
1.5　典型区块链系统 ······ 12
1.5.1　Bitcoin ······ 12
1.5.2　Ethereum ······ 14
1.5.3　Libra ······ 15
本章参考文献 ······ 16

第 2 章　区块链技术 ······ 19

2.1　区块链运行过程 ······ 19
2.1.1　密钥与地址 ······ 19
2.1.2　交易 ······ 21
2.1.3　比特币交易脚本 ······ 24
2.1.4　出块与共识 ······ 26
2.2　区块链数据结构 ······ 26
2.3　区块链哈希运算 ······ 28
2.4　默克尔树 ······ 29

2.5 共识算法…… 30
2.5.1 工作量证明算法…… 30
2.5.2 权益证明算法…… 31
2.5.3 实用拜占庭容错算法…… 31
2.6 智能合约…… 34
2.6.1 智能合约概述…… 34
2.6.2 智能合约的创建与运行…… 35
本章参考文献 …… 36

第 3 章 现代服务业与可信交易 …… 38

3.1 现代服务业…… 38
3.2 可信交易…… 39
3.3 区块链技术应用模式分析…… 43
3.3.1 资产证券化…… 45
3.3.2 供应链金融…… 47
本章参考文献 …… 48

第 4 章 基于可信交易区块链平台的数据共享 …… 50

4.1 引言…… 50
4.2 现代服务业中的数据共享技术…… 51
4.2.1 数据可信共享体系…… 51
4.2.2 数据可信共享关键技术…… 58
4.3 数据可信共享应用模式…… 67
4.3.1 供应链数据可信交换共享应用模式…… 67
4.3.2 新能源汽车运营监控数据可信交换共享应用模式…… 69
4.3.3 能源互联网数据可信交换共享应用模式…… 70
本章参考文献 …… 73

第 5 章 基于可信交易区块链平台的信用评估 …… 74

5.1 引言…… 74
5.2 信用评估模型…… 74
5.2.1 企业与个人信用评估模型…… 75
5.2.2 P2P 平台中的信用评估模型…… 76
5.2.3 信用评估存在的问题…… 77
5.3 基于区块链的信用评估…… 78
5.3.1 技术优势…… 78
5.3.2 基于区块链的信用评估框架…… 80
5.3.3 区块链技术对信用评估的影响…… 82
本章参考文献 …… 84

第 6 章　基于区块链平台的供应链 …… 86

6.1　引言 …… 86
6.2　供应链要素 …… 86
6.2.1　供应链事件和管理级别 …… 86
6.2.2　物流策略 …… 87
6.3　基于区块链的供应链应用模式 …… 87
6.3.1　基于区块链的供应链系统 …… 87
6.3.2　基于区块链的供应链模式改进 …… 89
6.4　供应链金融应用模式 …… 93
6.4.1　基于区块链的供应链金融模式发展 …… 93
6.4.2　在供应链金融领域中应用区块链技术的挑战 …… 95
本章参考文献 …… 95

下篇　实践篇

第 7 章　产业数字化“可信连接器” …… 101

7.1　新基建信息技术基础设施 …… 101
7.2　技术组合打造智能化商业体 …… 102
7.3　加速产业数字化突破式创新 …… 103
本章参考文献 …… 104

第 8 章　京东区块链技术架构体系 …… 105

8.1　技术研发核心理念 …… 105
8.2　自主可控的开源区块链底层引擎 JD Chain …… 105
8.2.1　核心能力 …… 105
8.2.2　功能模块 …… 107
8.2.3　部署模型 …… 108
8.3　先进易用的企业级区块链服务平台 JD BaaS …… 109
8.3.1　系统架构 …… 110
8.3.2　平台特点 …… 112
8.3.3　平台服务 …… 113
8.3.4　未来目标 …… 122
8.4　灵活可靠的组件化区块链应用开发框架 …… 122
本章参考文献 …… 124

第 9 章　京东区块链主要应用场景 …… 125

9.1　品质溯源 …… 125
9.1.1　区块链追溯服务价值量化 …… 126

9.1.2 零售供应链可视化的基石 …… 127
9.1.3 构建标准化追溯服务体系 …… 127
9.1.4 服务数十个供应链追溯场景 …… 129
9.2 数字存证 …… 133
9.2.1 电子合同 …… 134
9.2.2 商业秘密保护 …… 137
9.2.3 广告监播 …… 139
9.2.4 版权保护 …… 140
9.2.5 电子证照 …… 142
9.2.6 物流单证 …… 144
9.2.7 首营证照 …… 148
9.2.8 电子发票 …… 149
9.3 数字金融 …… 151
9.3.1 资产证券化 …… 151
9.3.2 数字仓单 …… 151
9.3.3 供应链金融 …… 155
本章参考文献 …… 155

第10章 区块链与智能技术融合 …… 156

10.1 区块链+云,构建一站式低门槛技术及服务体系 …… 156
10.1.1 区块链多云战略的实现路径 …… 156
10.1.2 灵活的接入方式助力中小企业业务腾飞 …… 156
10.2 区块链+城市操作系统,打造新型智能城市 …… 157
10.2.1 区块链与城市操作系统结合的实现路径 …… 157
10.2.2 助力提升城市治理效率和水平 …… 158
10.3 区块链+联邦学习,开创更高安全信息处理技术标准 …… 159
10.3.1 “区块链+联邦学习”的实现路径 …… 159
10.3.2 开创数据“可用不可见”合规应用新模式 …… 160
10.4 区块链+数据服务,京东智联云区块链数据服务 …… 160
10.4.1 区块链数据服务的重要意义 …… 160
10.4.2 京东智联云区块链数据服务 …… 161
10.4.3 功能特点 …… 162
10.4.4 应用场景 …… 162
10.5 区块链技术的未来 …… 163
本章参考文献 …… 163

上篇

基 础 篇

第1章 区块链概述

区块链是一种块链式存储、不可篡改、安全可信的去中心化分布式账本，结合了分布式存储、点对点传输、共识机制、密码学等技术。近年来，区块链因应用于比特币等加密货币而获得了极大的关注，区块链技术的研究与应用呈现快速增长的趋势。在不久的将来，区块链技术极有可能会改变我们的交互、生活，甚至触发下一次产业革命的颠覆[1]。在本章中会对区块链的发展、区块链的技术特点以及其分类等进行展开介绍。

1.1 区块链的发展

区块链的发展总体可分为三个阶段：区块链 1.0 主要应用于数字货币；区块链 2.0 实现了可编程金融，增加了智能合约的支持；区块链 3.0 旨在落地各行各业基于区块链的应用，构建可信、智能的社会生态。

1. 区块链 1.0

区块链技术和理论最初来源于比特币，2008 年中本聪首次提出了区块链这种数据结构，以及基于区块链的比特币[1-2]。比特币的交易数据是写在区块中的，各区块都带有时间戳，区块和区块之间通过哈希指针串联起来并形成时序关系，一旦篡改某一个区块中的数据，其之后所有区块中的哈希值都需要更改，这种记账方式使得比特币极难篡改。并且比特币作为一种分布式记账技术，整个交易过程无须第三方机构组织验证或监督，而是由区块链系统中的各个节点来验证交易的合理性。在区块链网络中，各节点时刻监听网络中广播的数据，当接收到其他节点发来的新交易和新区块时，它首先验证这些交易和区块是否有效，包括数据中的数字签名、区块中的工作量证明等，只有验证通过的区块才会被处理和转发[3]。

区块的产生过程也叫挖矿，比特币通过出块奖励和手续费来激励矿工记账和打包数据成块，比特币规定每产生 21 万个区块，出块奖励的比特币将减半。2009 年年初，比特币系统正式上线，中本聪挖出了第一个区块，即“创世区块”，产生了最初的 50 个比特币。比特币在 2020 年 5 月完成了第三次产量减半，出块奖励已经减半为 6.25 个 BTC(Bitcoin)。据 CoinGecko 的数据显示[4]，截至 2022 年 2 月，当前加密货币市值为 1.97 万亿美元，其中比特币市值就占了 40.6%。自 2013 年 10 月以来比特币价格走势如图 1-1 所示[5]。

继比特币之后，市场中涌现了很多种类的加密货币，据 Statista 的统计，如图 1-2 所示，截至 2022 年 2 月，存活的加密货币有 10 397 种[6]。2011 年莱特币(LTC)面世，莱特币在技术原理上与比特币基本相似，它使用硬内存和基于 Scrypt(一种加密算法)的挖矿工作量证明算法，

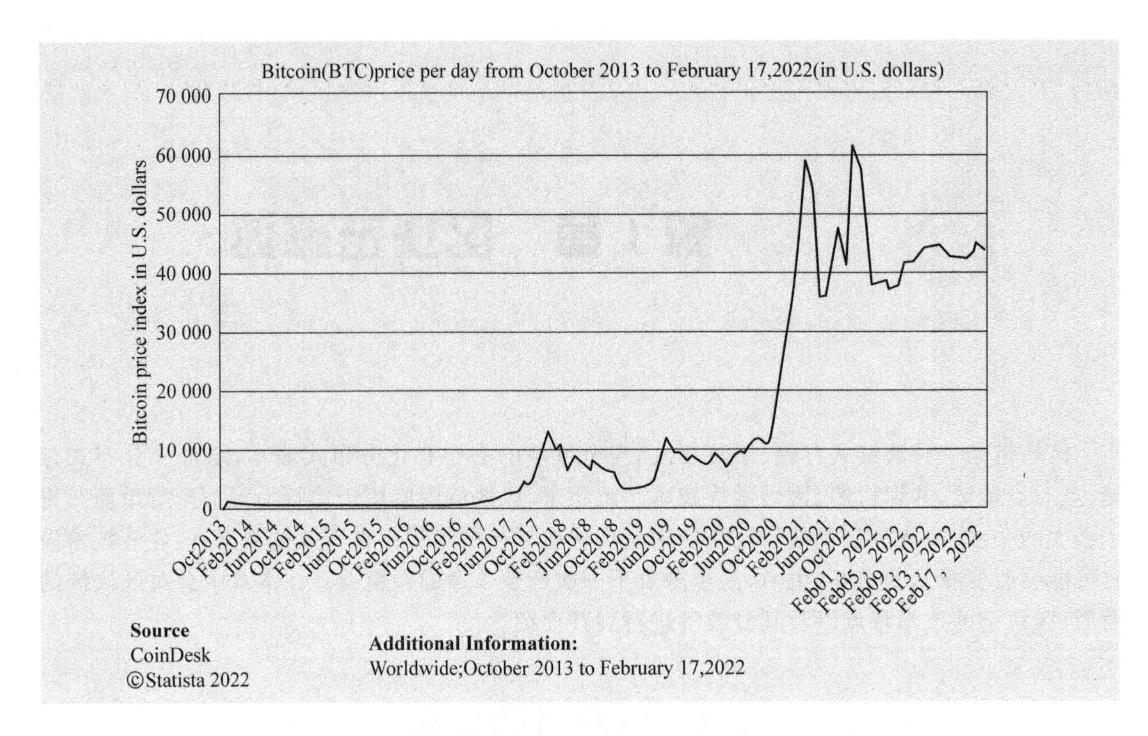

图 1-1　比特币历史价格图(2013 年 10 月至 2022 年 2 月)

使得在普通计算机上挖掘莱特币更加容易,降低了挖矿硬件成本。2013 年瑞波(Ripple)网络[7]被推出,随之发行了瑞波的基础货币瑞波币。瑞波网络是世界上第一个开放的支付网络,通过瑞波网络可以转账任意一种货币以及快速完成交易确认。2016 年 10 月 28 日,零币(Zcash)项目发布,Zcash 是首个使用零知识证明的区块链系统,零知识证明指的是证明者不需要向验证者提供任何有用信息,就可以使得验证者得出某论断是正确的,所以 Zcash 系统可以实现匿名支付。

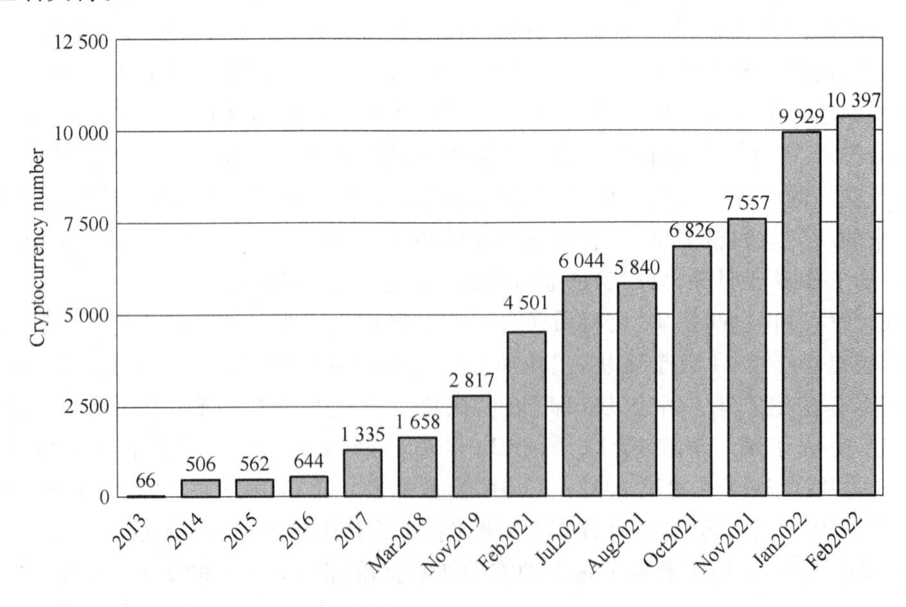

图 1-2　加密货币数量历史数据图(2013 年至 2022 年 2 月)

2. 区块链2.0

为了解决比特币的难以扩展，无法自定义信息结构(如资产、身份、股权)等问题，以太坊应运而生。2013年11月Vitalik Buterin[8]发起了以太坊项目，并在12月发布了《以太坊白皮书》。2014年4月，以太坊联合创始人Gavin Wood发表了《以太坊黄皮书》，并将其作为以太坊虚拟机的技术说明。以太坊是一个开源的有智能合约功能的公共区块链平台，允许用户在上面搭建各种去中心化的应用。在无可信第三方验证的情况下，智能合约作为一种监控、验证、执行合约条款的计算机交易协议，嵌入由数字形式控制的价值实体，担任合约双方共同信任的代理，自治、高效、安全地执行合约。以太坊的核心是图灵完备的以太坊虚拟机。用户可以使用高级编程语言或者专门用于智能合约开发的语言Solidity编写智能合约，并可将智能合约部署在以太坊区块链上，然后在以太坊虚拟机中运行。以太坊智能合约的执行需要消耗燃料(gas)费，用以维护以太坊网络，燃料费不足智能合约就会停止执行。以太坊适用于公有链、私有链和联盟链3种区块链环境，不同的区块链环境可以通过扩展包的形式将智能合约部署到链上。

2015年12月，Linux基金会发起了超级账本Hyperledger开源区块链项目[9]，旨在构建业务驱动的、跨行业的商业区块链平台，其中Fabric项目最受关注，其专门针对企业级区块链应用。Hyperledger中的智能合约称为链码，通过调用链码中的函数方法来实现处理交易的业务逻辑，完成对分布式账本的更新和维护。2016年4月，R3公司发布了面向金融机构定制设计的分布式账本平台Corda，其保障了数据仅对交易双方及监管可见的交易隐私性。R3公司发起的联盟包括花旗银行、汇丰银行、德意志银行、法国兴业银行等80多家金融机构[2]。

3. 区块链3.0

随着区块链2.0智能合约的引入，区块链技术开始不仅在金融领域得到发展，在物流、医疗、司法、公证、投票等其他领域也投入运用，2020年全球区块链企业垂直分类[10]如图1-3所示。一方面区块链针对已有业务，其应用场景正在实体经济、公共服务等传统领域不断拓展，呈现新型水平化布局；另一方面随着应用场景的深入和多元化，区块链要发挥更多的“互联网信任基座的变革潜力”[11]。

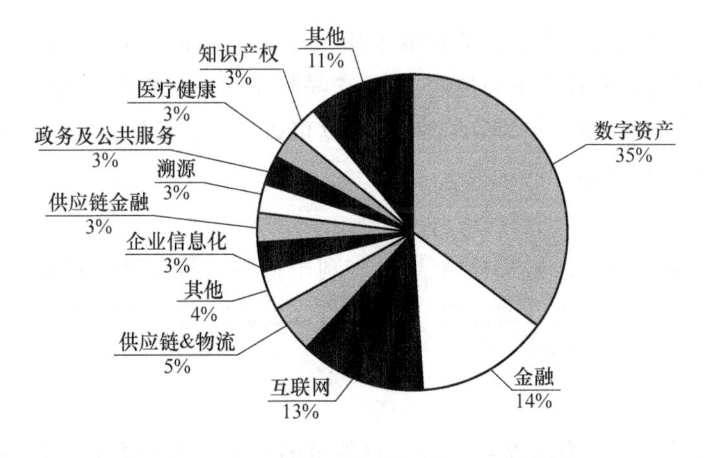

图1-3　2020年全球区块链企业垂直分类

在应用落地方面，区块链技术已经对一些行业进行了革命性的改变。例如：

① 医疗。区块链技术有可能彻底改变患者记录和个人信息的管理和存储。此外，区块链可以优化不同医疗服务之间的通信，从而促进全球协作。

② 运输。物流供应链在运输和交付服务中，可以通过引入分布式账本技术进行深度优化。区块链记录可用于优化货物的可追溯性和问责制。

③ 投票。随着透明的公共分类账被集成到投票系统中，该过程变得更易于访问且更安全。

在新兴应用方面，区块链技术不可篡改、可追溯、无中介化和分布式的特点使其可以赋能数字人民币，进行碳追踪、碳交易等。区块链还可以为物联网数据流转和价值挖掘提供可信保障，其特性可以让隐私数据变得有据可寻，提供安全性和透明度。由于云资源的开放性和易得性，所以公有云平台成为当前区块链创新的最佳载体，蚂蚁、腾讯、华为等主流云厂商的 BaaS 平台（Blockchain as a Service，区块链服务）已经具有多引擎支持、多模式部署、多节点统一管理的能力。区块链也被寄予厚望，或许可以颠覆现有中心化的互联网，成为 Web 3.0 的天然基石，实现无服务器的、去中心化的、可验证的和安全的互联网。

1.2 区块链的技术特点

区块链作为一种全新的去中心化/分布式基础架构与分布式计算范式，其主要技术特点如下。

(1) 数据不可篡改

不可篡改性指的是一旦数据经过验证被写入区块链后，任何人都无法对数据进行修改和抵赖。区块链利用哈希函数的强抗碰撞行和单向性以及数字签名的防伪认证，保证了其不可篡改性。

(2) 去中心化/分布式

在网络层面，区块链网络节点间的传输采用 P2P 协议，即任何节点都是平等的且不存在中心节点。在控制层面，不存在中心控制节点，交易数据和区块数据区块链数据的写入和同步需要多数节点验证数据达成共识，再决定哪些数据可以写入。根据去中心化的程度，不同区块链系统应用不同的共识机制。

(3) 可追溯性

区块链采用带时间戳的块链式存储结构，有利于追溯交易从源头状态到最近状态的整个过程。时间戳作为区块数据存在的证明，有助于将区块链应用于公证、知识产权注册等时间敏感领域。

(4) 智能合约

由传统的外置合约发展为内置合约，基于区块链的双方之间不仅可以进行简单的价值转移，用户还可以通过编写智能合约把预设的规则和条款转化为可以自动执行的程序，将智能合约部署在区块链上，一旦满足条件智能合约就会自动执行，部署后智能合约的逻辑将再也无法更改。

1.3 区块链的分类

根据节点准入机制，区块链系统可以分为许可链和非许可链。许可链的节点需要中心机构的审查，因此这些节点是可信的；也可能这些节点仍然互不信任，需要协商维护规则和访问控制，只有经过授权的节点才能访问数据以及参与系统维护。非许可链不对节点进行身份审查，节点皆以匿名形式自由地加入或退出网络[4]。根据去中心化程度，区块链系统可以分为公有链、联盟链和私有链3类，非许可链对应的是公有链，许可链可以按照私有程度的不同分为联盟链和私有链，这3类区块链的对比如表1-1所示。

表1-1 3类区块链的对比

特 征	公有链	联盟链	私有链
参与者	任何人自由进出	企业或联盟成员	个体或公司内部
共识机制	PoW/PoS/DPoS等	分布式一致性算法	分布式一致性算法
激励机制	需要	可选	不需要
中心化程度	去中心化	多中心化	(多)中心化
数据一致性	概率(弱)一致性	确定(强)一致性	确定(强)一致性
网络规模	大	较大	小
处理交易能力	$3\sim20/s^{-1}$	$1\,000\sim10\,000/s^{-1}$	$1\,000\sim200\,000/s^{-1}$
典型应用	加密货币、存证	支付、清算	审计

由于公有链系统对节点是开放的，公有链通常规模较大，所以达成共识难度较高，吞吐量较低，效率较低。在公有链环境中，由于节点数量不确定，节点的身份也未知，因此为了保证系统的可靠可信，需要确定合适的共识算法来保证数据的一致性和设计激励机制去维护系统的持续运行。典型的公有链系统有比特币、以太坊。

联盟链通常是由具有相同行业背景的多家不同机构组成的，其应用场景为多个银行之间的支付结算、多种企业之间的供应链管理、政府部门之间的信息共享等。联盟链中的共识节点来自联盟内各个机构，且提供节点审查、验证管理机制，节点数目远小于公有链，因此吞吐量较高，可以实现毫秒级确认；链上数据仅在联盟机构内部共享，拥有更好的安全隐私保护。联盟链有前文介绍过的Hyperledger、Fabric、Corda平台和企业以太坊联盟等。

私有链通常部署于单个机构，适用于内部数据管理与审计，共识节点均来自机构内部。私有链一般网络规模更小，因此比联盟链效率更高，甚至可以与中心化数据库的性能相当。联盟链和私有链由于准入门槛的限制，可以有效地减小恶意节点作乱的风险，容易达成数据的强一致性。

1.4 区块链的架构

2016年袁勇等[5]提出了区块链基础架构的“六层模型”，如图1-4所示，从底层到上层依次是数据层、网络层、共识层、激励层、合约层和应用层。数据层包括区块结构和数据加密等技术;网络层包括网络结构、数据传播技术和验证机制等;共识层包括 PoW(工作量证明)、PoS(权益证明)、DPoS(授权股份证明)等多个网络节点之间的共识机制;激励层包括激励的发行和分配机制;合约层包括各种脚本代码和智能合约;应用层包括数字货币等应用场景。

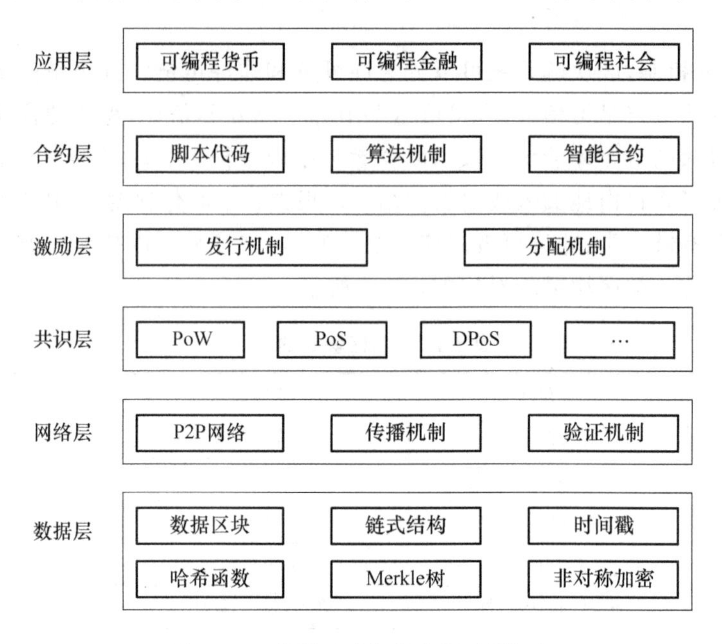

图 1-4　区块链基础架构的"六层模型"

1.4.1　数据层

数据层负责区块链数据结构和物理存储,区块链的数据结构表示为交易被排序的区块链表,如图 1-5 所示。区块记录一段时间内的交易记录,将一段时间内收到的交易记录封装到一个数据区块中,在区块的头部包含块的元数据,元数据主要包括区块当前版本、父区块的哈希值、Merkle 树根哈希(用于有效总结区块中所有交易的数据结构)、区块创建时间、区块当前难度和一个随机值,区块头用于验证区块的有效性。每个区块头都连接着前一个区块,这使得区

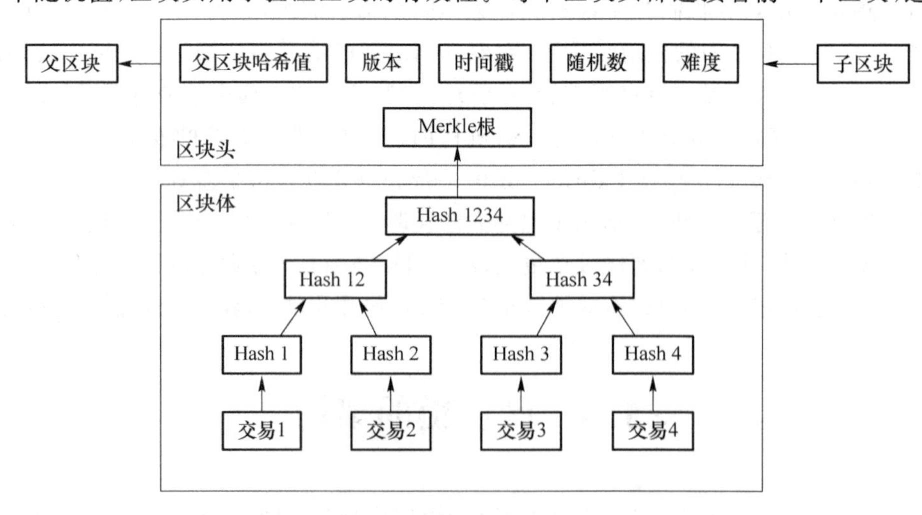

图 1-5　区块结构

块中的每一个交易都有据可查,区块的哈希值能够唯一标识区块,将区块按照区块头中的哈希指针链接成一个链,就是区块链。

区块链中通常保存数据的哈希值,而不是直接保存原始的数据。由于哈希函数不能反推出输入值,计算过程消耗的时间大约相同,输出值长度固定,输入的任何变动都会导致输出显著不同,因而其非常适合用于存储区块数据。例如比特币通常使用双SHA256哈希函数。

Merkle树是区块链数据层的一种重要数据结构,区块链中交易的哈希值存储为Merkle树的一部分。Merkle树通过生成整个交易集的数字指纹来汇总块中的所有交易,从而使用户能够验证交易是否包含在块中。Merkle树逐层记录哈希值的特点使底层数据的任何变动,都会传递到其父节点,一层层沿着路径一直到树根,这意味着树根的值实际上代表了对底层所有数据的数字摘要,实现了块内交易数据的不可篡改性。Merkel树使得区块头只需要包含根哈希值,而不必封装所有底层数据,从而极大地提高了区块链的运行效率和可扩展性。此外Merkel树支持"简化支付验证",可以在不运行完整区块链网络节点的情况下完成对数据的检验[2]。

1.4.2　网络层

网络层实现了区块链网络中节点之间的信息交流,属于分布式存储技术。区块链的点对点机制、数据传播机制、数据验证机制、分布式算法和加密签名等都是在网络层实现的。区块链网络中没有中心节点,任意两个节点间可直接进行交易,任何时刻每个节点都可自由地加入或退出网络,因此,区块链平台通常选择完全分布式且可容忍单点故障的P2P协议作为网络传输协议[2],如图1-6所示。

区块链网络的P2P协议主要用于节点间传输交易数据和区块数据。在区块链网络中,每个节点都具有平等、分治、分布等特性和路由发现、广播交易、发现新节点等功能,不存在中心化的权威节点和层级结构。节点之间通过维护一个共同的区块链结构来保持通信,共同维护整个区块链账本。按照节点中存储的数据量,节点可以划分为全节点和轻量级节点,全节点中保存有完整的区块链数据,并且实时动态更新主链,这样的优点是可以独立完成区块数据的校验、查询和更新,缺点是空间成本高;轻量级节点仅保存部分区块数据,需要从相邻节点获取所需的数据才能完成区块数据校验。

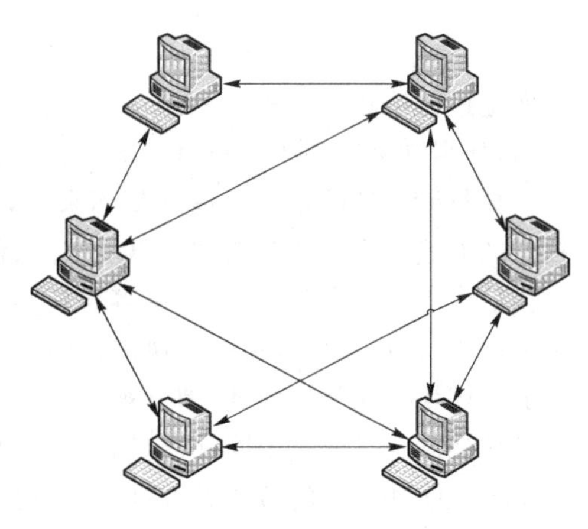

图1-6　P2P网络结构

节点时刻监听网络中广播的数据,当新的区块生成后,生成该区块的节点会向全网广播,其他节点收到发来的新交易和新区块时,其首先会验证这些交易和区块是否有效,包括交易中的数字签名、区块中的工作量证明等,只有验证通过的交易和区块才会被处理和转发,以防止无效数据的继续传播。

1.4.3　共识层

共识层负责让高度分散的节点在去中心化的区块链网络中高效地针对区块数据的有效性达成共识,封装了区块链系统中使用的各类共识算法。区块链系统的核心是区块链账本数据的维护，因此，共识的过程是各节点验证及更新账本的过程，共识的结果是系统对外提供一份统一的账本。

由于区块链系统未对参与节点的身份进行限制，网络中的节点可能为了利益进行欺骗、作恶，所以为了避免恶意节点，系统要求每一次记账都需要付出一定的代价，而其余的节点只需要很小的代价就可以验证。“代价”有很多种形式，如计算资源、存储资源、特殊硬件等。共识算法机制包括工作量证明（PoW）、权益证明（PoS）、授权股份证明（DPoS）等。

工作量证明要求每个节点都使用自身算力解决 SHA256 计算难题，寻找一个合适的随机数使得区块头部元数据的 SHA256 哈希值小于区块头中难度目标的设定值，难度目标越大，合适的随机数越难找到，首先找到的节点可以获得新区块的记账权并获得奖励。SHA256 计算难题的解决很困难，但是验证非常容易，这样其他节点可以快速地验证新区块，如果正确就将该区块加入区块链中并开始构建下一个区块。PoW 机制将奖励和共识过程融合，使更多节点参与进来并保持诚信，从而增强了网络的可靠性和安全性。对于 PoW 机制来说，若要篡改和伪造区块链中的某个区块，就必须对该区块及后续的所有区块重新寻找块头的随机数，并且使该分支链的长度超过主链，这要求攻击者至少掌握全网 51% 以上的算力，因此攻击难度非常大。PoW 机制的实质是通过牺牲性能来换取数据的一致性和安全性，所以基于 PoW 机制的区块链平台的性能相对较低。

权益证明是利用节点持有的代币信息来选取记账节点的算法。通过选举的形式，其中任意节点被随机选择来验证下一个区块，要成为验证者，节点需要在网络中存入一定数量的货币作为权益，权益的份额大小决定了被选为验证者的概率，从而得以创建下一个区块。验证者将检查区块中的交易是否有效，若有效则将该区块添加到区块链中，同时该节点获得一定的利益，若通过了非法的交易，则该节点会失去一部分权益，这样节点就会以保护自己权益的目的诚实地进行记账。相较于 PoW，PoS 解决了算力浪费的问题，并能够缩短达成共识所需的时间，这使得许多数字货币采用 PoS 共识机制。

授权股份证明是由 PoS 演变而来的，拥有数字货币的节点通过抵押代币获得选票，通过投票的方式选出一些节点作为出块节点，负责对交易打包生成区块，让更有能力的节点胜任生成区块的工作，类似于公司的董事会制度。在每一轮共识中，从出块节点中轮流选出一个节点生成区块，并广播给其他的区块进行验证。若节点无法在规定时间内完成生成区块的任务或生成的区块无法经过验证，则会被取消资格。与 PoW 机制中的信任高算力节点和 PoS 机制中的信任高权益节点不同，DPoS 机制中每个节点都可以自主地选择信任的节点，大大地减少了参与记账和验证的节点数量，可以实现快速共识验证。

1.4.4 激励层

激励层主要包括发行机制和分配机制，通过奖励部分数字资产来鼓励节点参与区块链的安全验证工作，从而维护挖矿活动以及账本更新持续进行。去中心化系统中的共识节点都是以自身利益最大化为目标的，因此必须使共识节点自身利益最大化与保证区块链系统安全和有效的目标相吻合。

公有链依赖全网节点共同维护数据，节点不需要进行认证，可以随时加入、退出这个网络，记账需要消耗 CPU、存储、带宽等资源，所以需要有一定的激励机制来确保矿工在记账的过程中能有收益，以此来保证整个区块链系统朝着良性循环的方向发展。在联盟链中，所有节点都是已经经过组织认证的节点，不需要额外的激励，这些节点也会自发地维护整个系统的安全和稳定。

以比特币系统为例，发行机制是指每个区块发行的比特币数量随时间阶段性递减，每 21 万个区块之后每个区块发行的比特币数量减半，最终比特币总量达到 2 100 万的上限，同时每次比特币交易都会产生少量的手续费。PoW 共识会将新发行的比特币和交易手续费作为激励，奖励给成功找到合适的随机数并完成区块打包工作的节点，因此只有所有共识节点共同维护比特币系统的有效性和安全性，其拥有的比特币才会有价值。分配机制是指大量小算力节点加入矿池，通过合作来提高挖到新区块的概率，并共享该区块的比特币和手续费奖励。

1.4.5　合约层

合约层负责封装区块链系统的脚本代码、算法和智能合约，是实现区块链系统编程和操作数据的基础。出现较早的比特币系统使用非图灵完备的简单脚本代码来实现数字货币的交易过程，这是智能合约的雏形，目前如以太坊已经实现了图灵完备的智能合约脚本语言，使区块链可以实现宏观金融和社会系统等更多应用。

智能合约是一种用算法和程序来编写合同条款、部署在区块链上并且可以按照规则自动执行的数字化协议。理想状态下的智能合约可以看作一台图灵机，是一段能够按照事先的规则自动执行的程序，不受外界人为干预。它的存在是为了让一组复杂的、带有触发条件的数字化承诺能够按照参与者的意志，正确执行。智能合约的运行机制如图 1-7 所示[6]。

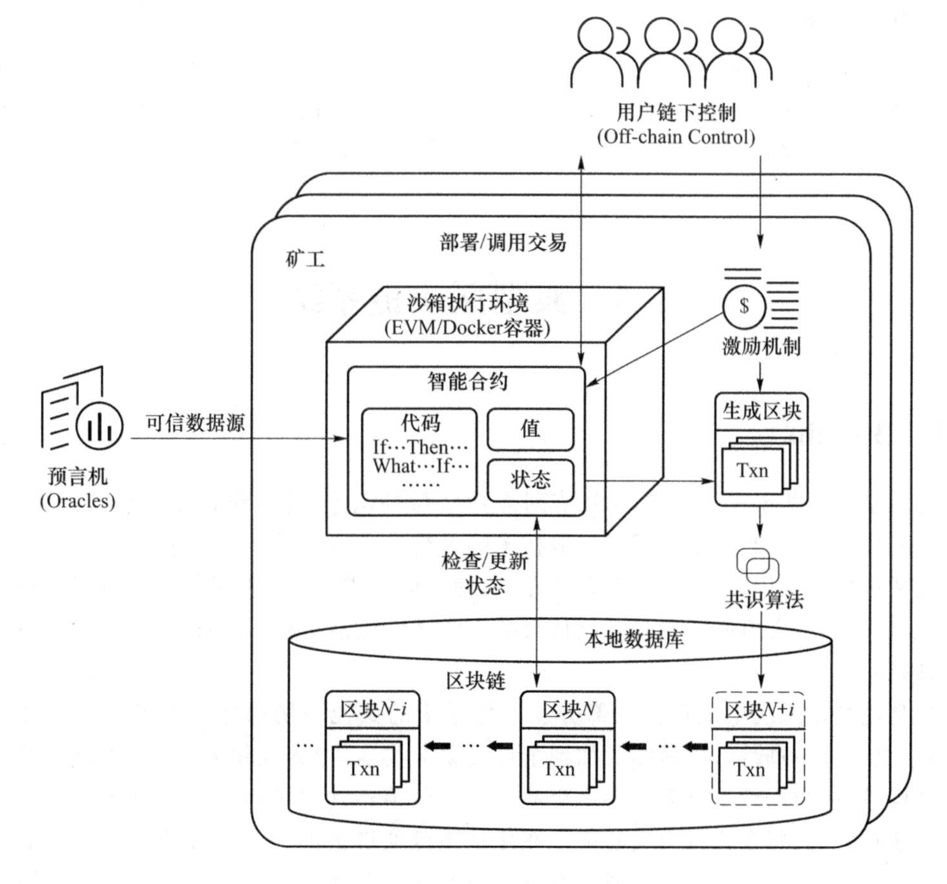

图 1-7　智能合约的运行机制

区块链系统提供信任的环境，使得智能合约的概念得以实现，各用户对规则协商一致后创建合约代码，并将该合约代码上链，一旦满足触发条件，合约代码将由矿工按照预设规则执行。区块链的去中心化使得智能合约在没有中心管理者参与的情况下，可同时运行在全网所有节点，任何机构和个人都无法将其强行停止。智能合约拓展了区块链的功能，丰富了区块链的上层应用，允许在没有第三方的情况下进行可信交易，这些交易可追踪且不可逆转。

1.4.6 应用层

区块链技术是具有普适性的底层技术，它不仅可以应用于数字货币领域，在经济、金融和社会系统中也有广泛的应用场景。目前一般认为区块链技术的应用分为区块链 1.0、2.0 和 3.0 时代。

① 1.0 时代是以比特币为代表的虚拟数字货币时代，实现了数字货币的应用，包括支付、流通等货币职能和去中心化的支付手段。比特币描述了一个宏伟的蓝图，未来的货币不再依赖于各国央行发行，而是全球统一的货币。

② 2.0 时代是智能合约的时代，智能合约与数字货币结合在金融领域有着更广泛的应用场景，区块链实现的点对点操作避免了第三方的介入，可以避免环境、跨国、跨行、货币转换等问题，直接实现点对点的转账，提高了金融系统的效率。区块链 2.0 的代表是以太坊，以太坊提供了一个智能合约编程环境，用户通过开发智能合约实现了各种复杂逻辑，提供了广泛的商业、非商业应用场景。

③ 3.0 时代是指将区块链技术应用于金融之外行业的时代，区块链 3.0 被称为互联网技术之后的新一代技术创新，可以推动更大的产业改革。区块链 3.0 会涉及社会生活的各个方面，会在数据存储、数据鉴证、资产管理、选举投票等领域得到广泛应用，促进信息、资源、价值的流通和有效配置。

1.5 典型区块链系统

1.5.1 Bitcoin

比特币是一种基于去中心化，采用点对点网络与共识主动性，开放源代码，以区块链作为底层技术的加密货币，是最早应用区块链技术的系统。比特币系统是一种电子支付系统，它不是基于权威机构的信用，而是基于密码学原理，使任何达成一致的交易双方都可以直接进行支付，不需要任何第三方机构的参与。比特币的主要概念包括交易、时间戳服务器、工作量证明、网络、激励等。

交易是比特币系统中最重要的部分。比特币中的其他一切都是为了确保交易可以被创建、在网络上传播、被验证，并最终添加到全局交易分类账本（区块链）中。比特币交易的本质是数据结构，这些数据结构是对比特币交易参与者价值传递的编码。比特币区块链是一本全局复式记账总账簿，每个比特币交易都是在比特币区块链上的一个公开记录。比特币将电子币定义为数字签名链，币的转移是通过所有者对前一笔交易和下一个所有者的公匙进行签名，并将这两个签名放到币的末端来实现的。收款人可以通过验证签名来验证链所有权。

比特币采用了非对称加密技术，公钥就是用户的账户号码，当用户要消费比特币时，需要用私钥进行签名，系统会用账户号码也就是公钥验证签名是否正确，并且根据用户的账户号码从历史的交易中计算出当前账户中的真实金额，确保用户操作的资金在账户真实金额之内。每一条交易记录都需要用私钥签名，系统用公钥验证签名是否正确，验证正确则认为合法，再验证插入的记录中转账金额是否正确，验证的方式是对该公钥以往的所有交易记录进行计算，得出该账户当前的金额，如果不超过该金额则为合法。这种机制保证只能对自己的账户进行操作，再结合 P2P 网络结构下的最终一致性原则，以及账本的链式结构，一个攻击者需要算力超过目前的集群才能创建另外一个账本分支，并且攻击者也只能更改自己的账户，所以这种攻击的收益极低，而对于比特币系统来说，强大的算力让比特币系统更加稳健了。

比特币交易结构如图 1-8 所示。

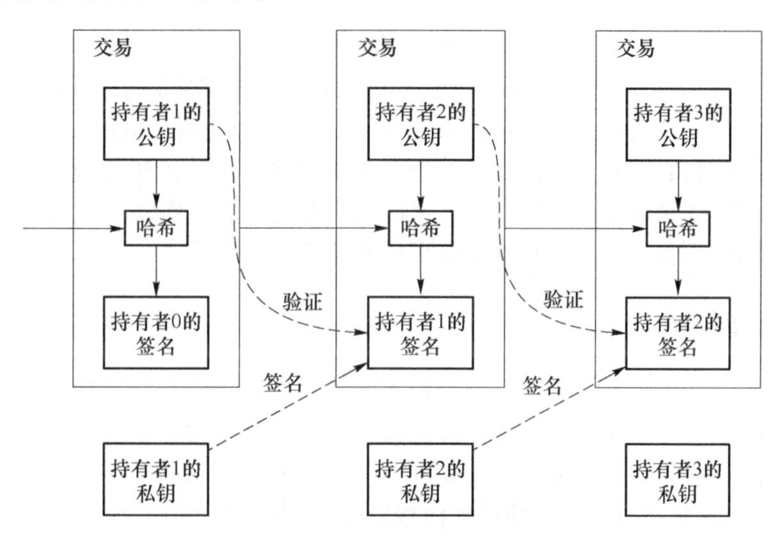

图 1-8　比特币交易结构

比特币通过算力竞争的工作量证明机制使各节点来解决一个求解复杂但验证简单的 SHA256 数学难题，最快解决该难题的节点会获得区块记账权和该区块生成的比特币作为奖励。此难题可以理解为根据当前难度值通过暴力搜索找到一个合适的随机数(Nonce)，使得区块头各元数据的双 SHA256 值小于等于目标值。比特币系统会自动调整难度值以保证区块生成的平均时间为 10 分钟。符合要求的区块头哈希值通常由多个前导零构成，难度值越大，区块头哈希值的前导零越多，成功找到合适的随机数并挖出新区块的难度越大。

比特币采用了基于互联网的点对点(P2P)网络架构，网络中的每一个节点都是平等的，不存在任何中心化服务和层级结构，以扁平的拓扑结构相互连通。当新的区块生成后，生成该区块的节点会将区块数据广播到网络中，其他节点加以验证。比特币的区块数据传播主要包括以下步骤。

① 向全网所有节点广播新的交易。

② 每个节点都将收集到新的交易并打包到一个区块中。

③ 每个节点都致力于为它的区块找到一个有难度的工作量证明。

④ 当一个节点找到工作量证明后，就将该区块广播给所有节点。

⑤ 只有区块中所有的交易都有效并且之前不存在，其他节点才会接受这个区块。

⑥ 其他节点通过用已接受区块的哈希值作为前一个哈希值，在链中创造新区块，来表示

它们接受了这个区块。

所有节点都将最长的链条视为正确的链，并且继续延长它，如果两个节点同时广播了不同的新区块，这时两个区块都会保留，链上出现分支，当每个分支都继续变长后，所有节点会选择最长的一个分支作为主链，继续在它后面创造区块。

区块结构如图 1-9 所示。

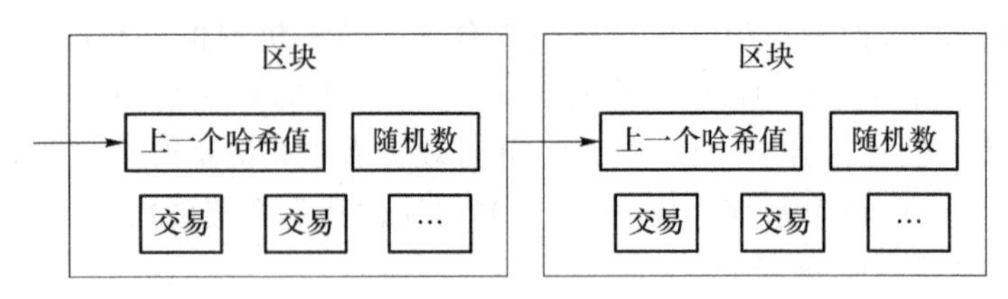

图 1-9　区块结构

比特币每个区块的第一笔交易中都包含了支付给创造者的新发行的比特币和其他交易的手续费，这样会激励节点更加支持比特币系统，这是在没有中央集权机构发行货币的情况下将电子货币分配到流通领域的一种方法，类似于开采金矿将黄金注入流通领域。激励系统有利于使节点保持诚实，如果恶意的攻击者拥有比诚实节点更多的总算力，他会发现破坏这个系统会让自身财富受损，而保持诚实会让他获得更多的电子货币。

1.5.2　Ethereum

以太坊(Ethereum)[31]是将比特币中的技术和概念运用于计算领域的一项创新。比特币被认为是一个系统，该系统维护了一个安全地记录了所有比特币账单的共享账簿。以太坊利用很多跟比特币类似的机制(比如区块链技术和 P2P 网络)来维护一个共享的计算平台，这个平台可以灵活且安全地运行用户想要的任何程序(包括类似比特币的区块链程序)。以太坊的特性包括以下几方面。

1. 以太坊账户

在以太坊系统中，状态是由被称为“账户”(每个账户都有一个 20 字节的地址)的对象和在两个账户之间转移价值和信息的状态转换构成的。以太币(Ether)是以太坊内部的主要加密货币，用于支付交易费用。一般而言，以太坊有两种类型的账户：外部所有的账户(由私钥控制)和合约账户(由合约代码控制)。外部所有的账户没有代码，人们可以通过创建和签名一笔交易从一个外部账户发送消息。每当合约账户收到一条消息时，合约内部的代码就会被激活，允许它对内部存储进行读取和写入，发送其他消息或者创建合约。

2. 消息和交易

以太坊的消息在某种程度上类似于比特币的交易，但是两者之间存在三点重要的不同。第一，以太坊的消息可以由外部实体或者合约创建，然而比特币的交易只能从外部创建。第二，以太坊消息可以选择包含数据。第三，如果以太坊消息的接收者是合约账户，可以选择进行回应，这意味着以太坊消息也包含函数概念。以太坊中“交易”是指存储从外部账户发出的消息的签名数据包。交易包含消息的接收者、用于确认发送者的签名、以太币账户余额、要发送的数据和两个被称为 STARTGAS 和 GASPRICE 的数值。

3. 代码执行

以太坊合约的代码使用低级的基于堆栈的字节码语言写成，被称为“以太坊虚拟机代码”

或者"EVM代码"。代码由一系列字节构成,每一个字节都代表一种操作。一般而言,代码执行是无限循环的,程序计数器每增加一(初始值为零)就执行一次操作,直到代码执行完毕或者遇到错误。

4. 应用

一般来讲,以太坊之上有三类应用。第一类是金融应用,为用户提供更强大的用他们的钱管理和参与合约的方法,包括子货币、金融衍生品、对冲合约、储蓄钱包、遗嘱,甚至一些种类全面的雇佣合约。第二类是半金融应用,这里有金钱的存在,但也有很大比例的非金钱方面,一个完美的例子是为解决计算问题而设的自我强制悬赏。第三类是在线投票和去中心化治理这样的完全非金融应用。

各种各样的金融合约——从简单的实体资产(黄金、股票)数字化应用,到复杂的金融衍生品应用,面向互联网基础设施的更安全的更新与维护应用(比如DNS和数字认证),不依赖中心化服务提供商的个人线上身份管理应用(因为中心化服务提供商很可能留有某种后门,并借此窥探个人隐私)。除了已经被很多创业团队实现出来的上百种区块链应用以外,以太坊也被一些金融机构、银行财团,以及类似三星、Deloitte、RWE和IBM这类的大公司所密切关注,由此也催生了一批诸如简化和自动化金融交易、商户忠诚指数追踪、旨在实现电子交易去中心化的礼品卡等区块链应用。

1.5.3 Libra

Libra(已经改名为Diem)是Facebook提出的一种支付体系[32],旨在建立一套简单的、无国界的货币和为数十亿人服务的金融基础设施。Libra由三个部分组成,它们共同作用,创造了一个更加普惠的金融体系:

① 它建立在安全、可扩展和可靠的区块链基础上;

② 它以赋予它内在价值的资产储备为后盾;

③ 它由独立的Libra协会治理,该协会的任务是促进此金融生态系统的发展。

Libra/Diem币建立在安全、可扩展和可靠的区块链基础上,由现金、现金等价物和非常短期的政府证券组成的储备金支持,由独立的Libra/Diem协会及其附属网络进行管理、开发及运营。它旨在面向全球受众,所以实现Libra/Diem区块链的软件是开源的,以便所有人都可以在此基础上进行开发,且数十亿人都可以依靠它来满足自己的金融需求。随着智能手机和无线数据的激增,越来越多的人将通过这些新服务上网和使用Libra/Diem。为了使Libra/Diem网络能够随着时间的推移实现这一愿景,Libra/Diem协会从零开始构建了其所需的区块链,同时优先考虑了可扩展性、安全性、存储效率、吞吐量以及其对未来的适应性。

Libra/Diem支付系统支持单货币稳定币以及一种多货币稳定币,它们统称为Libra/Diem币。每种单货币稳定币都会有1∶1的储备金支持,而每个多货币稳定币都是多种单货币稳定币的组合,其继承了这些稳定币的稳定性。Libra/Diem的储备金会受到管理,并随着时间的推移维护Libra/Diem币的价值。

通过对现有方案的评估,Libra/Diem决定基于下列三项要求构建一个新的区块链:设计和使用Move编程语言;使用拜占庭容错共识机制;采用和迭代改善已广泛采用的区块链数据结构。

1. 设计和使用 Move 编程语言

Move 是一种新的编程语言，用于在 Libra/Diem 区块链中实现自定义交易逻辑和“智能合约”。Move 语言的设计首先考虑安全性和可靠性，是迄今为止发生的与智能合约相关的安全事件中吸取经验而创造的一种编程语言，能从本质上令人更加轻松地编写符合作者意图的代码，从而降低了出现意外漏洞或安全事件的风险。具体而言，Move 从设计上可防止数字资产被复制。它使得将数字资产限制为与真实资产具有相同属性的“资源类型”成为现实：每个资源只有唯一的所有者，资源只能花费一次，并限制创建新资源。

2. 使用拜占庭容错共识机制

Libra/Diem 区块链采用了基于 Libra/DiemBFT 共识协议的 BFT 机制，来实现所有验证者节点就将要执行的交易及其执行顺序达成一致。这种机制实现了三个重要目标：第一，它可以在网络中建立信任，因为即使某些验证者节点（最多三分之一的网络）被破坏或发生故障，BFT 共识协议的设计也能够确保网络正常运行；第二，与其他一些区块链中使用的“工作量证明”机制相比，这类共识协议还可实现高交易处理量、低延迟和更高能效的共识方法；第三，Libra/DiemBFT 协议有助于清楚地描述交易的最终性，因此当参与者看到足够数量验证者的交易确认时，他们就可以确保交易已经完成。

BFT 的安全性取决于验证者的质量，因此协会会对潜在验证者进行调查。Libra/Diem 网络的设计以安全第一为原则，并考虑了复杂的网络和对关键基础设施的攻击。该网络的结构是为了加强验证者运行软件的保证，包括利用关键代码分离等技术、测试共识算法的创新方法以及对依赖关系的谨慎管理。最后，Libra/Diem 网络定义了在出现严重漏洞或需要升级时重新配置 Libra/Diem 区块链的策略及过程。

3. 采用和迭代改善已广泛采用的区块链数据结构

默克尔树（Merkle Tree）是一种已在其他区块链中广泛使用的数据结构，它可以侦测到现有数据的任何变化。为了保障所存储交易数据的安全，在 Libra/Diem 区块链中可以通过默克尔树发现交易数据是否被篡改。与以往将区块链视为交易区块集合的区块链项目不同，Libra/Diem 区块链是一种单一的数据结构，可长期记录交易历史和状态。这种实现方式简化了访问区块链应用程序的工作量，允许区块链系统从任何时间点读取任何数据，并使用统一框架验证该数据的完整性。

根据以上的设计，Libra/Diem 区块链可以提供公共可验证性，这意味着任何人〔验证者、Libra/Diem 网络、虚拟资产服务提供商（VASP）、执法部门或任何第三方〕都可以审核所有操作的准确性。交易将以加密方式签名，以便即使所有验证者都被破坏，系统也不能接受具有签名的伪造交易。协会会监督 Libra/Diem 区块链协议和网络的发展，并在适用监管要求的同时，不断评估新技术，以增强区块链上的隐私合规性。

本章参考文献

[1] Nakamoto S. Bitcoin: a peer-to-peer electronic cash system[EB/OL]. [2022-01-16]. https://bitcoin.org/bitcoin.pdf.

[2] 邵奇峰，金澈清. 区块链技术：架构及进展[J]. 计算机学报，2008，41(5)：969-988.

[3]　中国信息通信研究院. 区块链白皮书(2021年)[Z]. 2021.

[4]　袁勇,王飞跃. 区块链理论与方法[M]. 北京:清华大学出版社,2019.

[5]　袁勇, 王飞跃. 区块链技术发展现状与展望[J]. 自动化学报, 2016, 42(4):14.

[6]　欧阳丽炜,王帅. 智能合约: 架构及进展[J]. 自动化学报, 2019,45(3):445-457.

[7]　中国信息通信研究院. 区块链白皮书(2020年)[Z]. 2020.

[8]　中国信息通信研究院. 区块链白皮书(2018年)[Z]. 2018.

[9]　Bhutta M N M,Khwaja A A,Nadeem A, et al. A Survey on Blockchain Technology: Evolution, Architecture and Security[J]. IEEE Access,2021(9): 61048-61073.

[10]　代闯闯,栾海晶,杨雪莹,等. 区块链技术研究综述[J]. 计算机科学,2021,48(S2): 500-508.

[11]　O'reilly. Blockchain blueprint for a new economy[Z]. 2015.

[12]　Ali M S,Vecchio M,Pincheira M, et al. Applications of Blockchains in the Internet of Things: A Comprehensive Survey[J]. Communications Surveys & Tutorials ,2018,2(21):1676-1717.

[13]　王赫彬,郑长友,黄松,等. 以太坊智能合约安全形式化验证方法研究进展[J]. 计算机技术与发展,2021,31(9):104-111.

[14]　董宁,朱轩彤. 区块链技术演进及产业应用展望[J]. 信息安全研究,2017,3(3): 200-210.

[15]　华为区块链技术开发团队. 区块链技术及应用[M]. 北京:清华大学出版社,2018.

[16]　Terzi S,Votis K,Tzovaras D,et al. Blockchain 3.0 Smart Contracts in E-Government 3.0 Applications[J]. 2019.

[17]　夏清, 窦文生, 郭凯文,等. 区块链共识协议综述[J]. 软件学报,2021,32(2):277-299.

[18]　蔡晓晴,邓尧. 区块链原理及其核心技术[J]. 计算机学报,2021,44(1):84-131.

[19]　中国信息通信研究院. 区块链白皮书(2019年)[Z]. 2019.

[20]　安德烈亚斯,安东诺普洛斯. 精通区块链编程:加密货币原理、方法和应用开发[M]. 2版. 郭理靖,译. 北京:机械工业出版社,2017.

[21]　Buterin V. A Next Generation Smart Contract and Decentralized Application Platform [EB/OL]. (2019-05-13)[2022-01-16]. https://github. com/ethereum/wiki/wiki/White-Paper.

[22]　King S,Nadal S. Ppcoin:Peer-to-peer Crypto-currency with Proof-of-stake[Z]. 2012.

[23]　Bitcoin transaction 2019[EB/OL]. [2022-01-16]. https://en. bitcoin. it/wiki/Transaction.

[24]　Buterin V. Ethereum[EB/OL]. [2022-01-16]. https://github. com/ethereum/wiki/wiki/White-Paper.

[25]　Androulaki E,Barger A,Bortnikov V,et al. Hyperledger fabric:a distributed operating system for permissioned blockchains[C]//Proc. of the EuroSys Conf. , 2018.

[26]　Buterin V. A next-generation smart contract and decentralized application platform [Z]. 2014.

[27]　Ray S . Zerocash: Decentralized Anonymous Payments from Bitcoin[J]. Computing Reviews, 2015, 56(9):573-574.

[28]　袁勇,周涛,周傲英,等. 区块链技术:从数据智能到知识自动化[J]. 自动化学报,2017 (9):1485-1490.

[29] 袁勇，王飞跃. 平行区块链：概念、方法与内涵解析[J]. 自动化学报，2017，43(10)：10.

[30] 杨保华，陈昌. 区块链：原理、设计与应用[M]. 北京：机械工业出版社，2017.

[31] Buterin V. Ethereum：A Next-Generation Smart Contract and centralized Application Platform [EB/OL]. [2022-01-16]. https://ethereum. org/669c9e2e2027310b6b3cdce6e1c52962/Ethereum_White_Paper_-_Buterin_2014. pdf.

[32] Libra Association. An Introduction to Libra[EB/OL]. [2022-01-16]. https://sls. gmu. edu/pfrt/wp-content/uploads/sites/54/2020/02/LibraWhitePaper _ en _ US-Rev0723. pdf.

第2章 区块链技术

区块链是由多方共同维护，使用密码学保证传输和访问安全，能够实现数据一致存储，难以篡改，防止抵赖的记账技术，也称为分布式账本技术[1]。随着第一个公有链系统比特币的诞生，区块链技术也蓬勃发展，诞生了很多不同区块链系统，并且可以从节点加入是否需要认证、采用的共识机制等方面看出它们间的不同。但各个区块链系统的整体思路与最终目的是相似的，其运行机制在大的框架中也都相同。

2.1 区块链运行过程

区块链的运行过程就是用户节点如何在整个区块链系统中，共同维护大家认可的数据。这一过程包含新节点加入、交易信息发出、网络传播与验证、出块选举与共识和激励机制等部分。对于一个比特币中的全节点而言，其运行过程如下。

① 源节点创建交易，构造数字签名并检查输出地址。

② 源节点将该交易广播到网络中其他节点。

③ 全网节点验证交易的合理性，将其放入本地交易池中。

④ 节点依照交易优先级，将交易池中的交易放入本地构造的区块中。

⑤ 尝试不同的 Nonce 以满足挖矿难度设置。

⑥ 节点如果取得出块权力，则将自己打包好的区块更新到本地主链中。

⑦ 节点将区块广播到网络中。

⑧ 网络中其他节点会确认此区块，并且更新主链。

比特币是最具影响力的区块链系统，它影响了所有区块链系统。本书以比特币为例，介绍区块链的运行过程。比特币作为公有链系统，节点想要加入比特币系统不需要任何人的许可，但是需要拥有自己的公私钥以及比特币地址，来满足比特币系统的交易需要。

2.1.1 密钥与地址

比特币的所有权是通过数字密钥、比特币地址和数字签名来确定的。数字密钥并不存储在网络中，不直接参与到区块链网络中，通常由用户存储在比特币钱包或简单的数据库之中。密钥实现了比特币的去中心化信任和控制、所有权认证和基于密码学证明的安全模型。比特币使用了密码学中的哈希运算与数字签名技术，它们几乎存在于比特币运行的每一环节，并且参与构建了比特币的核心数据结构。

比特币中的交易往往需要支付方提供有效的数字签名,其中运用到了公钥密码学技术,而数字签名需要用户使用只有本人知道的私钥生成。掌握了私钥就相当于掌握了账户的控制权,可以使用该账户下的所有比特币进行支付。因此用户必须避免密钥的遗失或泄露。在公钥密码学体系中,密钥是成对出现的,由一个私钥和一个公钥所组成。公钥就像银行的账号,而私钥就像账户密码。在构造比特币交易时,收件人的公钥是由其数字指纹代表的,称为比特币地址,可将此地址理解为用户账号。一般情况下,比特币地址由一个公钥生成并对应于这个公钥,但也有部分比特币地址代表脚本。而用户在构造交易的输入部分来花费比特币时,要使用自己的公钥和私钥生成的数字签名作为解锁脚本。

如果一个用户想要加入比特币系统中,他需要生成属于自己的一套公私钥对以及比特币地址,以便他正常地使用比特币的一系列功能,并且比特币是公有链系统,用户加入不需要得到其他机构的许可。这一过程包括私钥生成、公钥生成和比特币地址生成。比特币地址是由公钥转换而来的,而公钥是由私钥转换来的,所以首先需要随机生成一个私钥。比特币地址的生成过程如图 2-1 所示[2]。这一过程是单向的,无法通过比特币地址或公钥向前反推。

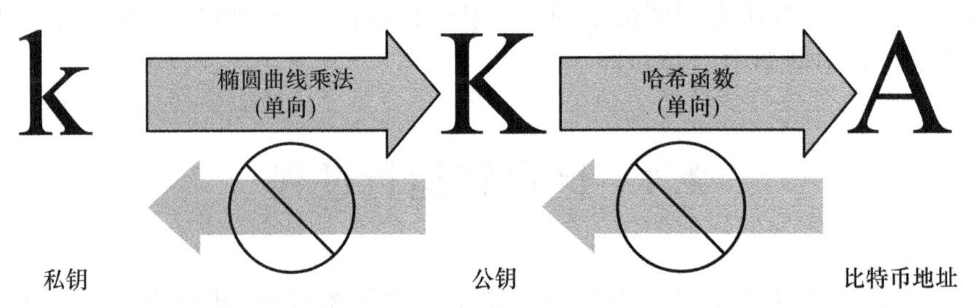

图 2-1　比特币地址的生成过程

1. 生成私钥

生成私钥的过程就是随机选择一个 256 位地址的过程。为了确保选择的数字是随机的,需要找到足够安全的随机性来源。比特币软件使用操作系统底层的随机数生成器来生成一个 256 位的随机数,并对其进行 SHA256 哈希运算,得到一个 256 位的值,如果该值是 1 到 $n-1$ 之间的任一数字($n=1.158\times10^{77}$),则比特币地址有效。否则,我们要重新生成随机数,再重新进行哈希运算,直到找到符合条件的比特币地址。注意一定要使用密码学安全的伪随机数生成器,并且需要有具有足够熵值的源的种子。

2. 通过椭圆曲线乘法从私钥计算得到公钥

比特币公钥由私钥产生,比特币使用了 secp256k1 标准所定义的一种特殊的椭圆曲线和一系列数学常数。以一个随机生成的私钥 k 为起点,将其与曲线上预定的生成点 G 相乘,以获得曲线上的另一点,即相应的公钥 K,表示为$\{K=k*G\}$。计算出的公钥 K 是一个点 $K=(X,Y)$,因为由椭圆曲线公式可以由 X 值计算出 Y 值,为了节省空间,可以仅保存 X 坐标得到压缩公钥,但需要加上前缀来判断正负(因为椭圆运算的特殊性,可以奇偶表示)。压缩公钥是比特币客户端当前的默认形式,但比特币也同时兼容非压缩公钥。压缩公钥与非压缩公钥的格式如表 2-1 所示。

表 2-1　公钥的两种编码形式

非压缩公钥	$04+X+Y$,共 520 bit,通常以十六进制表示。例如 040ba1ba3b8d8f7bd4a70828ec0e749dd26ee4cdd18d058c880afa121fad60e5b6f2ee1b72d9b9a57706e5de72acc1378f92269086c4964c073593bf92d28c647d
压缩公钥	Y 为偶数时前缀为 02,Y 为奇数时前缀为 03(椭圆曲线上同一 X 值对应两个 Y 值)。例如 030ba1ba3b8d8f7bd4a70828ec0e749dd26ee4cdd18d058c880afa121fad60e5b6

3. 使用单向的加密哈希算法生成比特币地址

由公钥生成比特币地址时使用的算法是 SHA256 和 RIPEMD160。以公钥 K 为输入，计算其 SHA256 哈希值，并以此结果计算 RIPEMD160 哈希值，得到一个长度为 160 位（20 字节）的数字：$A=\text{RIPEMD160}(\text{SHA256}(K))$。公式中 A 为生成的比特币地址。

通常用户见到的比特币地址是经过 Base58Check 编码的，这种编码使用了 58 个字符（由不包括 0、O、l、I 的大小写字母和数字组成）和校验码，提高了可读性，避免了歧义，并有效地防止了在地址转录和输入中产生的错误[2]。Base58Check 编码也被用于比特币的其他地方，例如用于比特币地址、私钥、加密的密钥和脚本哈希中，用来提高可读性和录入的正确性。图 2-2 描述了如何从公钥生成比特币地址。

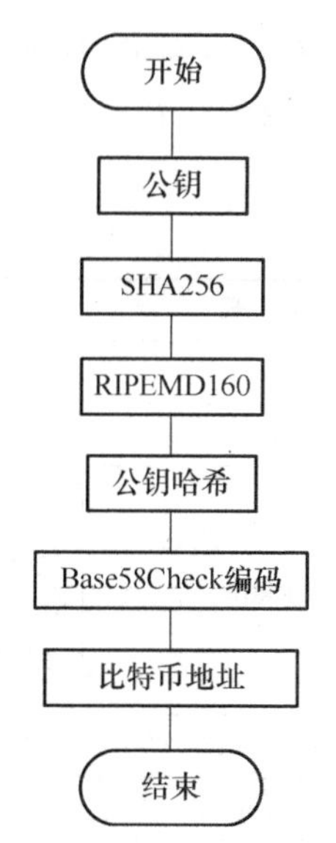

图 2-2　从公钥生成比特币地址

2.1.2　交易

在比特币中，交易由一个节点发出并传播到区块链网络中，但交易并非一发出就被记录在区块链中。交易首先由各个节点进行验证，验证无误后会被添加到本地维护的交易池中，节点在交易池中挑选交易，放入本地构造的区块中，当节点获得出块权时，将包含此交易的区块发送到网络中并达成共识，交易才算正式生效[3]。下面将介绍比特币交易的多种形式，其所包含的信息，如何被创建，如何被验证以及如何成为所有比特币交易永久记录的一部分。

为了方便用户的查看与使用，区块浏览器应用程序往往会呈现给用户简化版的交易内容。比如图 2-3 中我们所看到的交易，该交易发生在 2022 年 2 月 20 日，该交易中存在一个输入与两个输出。图 2-3 中包括交易付款方的比特币地址、收款方的比特币地址、输入及输出金额、交易量大小、接收时间、所在区块高度、总输入输出、打包费等数据。但这些数据中只有输出金额是直接存放在区块内部的，其他的数据都是应用程序为了用户体验从更高层次中计算得来的。事实中，一个交易结构主要由三部分构成，分别是元数据、输入集合、输出集合。在区块中，除了第一个出块奖励 Coinbase 交易以外，其他交易都有至少一个输入与输出，Coinbase 没有输入，只有输出。在比特币区块中存放的交易的常见格式如表 2-2 所示[2]。

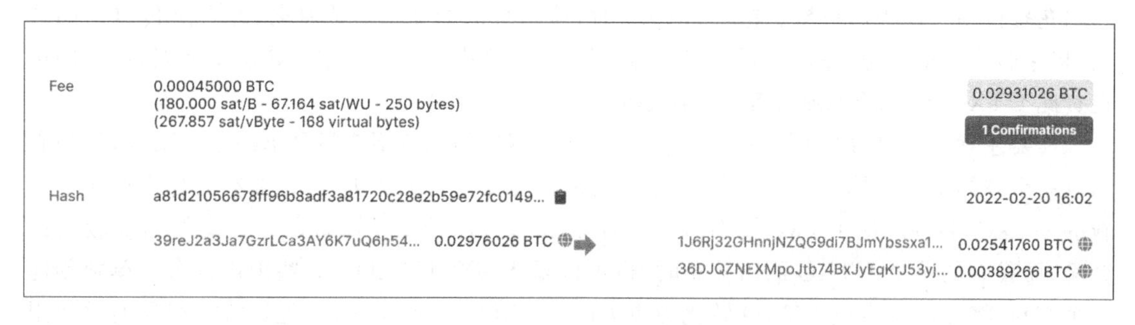

图 2-3　区块浏览器中的交易信息

元数据中主要存放一些交易的内部信息，比如交易的标识哈希值、版本号、输入的数量、输出的数量、确认时间、交易总字节数。这些数据主要用于区块链软件进行内部处理。交易的主体部分在输入与输出中体现，在输入与输出列表中，有一些较难理解的字段，比如解锁脚本、锁定脚本，我们会在后文讲解交易脚本的地方重点讲解。为了帮助读者理解比特币中的交易，首先需要介绍 UTXO。

表 2-2　比特币交易的数据结构

字　段	描　述	大　小
version	版本号，当前为 1	4 字节
flag	如果存在，设为 0001，表示存在见证数据	可选 2 字节
locktime	时间锁，大多数设置为 0，以指示即时传播与执行；若低于 5 亿，解释为块高度，意味着交易无效，在指定的块高度之前未被中继或包含在块链中；超过 5 亿，被解释为 Unix 纪元时间戳（自 Jan-1-1970 之后的秒数），交易在指定时间前无效	4 字节
In-counter	输入数量	1～9 字节
list of inputs	输入列表，区块第一个交易的第一个输入称为“Coinbase”	变长
Out-counter	输出数量	1～9 字节
list of outputs	输出列表，区块第一个交易中的输出地址可以使用出块奖励	变长
Witnesses	见证列表，每个输入对应一个，如果 flag 为空则忽略	变长

1. UTXO

比特币交易中的基础构建单元是交易输出。交易输出是比特币不可分割的基本组合，记录在区块上，在整个网络中的所有节点都存有备份。比特币完整节点会跟踪所有可找到的未使用的输出，称为“未花费的交易输出”（Unspent Transaction Outputs，UTXO）[4]。所有 UTXO 的集合被称为 UTXO 集，目前有数百万个 UTXO。当一个新区块产生时，所有节点将会对照该区块中的每个交易，更新自己的 UTXO 集。如果某 UTXO 在交易中被使用掉，则在 UTXO 集中删除该项；与此同时，交易的输出也会产生新的 UTXO。

同时，比特币中并不以账户作为交易的基本主体，而是通过 UTXO 集合来支持所有的交易。比特币中并不存在账户这一数据结构，当用户想要计算出某比特币地址的当前余额时，需要扫描区块链中属于该用户的所有 UTXO，将其加和得到最终余额。大多数比特币软件维护一个数据库或使用数据库服务来存储所有 UTXO 快速参考集，这些 UTXO 由用户的密钥来控制花费行为。即当用户想要花费 UTXO 时，使用自己的私钥生成签名，并且上传自己的公钥，将它们作为解锁脚本的一部分，解锁脚本与 UTXO 中的锁定脚本结合确认无误，用户即可花费此 UTXO，脚本的详细讲解见后面小节。

需要注意的是，UTXO 是不可分割的单位，UTXO 的花费不能只是单纯减少余额，而是必须以一个整体被消耗掉。如果需要 UTXO 的值比需要支付的值大，必须要在交易中创建一个新的 UTXO，将原本的 UTXO 拆分成给商家的和给自己的某个账户的。当支付需要较大的金额，而我们的单个 UTXO 面值较小时，也可以输入多个 UTXO。有些用户也可以单独创建一个交易，将自己的零钱 UTXO 转化为更大的 UTXO。总而言之，一笔比特币交易通过使用者的签名与公钥来解锁 UTXO，并通过使用新的所有者的比特币地址来锁定并创建 UTXO。

2. 交易输入

在比特币区块中，每笔交易中都包含着一个或数个输入，这些输入组成了一个输入列表，代表着多个要花费的UTXO。以图2-3中所展示的交易为例，现在关注其输入列表中包含的输入信息。在Blockchain.com网站中可得到该交易输入部分的序列化格式，如图2-4所示。

Inputs　HEX　ASM

Index　0　Details　Output

Address　39reJ2a3Ja7GzrLCa3AY6K7uQ6h54VUrLG　Value　0.02976026 BTC

Pkscript　OP_HASH160
59931c4486b050aeaa781044ec163c9a8f3b39ee
OP_EQUAL

Sigscript　00141a89171aa6561658fb2b4d0685fb6362b707badf

Witness　304502210080c9e1cbc43ff6878b918b4dcd13d8300a5d0db059155beb4c1dc614ac62098002203907 5df9cc80aa4ea69ff14faedc0dae9590c579debeec9372c0a80c05e1e78101
036b1e878e1a7ea8f4bb335bcdb45be49dad543077a396fc97461533c1ade132f4

图2-4　比特币交易输入的序列化格式

图2-4显示了有关此交易输入的部分信息，包括索引、支付方地址、解锁脚本、签名脚本、见证等信息。其中的Address字段是由比特币相关程序通过UTXO向上回溯得到的，并不在真实的区块网络传播过程中。在真实的网络传输中，输入首先通过上一交易哈希值以及索引字段，引用到上一个交易中的一个UTXO上，从而得到该UTXO的锁定脚本。与此同时，交易输入还给出了解锁脚本以及数字签名，通过解锁脚本与锁定脚本的结合，再配合用户的数字签名，即可证明支付方拥有该UTXO的使用权。比特币网络中的真实交易输入的序列化格式如表2-3所示。

表2-3　真实交易输入的序列化格式

字　段	描　述	大　小
上一交易哈希	一个指向包含特定UTXO的交易的哈希指针	32字节
上一交易索引	交易中的UTXO索引号，以0起始	4字节
解锁脚本长度	解锁脚本的字节数	1～9字节
解锁脚本	用来达成UTXO中锁定脚本条件的脚本	变长
序列号	目前未使用的交易替换功能，通常设为0xFFFFFFFF	4字节

3. 交易输出

每一笔比特币交易都会创造输出，并被比特币账簿记录下来。交易输出包含两部分：输出的比特币值（单位为聪）和锁定脚本。其中比特币值表示该输出中包含的比特币数量，即产生的UTXO中包含的比特币值。锁定脚本设置了UTXO的锁定谜题，要求使用该UTXO的用户使用解锁脚本进行解锁，通常要求使用者提供相应的数字签名证明其身份。以图2-3中的交易为例，比特币交易输出的部分信息如图2-5所示。

除了给商户的输出以外，输出中往往也包括交易费。交易费是给将交易打包到区块中并发送的节点的。交易费往往不直接构造在交易中，而是要矿工由总输入-总输出算出自己所得

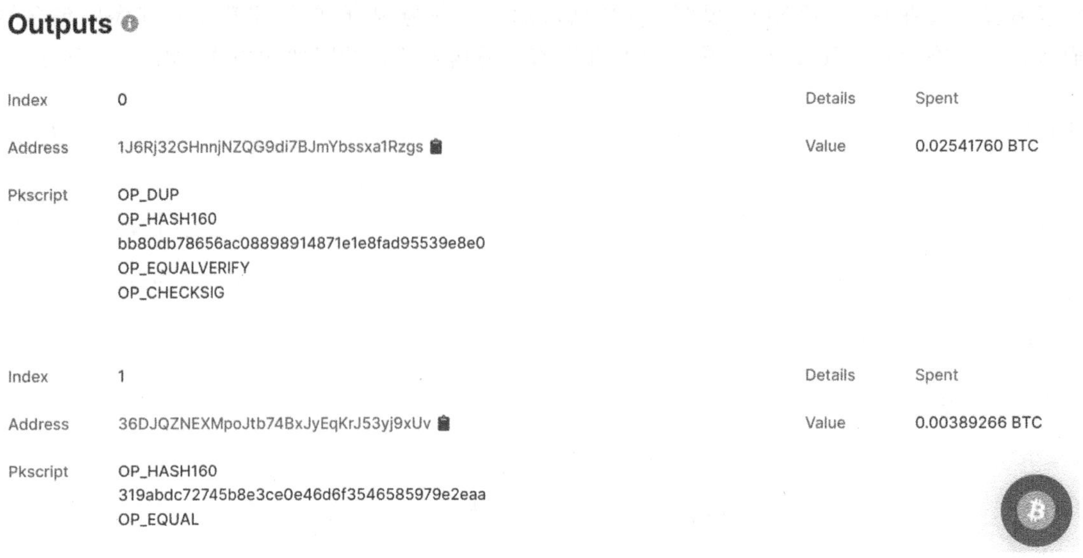

Outputs

Index	0	Details	Spent
Address	1J6Rj32GHnnjNZQG9di7BJmYbssxa1Rzgs	Value	0.02541760 BTC
Pkscript	OP_DUP OP_HASH160 bb80db78656ac08898914871e1e8fad95539e8e0 OP_EQUALVERIFY OP_CHECKSIG		

Index	1	Details	Spent
Address	36DJQZNEXMpoJtb74BxJyEqKrJ53yj9xUv	Value	0.00389266 BTC
Pkscript	OP_HASH160 319abdc72745b8e3ce0e46d6f3546585979e2eaa OP_EQUAL		

图 2-5　比特币交易输出的部分信息

的交易费。交易费是对于矿工打包此交易的报酬，尽管未设置交易费的交易同样有可能被打包，但交易费多的交易被打包进入区块的可能性往往更大。

2.1.3　比特币交易脚本

比特币系统中大量地使用了脚本语言，包括交易涉及的锁定脚本与解锁脚本。当一笔比特币交易被验证时，每一个输入值中的解锁脚本与其对应的锁定脚本依次执行，以确定这笔交易是否满足支付条件。一般而言，交易的锁定脚本中包含的是收款方的比特币地址，包含这种脚本的交易也被称为 P2PKH（对公钥哈希的付款），是比特币系统中最常见的交易类型。

脚本语言是基于堆栈的语言，栈允许两个操作：push 和 pop（推送和弹出）。脚本语言通过从左到右处理每项来执行脚本。数字（数据常量）被推到堆栈上。操作码从堆栈中推送或弹出一个或多个参数，对其进行操作，并可能将结果推送到堆栈上。

在最初版本的比特币客户端中，解锁脚本和锁定脚本以连锁的形式存在，作为整体按顺序执行。出于安全因素考虑，在 2010 年比特币开发者们修改了这个特性，如今两个脚本是随着堆栈的传递被分别执行的[5]。其具体过程如下：使用堆栈执行引擎执行解锁脚本，如果解锁脚本在执行过程中未报错，则复制主堆栈，并执行锁定脚本；如果从解锁脚本中复制而来的堆栈数据执行锁定脚本的结果为"TRUE"，那么解锁脚本就成功地满足了锁定脚本所设置的条件，因此，该输入是一个能使用该 UTXO 的有效授权。如果合并脚本后的结果不是"TRUE"，则输入都是无效的，因为它不能满足 UTXO 中所设置的使用该笔资金的条件。下面给出一个 P2PKH 交易的解锁脚本与锁定脚本，如表 2-4 所示。

表 2-4　针对某 UTXO 的解锁脚本与锁定脚本

解锁脚本	OP_DUP OP_HASH160 <Public Key Hash> OP_EQUALVERIFY OP_CHECKSIG
锁定脚本	<Signature> <Public Key>

其中:Public Key Hash 表示持有该 UTXO 的用户比特币地址;Signature 代表用户的数字签名;Public Key 表示用户的公钥。解锁脚本与锁定脚本合并在一起,系统从左到右处理该脚本中的元素,其具体流程如表 2-5 所示。

表 2-5　解锁脚本与锁定脚本的验证过程

栈	脚　本	说　明
Empty	<sig> <pubKey> OP_DUP OP_HASH160 <pubKeyHash> OP_EQUALVERIFY OP_CHECKSIG	解锁脚本与锁定脚本合并
<sig> <pubKey>	OP_DUP OP_HASH160 <pubKeyHash> OP_EQUALVERIFY OP_CHECKSIG	常量被添加到栈中
<sig> <pubKey> <pubKey>	OP_HASH160 <pubKeyHash> OP_EQUALVERIFY OP_CHECKSIG	执行复制操作,复制栈顶元素
<sig><pubKey><pubHashA>	<pubKeyHash> OP_EQUALVERIFY OP_CHECKSIG	计算栈顶元素 hash 值并压入栈
<sig><pubKey><pubHashA><pubKeyHash>	OP_EQUALVERIFY OP_CHECKSIG	将常量压入栈
<sig><pubKey>	OP_CHECKSIG	比较栈顶两元素是否相同
true		检查签名与公钥是否对应

表 2-5 中的 sig 是使用椭圆曲线数字签名算法(ECDSA)[6]计算而来的。在验证过程中,用来生成签名的私钥是其中的关键,掌握私钥的人就可以构造数字签名支付对应的 UTXO,这就是为什么要强调私钥的重要性。

比特币中最常见的交易形式是 P2PKH。锁定脚本不一定要填入收款人的比特币地址,比特币同样支持构建具有复杂条件的交易,比如多重签名脚本和 Pay-to-Script-Hash(P2SH)。多重签名脚本使得比特币支持多重签名,即决策团的一部分人签名交易就生效。P2SH 解决了在多重签名情况下,支付用户需要负担复杂的解锁脚本的问题,通过将锁定脚本替换为电子指纹(hash 值),将付款人的负担转嫁到收款人身上,方便了业务的开展。假设有这样一个场景,公司需要向客户收取款项,公司的收款账户有 5 个且只需要其中两个的数字签名即可完成交易,表 2-6 和表 2-7 分别展示了在此例中使用 P2SH 与否对多重签名的影响[2]。

表 2-6　未使用 P2SH 的解锁与锁定脚本

锁定脚本	2 PubKey1 PubKey2 PubKey3 PubKey4 PubKey5 5 CHECKMULTISIG
解锁脚本	Sig1 Sig2

在表 2-6 中,锁定脚本中包含决策团的五个公钥,这就导致支付方需要创建更长的锁定脚本,因为比特币中的交易手续费定价与交易长度有关,因此支付方需要承担额外的费用。此外,复杂脚本的生成也需要学习成本,并且有更高的出错风险,这些风险由作为客户的支付方承担显然是不合理的。P2SH 技术巧妙地解决了这一问题,P2SH 将原来的锁定脚本看作赎回脚本,支付方使用赎回脚本的哈希值构造锁定脚本,未来接收方的解锁脚本需要添加这一赎回脚本[7]。

使用 P2SH 的解锁脚本与锁定脚本如表 2-7 所示。锁定脚本中的公钥由 20 字节的哈希值代替，极大地缩小了锁定成本，将这部分交易费与学习成本完全转给了收款方，这种特性使得比特币中的多重签名技术能更方便地运用在企业等大型团体中。

表 2-7　使用 P2SH 的解锁与锁定脚本

赎回脚本	2 PubKey1 PubKey2 PubKey3 PubKey4 PubKey5 5 CHECKMULTISIG
锁定脚本	HASH160 <20-byte hash of redeem script> EQUAL
解锁脚本	Sig1 Sig2 <redeem script>

2.1.4　出块与共识

比特币使用的是基于工作量证明的共识机制(PoW)，通过求解困难问题来决定出块的节点。所有节点通过尝试不同的 Nonce 值以达到最终的区块头哈希值小于设定的难度 target。由于哈希值计算的不可预测性，所以在正向求解此困难问题的过程中只能进行暴力求解，但其他节点在得到此区块后却只需一次运算就能验证出是否符合标准。求解困难问题的这一过程也被称为挖矿，挖矿成功可以得到区块链系统奖励的比特币，挖矿成功的收益对矿工而言有着重要的激励作用。同时，挖矿最重要的作用是巩固了去中心化的清算交易机制，通过这种机制，交易得到验证和清算[8]。

在上一个区块被某矿工节点所承认后，该矿工节点会进入备战下一区块出块权的状态。首先，矿工将选择自己要延伸的链条，将区块头的上一块哈希值字段填入该链条的尾块哈希。接着，矿工节点会收集并更新交易信息，从本地交易池中选择要填入区块的交易，由填入的交易计算出默克尔树的根哈希值(默克尔树将在后续章节讲解)。将区块头中的其他字段确认后，就可以着手 Nonce 字段的遍历尝试了，直到找到符合条件的 Nonce 字段，就可以将该区块打包送入区块链网络中。

随着比特币的发展壮大，参与用户增多，使用的设备更加专业，整个比特币系统的算力急剧膨胀，为了维持比特币十分钟每块的出块速度，难度调整机制会将难度值(即区块头中的 Difficulty Target 字段)设置得越来越小，可能会出现遍历所有 Nonce(32 bit)值也无法找到符合条件值的情况。解决方案是使用 Coinbase 交易作为额外的随机值来源，Coinbase 交易可提供 8 字节的额外随机数，如果尝试了修改 Coinbase 和 Nonce 的各种组合依然无法找到符合值，可以将时间戳字段小幅度改动。

比特币按照最长链原则达成共识，即矿工们总是沿着最长链进行挖矿。如果两个矿工几乎在同一时间挖到矿，导致比特币出现了分叉，那么诚实矿工会按照自己收到两个区块的先后顺序判断，从先接收到的区块后面开始挖，但同时也保留另一区块，直到下一区块诞生，下一区块将决定哪个分叉会被判定为主链。一般而言，分叉问题会在下一区块就得到解决。

2.2　区块链数据结构

区块链的数据结构是由包含交易信息的区块按照从远及近的顺序有序连接起来的。每个全节点都以平面文件或者数据库的形式存储区块链。比如，比特币核心客户端使用 Google 的 LevelDB 数据库存储区块链元数据。区块连接在链条里，每个区块都指向前一个区块，可以将区块链看作一个栈，将创世区块看作栈底。区块与区块中的交易以其哈希值作为标识。另外，通常用高度表示区块与首区块之间的距离，用顶部表示最新添加的区块。

区块是区块链的组成部分，由一个包含元数据的区块头和紧跟其后的区块链主体的一长串交易列表组成。区块头共 80 字节，而平均每个交易是 250 字节，且平均每个区块至少包含 500 个交易，因此一个包含所有交易的完整区块大小比区块头高 3 个数量级。因此，为了减轻比特币轻节点的负担，轻节点中只存放区块头，并可通过区块头中的 Merkle 根值证明一个交易是否存在。比特币系统的区块结构如图 2-6 所示。

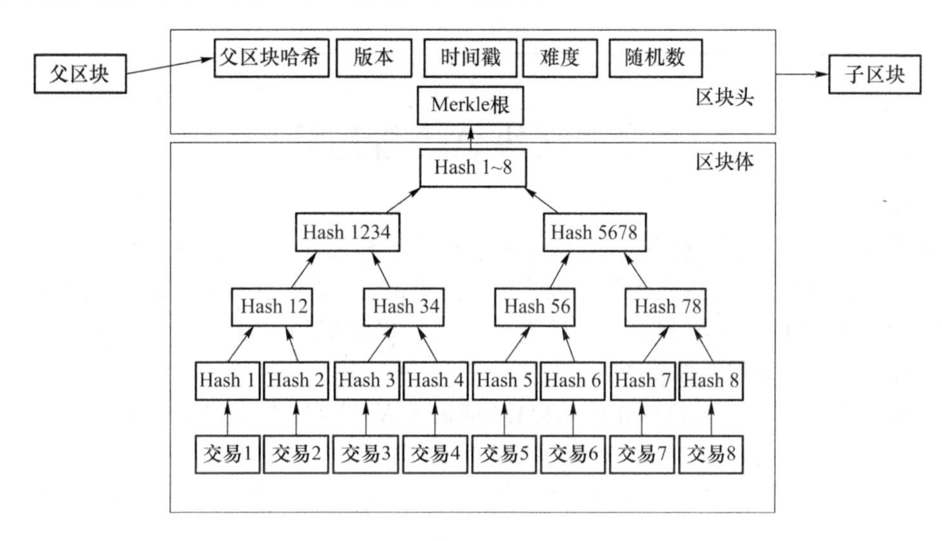

图 2-6　比特币系统的区块结构

比特币系统的区块结构包含区块大小、区块头、交易计数器、交易体等几个部分，相关的数据项与说明如表 2-8 所示。区块头存放着区块的元数据，封装了区块的版本号、父区块哈希值、Merkle 根、时间戳、难度目标值、Nonce 等字段。其中父区块哈希值指向上一区块，区块链通过这一字段连接起来。Merkle 根是由该区块中的所有交易哈希值组成的 Merkle 树计算而来的。时间戳表示区块产生时间，可以进行微调。难度目标值指挖矿难度，挖矿成功要满足区块头哈希值小于难度目标值的条件，难度目标值越小，挖矿难度越大。Nonce 是用户遍历挖矿主要更改的字段，通过暴力遍历 Nonce 达到难度目标要求。

表 2-8　区块结构

字　段	描　述	大　小
区块大小	该字段之后的区块的字节数	4 字节
区块头	组成区块头的各个字段	80 字节
交易计数器	交易的数量(可变整数)	1～9 字节
交易	记录在区块内的交易详细信息	可变

区块头的字段信息如表 2-9 所示。区块哈希值作为区块的主标识符，是通过 SHA256 算法对区块头进行二次哈希计算得到的数字指纹。产生的 32 字节哈希值称为区块哈希值。区块哈希值并不包含在区块的数据结构里，相反，区块哈希值是当该区块从网络被接收时由每个节点计算出来的。区块哈希值可能会作为区块元数据的一部分被存储在一个独立的数据库中，以便于索引和更快地从磁盘检索区块。

表 2-9　区块头的字段信息

字　段	大　小	说　明
版本号	4 字节	表示本区块遵守的规则版本
父区块哈希值	32 字节	指向父区块的哈希指针
Merkle 根	32 字节	由区块中所有交易计算得到的哈希值
时间戳	4 字节	区块产生的近似时间
难度目标值	4 字节	挖矿难度，当计算出的哈希值小于此值时挖矿成功
Nonce	4 字节	随机值，主要在挖矿中起作用

2.3　区块链哈希运算

比特币用到了密码学中的两个功能，分别是哈希运算与签名。其中哈希运算在比特币运行的各个环节都有涉及，包括比特币地址的产生、挖矿、区块头哈希值生成以及构建 Merkle Tree，数字签名中也用到了散列函数。哈希运算之所以能成为区块链技术中的关键一环，主要因为哈希运算的以下重要性质[9]。

① 抗碰撞性(collision)：碰撞指哈希碰撞，即输入 $X \neq Y$，使得 $H(X)=H(Y)$，不同输入映射到哈希表中同一个位置。这样的碰撞很难人工制造。

② 单向不可逆性(hiding)：是指给定一个 X 可以很容易地计算出 $H(X)$，但由 $H(X)$ 无法计算出 X，除非用蛮力破解。

③ 谜题友好型(puzzle friendly)：指哈希值计算是不可预测的，如果想要得到某一个范围的哈希值，只能一个一个地去试。

④ 雪崩效应(avalanche effect)：指输入的数据不管发生任何微小的变化，输出的哈希值都会发生很大变化，且无规律可循。

因为哈希运算的以上重要性质，其在区块链运行的过程中发挥了重要作用，按照其性质进行归纳，可以将哈希运算分成 3 种：完整性校验、数据管理、共识机制构成[10]。

1. 完整性校验

哈希函数的单向不可逆性以及抗碰撞性常常被用于完整性校验，因为哈希函数的特性使得消息无法被篡改，所以只要消息的某一部分遭到非法篡改，通过之前计算出的哈希值能够很容易地校验出来，恶意节点不可能构造出带有假数据且哈希值不变的区块数据，这一点在极大程度上维护了比特币区块的不可篡改性。

2. 数据管理

哈希函数的抗碰撞性使得哈希值适合成为数据的标识符，不同数据产生的哈希值几乎不可能相同，因此比特币系统可以放心地使用哈希值作为区块交易的标识。同时，公私钥使用哈希值运算产生，也规避了公私钥碰撞的可能性。此外，区块头中的 Merkle 根也是由哈希运算而来的。数字签名也用到了哈希运算。

3. 共识机制构成

比特币使用 PoW 共识机制，哈希值谜题友好型与雪崩效应的特点在其中发挥了巨大作用。首先，谜题友好型保证了矿工只有暴力破解一条路可走，保证了工作量证明中题目的难度与公平性。其次，当一个新产生的区块发送到网络中时，其他节点不能只通过修改区块中的 Coinbase 交易来牟利，因为会导致 Merkle 根的变化使得区块作废，保证了区块传播的安全性。

比特币中主要使用的哈希函数 SHA256 将一段不定长的数据映射成一个 32 字节的值，另外在公钥生成比特币地址时使用了 RIPEMD160 加密哈希算法来得到 160 位的比特币地址。哈希值在区块链的连接中起了重要作用，区块通过哈希值被连接在一起。并且如果想篡改前面的区块，会导致该区块下面无法连接，可以说牵一发而动全身，攻击者必须构造该区块后的所有节点，因而使得前面的区块近乎不可能被篡改，如图 2-7 所示。

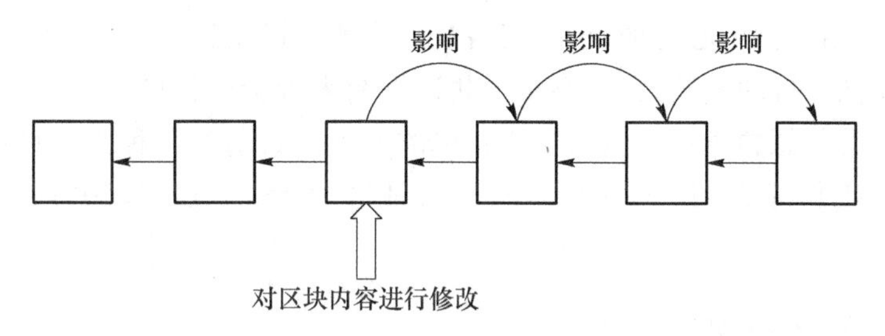

图 2-7　区块改动影响示意图

2.4　默克尔树

在比特币网络中，哈希二叉树 Merkle 树被用来归纳一个区块中的所有交易，生成整个集合的数字指纹，提供了检验区块是否存在某交易的高效途径，Merkle 树的结构如图 2-8 所示。生成一棵 Merkle 树需要将区块中的每个交易的双重哈希值（使用 SHA256 算法）作为 Merkle 树的叶子，从底向上构造。每次将两个相邻叶子节点的哈希值串联在一起进行哈希运算，比如，H_{AB}就是先将 H_A与 H_B的哈希值拼接成一个 64 字节的字符串，再对其进行两次哈希运算所得到的。

只要区块中存储了 root hash，就能检验出树中任意节点的修改。Merkle 树的主要作用是：提供 Merkle Proof。全节点保存区块头和区块体，而轻节点只保存区块头。那么轻节点如何证明某个交易是否写入了区块链呢？Merkle Proof 起到了作用。以图 2-8 为例，如果我们要证明 Tx A 交易存在，轻节点只需向全节点请求两个哈希值，分别是 H_B与 H_{CD}，通过这两个

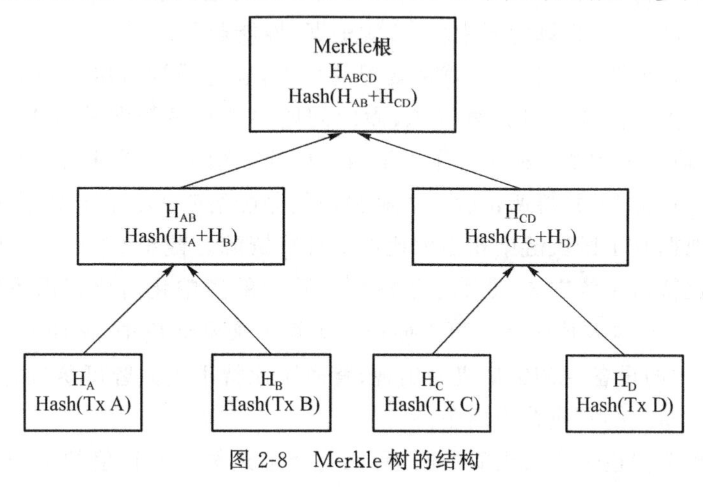

图 2-8　Merkle 树的结构

哈希值，我们可以计算 H_{AB} 与 root hash，比较 root hash 就完成了验证。这种验证方法的时间复杂度仅有 $\log_2 N$。但需要注意的是，Merkle 树容易证明交易存在，但要证明交易不存在则唯有遍历所有交易才能验证。

2.5 共识算法

区块链系统采用了去中心化的设计，网络节点分散且相互独立，为了使网络中所有节点达成共识，即存储相同的区块链数据，需要一个共识机制来维护数据的一致性，同时为了达到此目标，需要设置奖励与惩罚机制来激励区块链中的节点。目前有多种共识算法在区块链中使用，其中常见的有工作量证明（PoW）算法、权益证明（PoS）算法、实用拜占庭容错（PBFT）算法。

2.5.1 工作量证明算法

比特币系统使用工作量证明作为其出块节点选取的共识机制，并且以最长链原则作为其主链共识的原则。工作量证明的概念最早在 1999 年被提出，用于实现可验证的计算任务。证明者需要向验证者证明自己在特定时间进行了某种程度的运算。比特币巧妙地将工作量证明这一概念引入了系统，比特币通过让所有矿工节点进行一定难度的哈希运算来进行工作量证明。在比特币中，矿工们首先将区块链系统中的合法交易打包，计算出 Merkle 根的哈希值，得到比特币的区块头，将比特币的区块头作为 Hash 运算的输入。矿工们需要不断尝试 Hash 运算，直到输出小于难度值。

$$\text{blockHash}=\text{Hash}(\text{blockHead},\text{Nonce})\leqslant\text{Difficulty}$$

区块链系统通过工作量证明的机制避免了女巫攻击[11-12]（攻击者伪造多重身份进入区块链网络），因为在工作量证明机制下的记账权争夺本质上是算力的比拼。女巫可以恶意地创建多个节点，但是其拥有的计算资源却是固定的，创建新节点对其争夺记账权没有帮助。由于 Hash 函数正向计算迅速、逆向计算困难的特点，所以矿工们可以方便地验证新发布区块的合法性；而恶意节点无法从区块中窃取 Nonce 值。工作量证明算法成功地避免了女巫攻击，并且给出了一套公平可行的出块选举机制，出块奖励也成功地吸引了很多矿工的加入。但工作量证明算法也存在缺点，包括算力集中化、资源浪费、性能瓶颈。

比特币的工作量证明算法具有计算密集型的特点，容易导致网络算力集中化。在比特币中尝试哈希值运算主要需要的是计算资源，而此问题中的计算资源是可以被集中化利用的。由于这一特性，区块链中的个人矿工为了保证自身的收入稳定，会寻求加入矿池。矿池将算力集中起来进行工作量证明，并将所得收益以某种规则分配给矿工。这导致了算力的集中化，使得少量的几个矿池拥有了区块链中相当大比例的计算资源。截至 2019 年 7 月 9 日，占比前 2 位的矿池拥有了比特币系统中 33.9%的算力[13]。算力的集中化对比特币系统的安全存在严重的威胁[14]，因为这意味着攻击者可更方便地收集算力来发动攻击，比如经典的双花攻击等。此外，专门针对挖矿的设备 ASIC 矿机的出现，背离了比特币人人皆可参与的初衷。算力集中化更是与比特币分布式的本质背道而驰。

比特币的资源浪费也是为人诟病的问题，因为目前运算 Hash 值的工作并不具备可用意义，仅用于工作量证明。全球用于比特币工作量证明的耗电量却比很多国家的用电量还多[15]，这种资源浪费也是需要解决的问题。部分学者希望找到有现实意义的谜题与区块链结合起来，使能源消耗用于解决实际问题，素数币[16]提出了一种基于搜索素数链的解决方案，在保护系统安全性的同时，还提供了潜在的科学价值。Ma 等人提出了一种基于区块链技术的框架 HDCoin[17]，该项目中的节点将使用给定的数据集训练机器学习模型，在测试集中准确率最高的节点获胜，并且训练的模型将写入区块链中，供公众使用，但目前尚没有成熟的解决方案。

工作量证明算法还限制了比特币的性能问题。由于比特币的区块大小限制为 1 MB，且平均出块间隔大约为 10 min，这就意味着每秒的交易吞吐量约为 7 笔交易，可能达不到系统所需要的吞吐量，容易造成交易的拥塞，导致很多交易很久得不到处理。但如果为了提高性能而减少出块间隔，又会极大地影响比特币的交易安全，因为攻击者构造最长链等攻击会变得更加容易。

2.5.2 权益证明算法

针对工作量证明机制的资源浪费问题，比特币社区在 2011 年首次提出了权益证明机制，根据节点掌握的比特币数量而不是算力来争夺出块权。因为人们普遍认为拥有更多比特币的用户会更加维护比特币系统的权益，因为比特币信誉的受损会切实损害它们的自身利益。现有的使用权益证明算法的区块链系统通常混合使用 PoW 算法与 PoS 算法。

权益证明算法虽然解决了工作量证明算法的资源浪费问题，但同样也带来了新的问题。首先，权益证明算法中的出块选举过程受到持有币数量以及币龄的影响。拥有越多越久的币的用户越容易获得出块权，这就有可能导致富人越来越富，不仅使得区块链系统的激励机制受到影响，同时个人财富的聚集也增加了区块链的安全风险。其次，权益证明算法的货币分发同样存在问题，不同于工作量证明算法，权益证明算法没有挖矿获得出块奖励的过程，这就使得用户难以获得初始货币并加入出块选举中来。一种解决办法是在区块链系统初期加入 PoW 算法，使用户能够完成货币的原始积累；另一种解决办法是通过可靠的分发机制，比如社区空投，基于成熟系统的空投、分享合作等方式，吸引用户加入网络中来。权益证明算法的局限性客观存在，基于改进 PoS 的扩展算法目前更多是处在研究、实验和早期运行阶段，尚有待后续的迭代优化与长时间的运行检验来加以测试和完善[10]。

2.5.3 实用拜占庭容错算法

实用拜占庭容错算法假设合约运行环境是一个异步分布式网络，网络中的节点可能发生传递消息失败、拥塞、乱序等故障情况，同时不排除存在恶意节点的可能性。如果恶意节点的数量至多为 f，则 PBFT 算法需要容纳 $3f+1$ 个节点，就可以保证整个系统的正常运行。假设系统中总节点数为 n，恶意节点数为 f，为了共识的正常运行，在收到 $n-f$ 个消息时就应该进行处理，因为可能存在 f 个节点不发送消息。那么根据收到的 $n-f$ 个消息做判断，至少要有 $f+1$ 个相同结果。但在收到的 $n-f$ 个消息中，不能确定是否有恶意节点发来的消息，甚至可能有 f 个恶意节点消息。因此，为保证系统的安全运行，要保证 $n-f-f>f$，则需 $n>3f$。

PBFT 算法假设节点故障都是独立发生的，并采用加密技术来防止欺骗和重播以及检测损坏的消息。消息包括公钥签名、消息认证编码以及由散列函数产生的消息摘要等。PBFT 算法将消息表示为 m，$\langle m\rangle_{\sigma_i}$表示由节点 i 签名后的消息，$D(m)$表示消息 m 的摘要。PBFT 算法只对消息摘要而非完整消息进行签名，并将签名附在消息文本后。

PBFT 算法是一种基于状态机复制的共识算法，一组节点构成状态机复制系统，一个节点作为主节点(primary)，其他节点作为备份节点(back-ups)。某个节点作为主节点时，这称为系统的一个 view。当节点出了问题时，就进行 view 更新，切换到下一个节点担任主节点。主节点更替不需要选举过程，而是采用轮询方式。我们需要系统满足以下两个条件：

① 所有节点必须是确定性的，在给定的条件与参数相同时，执行的结果也必须相同；

② 所有节点都有相同的初始状态。

PBFT 算法正常状态下的共识流程如图 2-9 所示。其中 c 代表客户端节点，0 号节点既是主节点，也是副本节点，1、2、3 号节点为普通副本节点，3 号节点存在故障。图 2-9 展示了由客户端 c 向主节点发出请求，到系统达成共识的一系列过程。一次完整的共识需要经历请求、预准备、准备、确认和回复 5 个阶段。其中：预准备和准备这两个阶段保证同一视图中请求发出的时效性；准备和确认这两个阶段来确保不同视图间的确认请求是经过排序的。共识过程如下。

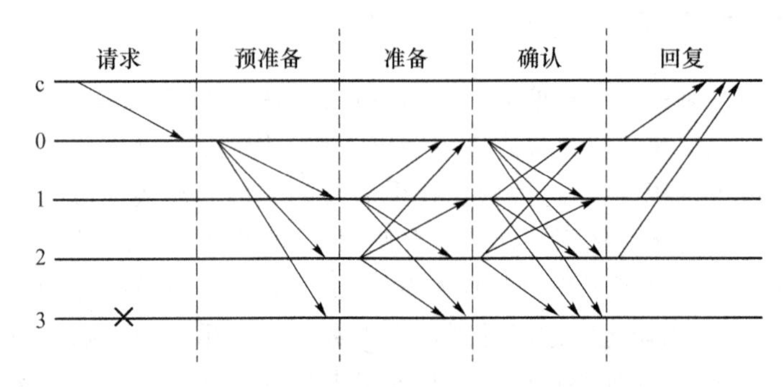

图 2-9　PBFT 算法正常状态下的共识流程

① 请求阶段：客户端 c 向主节点发送请求消息＜REQUEST，o，t，c＞σ_c。其中：o 表示操作；t 表示时间戳，用于系统对请求的排序过程；c 为客户端编号；σ_c表示由客户端 c 签名后的消息。

② 预准备阶段：主节点收到客户端消息后，将编号 n 分配给此消息，向整个系统中所有副本节点广播预准备消息＜＜PRE-PREPARE，v，n，d＞σ_0，m＞。其中：v 为视图编号；n 是主节点为此请求分配的编号；d 为 m 的摘要；σ_0表示主节点签名后的消息；m 表示客户端 c 发送的原始请求消息，使用请求消息的摘要可以使预准备报文更小，减轻传播负担。预请求证明了请求在视图 v 中且编号为 n，方便视图表更新时进行追踪。备份节点在接收预准备消息前需要进行验证，首先对消息签名的真实性进行判断并且 d 与 m 的摘要要一致；其次该备份节点不能收到过其他相同视图、相同序号却有不同摘要的报文；最后预准备消息的序号 n 必须在水线(watermark)范围内。水线的意义是防止失效节点使用很大的序号来消耗序号的命名空间。

③ 准备阶段：备份节点 i 在收到并验证过预准备消息后则进入准备阶段。在此阶段向其他节点广播准备消息＜PREPARE，v，n，d，i＞σ_i，其中 v、n、d 与预准备消息中的含义一样；节点 i 同时将预准备消息和准备消息写入自己的日志中。其他副本节点(包括主节点)收到其他节点发来的准备消息，验证无误后会将其加入自己的日志中。在规定的时间内，只要节点收到了来自 $2f$ 个不同节点的准备消息，就表示准备阶段完成。

④ 确认阶段：准备阶段完成后，节点 i 向所有节点发送确认消息＜COMMIT，v，n，D(m)，i＞σ_i。其中 D(m)为 m 的消息摘要，v、n 与前面节点的意义一致。每个节点在收到其他节点发来的确认信息时，都验证其签名是否正确，视图是否一致，编号是否在规定范围，验证无误后将其加入日志中。当节点收到来自 $2f+1$ 个不同节点的确认消息后，就意味着该消息在所有节

点上达成共识，则所有节点可以执行客户的请求并将数据在本地持久化。

⑤ 回复阶段：在确认阶段结束，请求执行完毕且数据已本地持久化后，执行完相关操作的副本节点将向客户端发送<REPLY,v,t,c,i,r>σ_i，其中 v、t、c、i 与前面阶段的意义一致，r 表示操作结果。当客户端收到 $f+1$ 条来自不同节点的有效回复消息且它们的 r 值相同时，可以确认该请求在系统中执行完毕。

为了保证整个系统的正常运行，PBFT 算法还使用了检查点协议(CheckPoint)以及视图变更协议。PBFT 算法使用检查点协议来管理缓存消息，回收内存。正在处理的最新请求编号称为检查点，被至少 $2f+1$ 个节点确认执行的请求序号称为稳定检查点，节点经过固定时间会通过 CheckPoint 消息将本地已执行的最大请求序号广播给其他节点。其他节点将检查消息，如有检查点收到了 $2f+1$ 个 CheckPoint 信息，则将该检查点升级为稳定检查点，并将 $2f+1$ 个 CheckPoint 消息保存在本地。当出现新的稳定检查点时，节点就可以从本地日志中删除所有编号小于等于稳定检查点编号的预准备、准备、确认消息，同时删除更早的检查点以及相关信息。

当客户端发现其请求无法在规定时间内执行时，客户端认为当前的主节点可能失效，进而触发视图变更协议，推动系统选举出新的主节点并进入新的视图。首先，客户端会发送消息<ViewChange,v+1,n,C,P,c>到其他节点，其中：n 为该客户端节点的稳定检查点；C 为该稳定检查点的确认消息集合；P 为稳定检查点后所有处于 prepared 状态的消息集合。在这之后，节点会停止处理当前视图中的正常业务，只处理 checkpoint、view-change 和 new view-change 请求。当新视图的主节点收到 $2f+1$ 条有效的 ViewChange 消息后，该节点会发送<NewView,v+1,v,V,Q>消息到所有节点，其中：V 是该节点收到的 ViewChange 消息集合；Q 是所有处于 prepare 状态的 pre-prepare 消息的集合。

副节点收到 ViewChange 消息后，会对集合 Q 中的消息进行重新共识。这是为了防止这些带有原视图标号的消息与新的视图发生冲突，从而执行失败且产生分叉，因此对其进行重放。完成重放后系统正式进入新的视图，开始照常处理系统中的相关信息。

PBFT 算法的运行过程较 PoW 算法与 PoS 算法更加复杂。每一个请求执行都需要经过客户端、主节点和其他备份节点的多次消息传递，系统的运行速度与网络规模(即节点数量)有很大关系，因此 PBFT 算法适用于节点数量相对较少的网络。因为这一特性，PBFT 算法通常被用于联盟链与私有链之中，节点加入系统需要许可，以防止恶意节点的加入且保证系统的吞吐量不会受到太大影响，但其拓展性较差。相较于公有链系统，PBFT 算法不需要竞争出块权，以投票方式保证系统的安全，性能有较大提升。公有链系统采用基于工作量证明或权益证明的共识机制，为了保证系统的安全性，牺牲了系统的性能。3 种共识算法的对比如表 2-10 所示。

表 2-10　3 种共识算法的对比

共识算法	PoW	PoS	PBFT
节点管理	不需许可	不需许可	需要许可
交易延时	高(分钟级)	低(秒级)	低(毫秒级)
吞吐量	低	高	高
节能	否	是	是
安全边界	恶意算力不超过 1/2	恶意权益不超过 1/2	恶意节点不超过 1/3
代表应用	比特币、以太坊	点点币	Fabric
扩展性	好	好	差

2.6 智能合约

2.6.1 智能合约概述

智能合约的概念早在第一个区块链系统诞生之前就已经存在了，美国计算机科学家尼克·萨博(Nick Szabo)将其定义为："由合约参与方共同制定，以数字形式存在并执行的合约。"[18]智能合约的初衷是，使得合约的生效不再受第三方权威的控制，而能以一种规则化、自动化的形式运行。以借钱为例，在现实生活中，债主想要强制拿回借出去的钱，需要拿着借条到法院上诉，经过漫长的审判过程才能得到钱。而在智能合约中，合约双方可以就借钱数目、还款日期、抵押物等条件制定好规则，然后将合约放入相关系统中，等到了指定期限，合约会自动执行还款操作。

智能合约的概念虽然已被提出，但一直缺乏一个好的实现平台。直到中本聪运行了比特币系统，其底层区块链技术的去中心化架构、分布式的信任机制和可执行环境与智能合约十分契合。区块链可以通过智能合约来实现节点的复杂行为执行，而智能合约在区块链的去中心化架构中能够更好地被信任，更方便执行。因此，智能合约与区块链技术的结合成了很多研究人员与学者研究的课题，智能合约与区块链也逐渐绑定了起来。

如今提到的智能合约，通常是直接与区块链技术绑定，特指运行在分布式账本之中，且具有规则预置、合约上链、条件响应等流程，并能完成资产转移、货币交易、信息传递功能的计算机程序。如今已有图灵完备的智能合约开发平台问世，并且反响很好，比如以太坊、超级账本 Fabric 等项目。以太坊是目前全球最具影响力的共享分布式平台之一。

智能合约是运行在区块链上的一段代码，代码的逻辑定义了合约的内容，合约部署在区块链中，一旦满足条件会自动执行，任何人无法更改。合约代码是低级的基于堆栈的字节码语言，也被称为"以太坊虚拟机(EVM)代码"，用户可以使用高级编程语言(如 C++、Go、Python、Java、Haskell，或专为智能合约开发的 Solidity、Serpent 语言)编写智能合约，由编译器转换为字节码后部署在以太坊区块链中，最后在 EVM 中运行。下面给出了一段 Solidity 语言编写的拍卖智能合约的代码[19]。

```
contract SimpleStorage {
    uint storedData;

    function set(uint x) public {
        storedData = x;
    }

    function get() public view returns (uint) {
        return storedData;
    }
}
```

该实例的功能是设置一个公开变量，并支持其他合约访问。在该实例中，合约声明了一个无符号整数变量，并且定义了用于修改或检索变量值的函数。其他用户可以通过调用该合约上的函数来更改或取出该变量。如果其他用户要调用外部合约,需要创建一个交易,接收地址为该智能合约的地址,data域填写要调用的函数及其参数的编码值。智能合约会根据所填写的数据自动运行,同时智能合约之间也可以相互调用。

2.6.2 智能合约的创建与运行

与比特币使用UTXO来管理所有货币不同,以太坊中引入了账户的概念,账户分为外部账户和合约账户,两种账户都具有与之关联的账户状态和账户地址,并且存有以太坊的加密货币以太币(ETH)。外部账户由用户私钥控制,没有代码与之关联;合约账户由合约代码控制,有代码与之关联。两种账户的账户状态都包含以下四个字段[20]。

① Nonce(随机数):该账户发出的交易总数与创建的智能合约数之和。

② Balance(余额):账户中以太币的数量,以Wei为单位,是以太币的最小单位。1 ETC=10^{18} Wei。

③ CodeHash(代码哈希):与账户相关联的EVM代码的哈希值,外部账户的CodeHash为一个空字符串的哈希值。

④ StorageRoot(存储根节点):账户内容的Merkle Patricia树根节点的哈希值。

用户只能通过外部账户在以太坊中发起交易,交易可能是普通转账交易或是智能合约相关交易。交易中包含交易负载数据和以太币。当交易的接收者为外部用户时,该交易为转账交易;当交易的接收者为合约账户时,该交易是对智能合约的调用,合约的代码将在本地EVM运行,输入参数由交易负载数据提供,执行结束后返回执行结果。如果用户想要创建一个智能合约,需要账户发起一个转账交易到0x0地址。转账的金额是0,但是要支付汽油费,并且将合约的代码放在data域里。新合约账户地址由合约创建者的地址和该地址发出过的交易数量Nonce计算得到,创建合约交易的载荷被编译为EVM字节码执行,执行的输出作为合约代码被永久存储。

因为智能合约的执行需要系统资源,所以为了保证整个以太坊系统的正常运行,要避免系统受到恶意攻击或者操作失误的智能合约的影响,例如,智能合约中存在死循环,全节点就会一直执行。为了避免这种情况,以太坊引入了燃料(Gas)机制。各种操作费用都要以Gas为单位结算,EVM中不同指令消耗的燃料是不一样的,简单的指令如四则运算很便宜,复杂的或者需要存储状态(如取哈希)的指令就很贵。

交易发出者在发出交易时需要给出此交易的初始燃料(StartGas)以及燃料价格(GasPrice),初始燃料指此交易中所耗费的最大燃料数,燃料价格指每个计算步骤支付给矿工的费用,单位一般为GWei。在执行交易前,节点会在本地将交易发出者的账户中扣除“燃料上限×燃料价格”的以太币,在交易完成后,剩下的燃料将按照燃料价格退回到账户中,已消耗的燃料当作矿工的奖励。如果在交易过程中出现燃料不足、堆栈溢出、指令无效等异常并导致交易无效,EVM会将除了燃料消耗的所有状态恢复到交易发生前,已消耗的燃料不会退回而是作为矿工的报酬[20]。

交易的燃料价格设置得越高,意味着矿工能从每笔操作步骤中得到更多的奖励,因此设置高燃料费用能够使矿工更倾向于将交易发出者的交易打包到区块中。通常矿工会设置自己的燃料价格下限,交易发出者需要自己选择一个高出普遍下限的燃料价格,如果对交易的实时性有较高要求,可以考虑设置更高的燃料价格。

当一个全节点打包一些交易到区块中,并且这些交易有一些是对智能合约的调用时,全节点需要选择是先执行智能合约还是先挖矿。事实上，矿工是这样处理的。首先，以太坊的全节点通过在本地维护三棵树(状态树、交易树、收据树)的数据结构来保存区块链中节点的状态以及区块中的交易信息，并为轻节点提供 Merkle Proof。其次，当全节点收到对智能合约的调用时，在本地会将账户余额扣除，当取得记账权的节点发布区块时，会将其本地维护的 3 棵树上传[21]。矿工在以太坊中的挖矿过程总结如下。

① 全节点打包交易，执行对智能合约的调用，调整智能合约的内容。

② 求得 3 棵树的根哈希值。

③ 求解 Nonce，取得记账权，发布区块。

④ 没有取得记账权的区块要独立验证新发布区块机器包含的交易和智能合约的合法性。

以太坊中的不同节点可能同时重复着这一过程，但最终只有其中的一个区块能够争取到出块权并拿到挖矿奖励，而其他区块不会得到任何奖励。此外，在区块传播到其他节点时，其他节点还需要重新执行区块中的所有交易并验证其有效性，如果不执行区块中的所有交易，将会导致该节点维护的数据结构与其他节点不一致，使得该节点失去挖矿资格。

本章参考文献

[1] 中国信息通信研究院. 区块链白皮书(2018 年)[EB/OL]. (2018-09-18)[2022-03-06]. http://www.caict.ac.cn/kxyj/qwfb/bps/201809/t20180905_184515.htm.

[2] Antonopoulos A M. 精通区块链编程:加密货币原理、方法和应用开发[M]. 2 版. 郭理靖，李国鹏，李卓，译. 北京:机械工业出版社，2019:53-54，60.

[3] Nakamoto S . Bitcoin: A Peer-to-Peer Electronic Cash System[Z]. 2019.

[4] River Financial. Bitcoin's UTXO Model[EB/OL]. (2022-01-04)[2022-03-06]. https://river.com/learn/bitcoins-utxo-model.

[5] Bitcoin-script[EB/OL]. (2021-04-18)[2022-03-06]. https://en.bitcoin.it/wiki/Script.

[6] Elliptic_Curve_Digital_Signature_Algorithm[EB/OL]. (2021-05-13)[2022-03-06]. https://en.bitcoin.it/wiki/Elliptic_Curve_Digital_Signature_Algorithm.

[7] Greg Walker. P2SH[EB/OL]. (2019-01-17)[2022-03-06]. https://learnmeabitcoin.com/technical/p2sh.

[8] Qin R, Yuan Y, Wang S, et al. Economic issues in bitcoin mining and blockchain research[C]//2018 IEEE Intelligent Vehicles Symposium (IV). Changshu, China: IEEE, 2018: 268-273.

[9] Jake F. Blockchain-Hash[EB/OL]. (2022-01-13)[2022-03-06]. https://www.investopedia.com/terms/h/hash.asp.

[10] 袁勇，王飞跃. 区块链理论与方法[M]. 北京:清华大学出版社，2019:37-38.

[11] Douceur J R. The sybil attack[C] // Proc. of International workshop on peer-to-peer systems. Berlin, Heidelberg:Springer, 2002: 251-260.

[12] 张涵，张建标，张涛. 一种可对抗女巫攻击的激励模型研究[J]. 计算机技术与发展，2013，22(12): 164-166.

[13] 夏清，窦文生，郭凯文，等. 区块链共识协议综述[J]. 软件学报，2021，32(2):277-299.

[14] Eyal I, Sirer E G . Majority is not Enough: Bitcoin Mining is Vulnerable[C]//International Conference on Financial Cryptography and Data Security. Berlin, Heidelberg: Springer, 2013:436-454.

[15] Malone D, O'Dwyer K J. Bitcoin Mining and Its Energy Footprint[C]// 25th IET Irish Signals & Systems Conference 2014 and 2014 China-Ireland International Conference on Information and Communities Technologies (ISSC 2014/CIICT 2014). Limerick:IET, 2014.

[16] King S. Primecoin: Cryptocurrency with Prime Number Proof-of-Work[Z]. White Paper, 2013.

[17] Ma D N, Zhang S Z, Jiao X. HDCoin: A Proof-of-Useful-Work Based Blockchain for Hyperdimensional Computing[Z]. 2022.

[18] Szabo N. Smart contracts[EB/OL]. [2022-03-06]. http://www. fon. hum. uva. nl/rob/Courses/InformationInSpeech/CDROM/Literature/LOTwinters chool2006/szabo. best. vwh. net/smart. contracts. html.

[19] solidity 文档[EB/OL]. (2022-02-16)[2022-03-06]. https://docs. soliditylang. org/en/v0. 8. 12/introduction-to-smart-contracts. html.

[20] Vitalik Buterin. Ethereum White Paper[DB/OL]. (2022-03-05)[2022-03-06]. https://ethereum. org/en/whitepaper.

[21] Chris W. patricia-tree[EB/OL]. (2020-06-11)[2022-03-06]. https://eth. wiki/fundamentals/patricia-tree.

第3章 现代服务业与可信交易

3.1 现代服务业

现代服务业是指用信息、金融等融合的新技术、新业态和新服务方式改造传统服务业，创造需求，引导消费，向社会提供高附加值、高层次、知识型的服务形态。

根据《关于印发〈现代服务业科技发展"十三五"专项规划〉的通知》(国科发计〔2012〕70号)，现代服务业是指以现代科学技术特别是信息网络技术为主要支撑，建立在新的商业模式、服务方式和管理方法基础上的服务产业。它既包括随着技术发展而产生的新兴服务业态，也包括运用现代技术对传统服务业的提升[1]。

现代服务业涉及四大类行业：第一类是流动类，包括交通运输业、邮电通信业、商业饮食业、物资供销和仓储业；第二类是为生产和生活服务类，包括金融业、保险业、房地产业、地质普查业、公用事业、居民服务业、旅游业、咨询信息服务业、技术服务业等；第三类是为提高科学文化水平和居民素质服务类，包括教育、文化、广播电视、科研、卫生、体育和社会福利事业等；第四类是为社会公共需要服务类，包括国家机关、政党机关、社会团体以及军队和警察等。

随着信息技术与知识经济的发展，依托现代制造业所带来的高生产力的特点，现代服务业以金融服务、信息技术服务、教育和科学研究为主要内容，具有技术含量高、人力资源成本高、附加值高的"三高"特性。它所创造的产品会具有很高的产品经济价值。高技术含量与人力资源的高成本使得现代服务业所制造的产品在制造的工艺上具有较高的难度，因此每一种产品的选择余地往往会较小，即具有一定的垄断性。同时由于现代服务业产品的产品附加值较高，其价值往往不是仅由物质成本决定的，人力成本也会在产品的成本占比中占据一定的比重，在行业监管过程中根据成本来确定产品的定价会有一定困难，因此在产品利润的确定以及产品定价上企业自己具有很大的自主性，这就造成产品的价格会较高。此外由于高技术含量与人力资源的高成本，即产品往往是由相关的高技术人才进行的具有一定创造性的工作，因此即使在合理定价的情况下，产品的平均价值也会在一个较高的水平线。最后由于产品一般具有创造性，导致现代服务业产品存在一些根据特定的环境而带来的产品独特性(例如在教育业中根据不同的学科而具有不同的专业教育)。基于产品的独特性，往往只有确定的很少一部分人可以实现产品的加工，形成技术垄断，也会加强产品的经济价值[2]。

因现代服务业涵盖了众多行业和领域，考虑对国民经济的重要影响，同时为使研究更具有针对性和典型性，我们选取金融和供应链为背景行业，面向数字货币、资产证券化（Asset-backed Security，ABS）、供应链金融应用，探讨现代服务业中可信交易的关键问题和实现方案。

目前，数字货币还没有一个统一的定义。英国央行 2016 年发布的报告中将“数字货币”定义为任何电子形式的货币或交换媒介，具有分布式账本和分散式支付系统[3]。数字货币是一种特殊的货币，它具有独特的加密发行机制，它是以分布式记账技术为基础，通过数字符号来表现的货币，可与法定货币在特定情况下一样充当交易媒介，与虚拟货币相比，其最大的不同就是可以在现实中流通[4]。

资产证券化作为一种新型融资工具，将企业缺乏流动性但预期能产生稳定现金流的资产进行真实出售，通过设立资产池在一定程度上隔离风险，并通过机构性重组方式，将其变为可在金融市场上流通的证券，实现企业的融资需求。ABS 发源于 20 世纪 70 年代的美国，经历了从最初发行证券替换银行存量贷款，以为银行融资，后慢慢演化为将各类相对缺乏流动性的资产打包，并通过结构性重组方式，将其转化为可以在市场上出售流通的证券的业务，帮助各类机构利用自有资产实现融资。国外的 ABS 主要面向不动产抵押资产、担保债务凭证资产、汽车贷款资产、信用卡应收账款资产等进行证券化。我国 ABS 业务以 2005 年国务院批准中国人民银行牵头开展信贷 ABS 试点为起点，并于 2015 年开始市场参与主体不断丰富，产品不断多元化，基础资产类型进一步扩展，产品发行总量迅速增加，市场整体进入高速发展阶段。ABS 对于我国引导金融机构创新，缓解中小企业融资难、融资贵，盘活存量资产等问题具有重要意义。国内主要有信贷 ABS、企业 ABS、资产支持票据、项目资产支持计划等产品模式。

供应链金融作为产融结合的重要方式得到实业界和学术界的高度关注，这一横跨产业供应链和金融活动的创新日益成为推动金融服务实体，尤其是解决中小企业融资难、融资贵问题的重要战略途径[5]。供应链金融是银行将核心企业和上下游企业联系在一起提供可灵活运用的金融产品和服务的一种融资模式[6]。宋华在他所著的《供应链金融》一书中将供应链金融定义为：“一种集物流运作、商业运作和金融管理为一体的管理行为和过程，它将贸易中的买方、卖方、第三方物流以及金融机构紧密地联系在了一起，实现了用供应链物流盘活资金，同时用资金拉动供应链物流的作用。”[7]中国供应链金融历经二十多年的发展，经历了金融机构主导、金融机构与供应链核心企业合作、产业互联网模式和规范发展等不同的阶段，在取得瞩目成绩的同时也在诸多方面存在问题，在产业端、金融端、金融科技端和监管端都面临许多挑战。为促进供应链金融的持续发展，保障政策落地，必须建构系统性机制，从整体上进行变革与调整，持续稳定推进供应链金融发展[8]。

现代服务业有着广阔的发展前景和不断增长的经济效益，但是在实践过程中安全是制约其发展的一个重要因素。探索合适的安全机制来保证现代服务业的健康运行和发展是必要和迫切的。

3.2　可信交易

可信交易是现代服务业的核心和基础。通过对相关文献的整理分析，我们先对现代服务业中的与可信交易相关的发展、影响因素、方法进行梳理，然后尝试对可信交易的定义给出我们的答案。

去中心化的可信管理研究可追溯至 1996 年 AT&T(美国国际电话电报公司)研究中心 Blaze 等人在论文[9]中提出的可信管理综合方法,以及名为 PolicyMaker 的可信管理系统原型的实现。该方法和系统解决了已有可信管理仅局限于某个小范围或者是单一的网络服务的问题,为解决通用的网络服务安全提供了新的思路和系统设计方法。2002 年 Xerox 研究技术中心的 Manchala[10]提出了针对电子商务在线支付认证的可信参数和模型。可信参数用于构成风险评估函数,变量组成包括交易成本(transaction cost)、交易历史(transaction history)、赔偿(indemnity)、消费模式(spending patterns)和系统/资源利用(system/resource usage)。变量参数有两个,分别是时间(time)和地点(location)。传统基于信用卡系统的可信模型不能有效处理在线支付认证,也就无法满足电子商务的需求。Manchala 在上述可信参数和可信行为(认证和授权)的基础上,提出并分析了 4 种可用于电子商务的可信模型:布尔关系模型、模糊逻辑模型、交易过程模型和交易自动机模型。他通过电子商务中的令牌窃取和可信边界探测两类典型攻击对上述模型进行了安全分析,并对电子商务过程中的可信传播展开了讨论。本章参考文献[10]为电子商务中的可信交易建模提供了思路。

剑桥大学的 Moreton 和 Twigg[11]分析了 P2P(Peer to Peer)对等系统的节点参与激励模型,在已有的令牌(token-based)型和信任(trust-based)型两大类的基础上,他们提出了结合两种模型的邮票交易模型(stamp trading scheme),并论述了该模型能提供有界可信经济的定理分析过程。该模型拓展了网络交易中的可信模型设计。

Bolton 等[12]基于博弈论,利用行为经济学方法分析了互联网交易各方的可信问题。他们通过设计实验博弈过程,从经济学角度捕捉了互联网市场平台上的信任和可值得信任的关键问题,根据新实验和调查的其他证据,说明人们为什么和何时做出信任或不信任的决定。他们还比较了经验证据与决策制度设计的经济理论。基于上述工作,他们得出两个关键结论:第一,理解信任和值得信赖的行为应该考虑动机的组合,只考虑一个动机是不够的;第二,这些动机的表达是体制和战略环境敏感的,其内在含义是,信任和值得信赖的行为既不是社会规范和道德的问题,也不是经济学家有时认为的完全制度设计问题。理解什么是信任和如何信任,特别是在互联网这样的环境中,就需要掌握两者之间的相互作用。作者设计的实验表明,在没有反馈系统的情况下,卖方守信的内在动机不足以维持交易。在互联网交易中应当允许交易者具有社会偏好,正是社会偏好和精心设计的信誉机制的相互作用,才能在尽可能大的程度上解决互联网市场平台上的信任问题。但是,已有的经济理论和社会偏好模式往往低估了促进匿名在线交易社区信任的难度。

Yamamoto 等[13]研发了基于信誉管理系统的 C2C(Customer to Customer)在线交易计算机模拟模型,用来研究 C2C 市场中共享买卖双方信誉信息的有效性,这对为在线交易设计实用的信誉管理系统很重要。仿真结果表明,正向信誉系统对在线交易而言,比负面信誉系统更有效,即使负面信誉系统在传统交易模式中是有效的。

Song 等[14]提出了一种基于模糊逻辑推理的 P2P 信誉系统——FuzzyTrust。该系统可以更好地处理对等信任报告中的不确定、模糊和不完整的信息。系统以可承受的消息开销准确地聚合交易用户间的对等信誉。通过使用 eBay 交易数据进行测试,作者证明了 FuzzyTrust 和 EigenTrust 这两个 P2P 信誉系统,在 P2P 交易应用的同级之间建立信任的有效性和鲁棒性。

Diekmann 等[15]在研究互联网拍卖中的可信和信誉问题时,发现通过简单而高效的公共评级系统可以促进交易多方间的相互合作。作者使用大约 200 次手机拍卖的数据,经验性地探索了信誉系统的影响。通常对拍卖中非干扰性数据的分析有助于加深对交流、声誉、信任和合作等社交过程的了解，以及对机构对市场效率的影响的了解。在这项研究中，作者还给出了对声誉对交易特征的影响的经验估计，例如成功交易的可能性，以及付款方式和售价（最高出价）。作者还尝试回答了匿名交易中的关键问题：卖家是否获得声誉的"溢价"。研究结果表明，一方面，购买者愿意为声誉付出更高的代价，以减少被剥削的风险；另一方面，卖方通过选择适当的付款方式来保护自己免受欺诈。因此，尽管存在相互机会主义行为的风险，简单的机构设置仍会促进合作的加强、欺诈事件的减少和有效市场的建立。

Roca 等[16] 研究并探讨了在线交易系统中网络投资者依托传统技术接受模型（Technology Acceptance Model，TAM）结构，如何被感知到的信任、安全和隐私这些综合因素所影响。他们在在线金融交易环境中测试了一种增强技术接受模型。通过考察网络投资者使用在线金融交易商和股票经纪人服务的行为意图，基于该模型，实验结果表明：感知到的信任与感知的有用性和易用性是行为意图的重要提示。他们得出的结论是在线金融交易商和股票经纪人必须改善在线系统的安全性，因为网络投资者对网络系统感知的安全性形成看法后，当这些感知得到确认时，他们的信任感会增强，因此他们更有可能使用这些在线服务，特别是如果金融信息对他们有用的话。

Swaminathan 等[17]研究了在在线市场中如何抵御交易欺诈的问题。通常使用计数器量化在线经济系统中的声誉，计算方法的定义来自历史交易的正反馈和/或负反馈和/或某种形式的交易网络分析，旨在量化网络用户进行欺诈性交易的可能性。这些方法可以从多个角度欺骗诚实用户。但是，本章参考文献[17]则采取了一种截然不同的方法，目的是向买方保证，在一系列总交易额达到一定货币限额的情况下，欺诈性卖方不会从系统中消失并获利。即使在身份被盗的情况下，这样的对手也不会获得非法利润，除非买方决定支付超出建议限额的款项。

蒋晓宁等[18]研究并指出，网上交易在具有方便快捷优势的同时，仍然存在数字签名的可伪造问题，并且电子货币也并非匿名性的。传统的解决方式是依赖于可信的第三方验证后再传递信息。但是第三方本身的可信度并无法完全保障，与此同时在信息传输的过程中也很难确定安全性。为了解决传递信息安全性的问题，可以在交易的过程中选择舍弃第三方。为了避免可能的问题，可以将密文进行 N 等分，然后进行信息交换。如果在交换的过程中出现问题，那么交易就会直接终止。为了能够在保证传递安全性的同时提高传递效率，他们提出了离线第三方的公平交易协议，使得第三方既不知道交易的具体内容，又可以承担信息传递的任务。由密文拥有者（即商家）将传递信息先进行分割，然后分别传递给 n 个分享者，再由商家运行密文分享程序。在恢复密文的时候，分享者运行恢复程序。为了避免可能出现的欺诈问题，引入验证机制。在该模式下，在整个交易信息传递的过程中负责信息传递的第三方可以始终避免获知交易的具体密文，并且交易双方始终可以对交易信息的完整性进行验证，以保持交易双方的公平性以及可靠性。

王茜等[19]研究了电子现金 e-Cash。在使用 e-Cash 的时候，可以很好地保护消费者的匿名性和隐私权，但是交易中的匿名性与原子性是不可以同时兼顾的。如果在交易出现问题的时候，消费者选择重复使用 e-Cash，就会导致消费者的匿名性被破坏。反之，如果消费者默认商家已经收到了支付，而并未采取任何行动，实际上会破坏协议的原子性。解决该问题的一个方式就是采取可信第三方在线的匿名原子 e-Cash 交易协议，但是在使用交易协议的时候需要保存大量的交易历史数据，而这些数据会增加通信开销。e-Cash 交易协议模型由三部分组成：消费者本地协议模型、商家本地协议模型以及离线可信第三方模型。消费者本地协议模型主要完成消费者支付 e-Cash 并且接收商家发送的订购商品；商家本地协议模型主要完成商家发送消费者订购的商品，并且接收消费者支付的 e-Cash 和订购商品的确认信息；离线可信第三方模型是离线的，即平时第三方不会选择参与交易，只有在异常情况下才会参与交易协议的执行。

路卫娜等[20]研究了网格环境下的可信交易。网格是一种可以解决大规模计算问题的开放网络，在基于网格环境的资源市场交易中，资源方对自身的交易信息掌握程度较高，但是任务方的信息仅限于资源方的评价，双方信息处于严重不对称的状态。这种情况下交易的可信度得不到保障。为了解决双方信息不对称可能导致的欺诈问题，可以对资源方进行信誉值评估，通过信誉值给任务方提供评估资源方可靠性的依据。将网格中的节点分为资源提供者、资源使用者以及少数中心节点 3 类，资源提供者向其他需求节点提供资源，资源使用者则向其他拥有相关资源的节点发送资源请求，而新进入网络的节点以及交易完成之后的信息则会被提交到中心节点进行注册与录入。信誉值是由关键的中心节点根据交易的历史信息计算而得到的，是一个全网都可访问的共有信息。如果用 x 作为资源提供者标识，y 作为网格表示，$\sum_i m_i$ 作为网格资源提供者所拥有各种资源的总量，M 作为网格中所有资源的总量，Avr_RC 作为该网格资源提供者提供各项资源的信誉均值，F_rate 作为违约百分比，sum_cost 作为该网格资源提供者的成交金额总量，SUM 作为市场内的交易历史总金额，Hisxy 作为用户在网格 y 内注册的时间，His 为网格创建时间，则可用以下公式

$$\mathrm{PC}(x,y)=\frac{\alpha\left(\sum_i m_i\right)}{M}+\beta\mathrm{Avr\_RC}+\chi(1-\mathrm{F\_rate})+\delta\mathrm{sum\_cost}/\mathrm{SUM}+\varepsilon\mathrm{Hisxy}/\mathrm{His}$$

来计算信誉值，可以看出一个资源提供者在市场内的资源数目越多，平均信誉值以及总成交量越大，对应的信誉值就越好。在使用单商品的网格资源交易平台进行模拟之后，可以发现在采取信誉感知的方法后，成交量提高的同时单个任务方的可能损失降低了，但是交易的成交总次数会降低，交易的单次失败率会有所降低，从总体而言可以认为其对于总体交易的成功率有所帮助。

杜春梅[21]研究了虚拟计算环境下的信誉机制关键技术。为了能够使互联网资源形成更强大的计算能力，可以在开放的互联网基础设施之上建立虚拟计算环境，这也是实现资源有效共享和边界合作的方法之一。在虚拟计算环境下，可以引入自主元素这种具有环境动态感知以及自主决策能力的资源管理单位。自主元素作为系统中的工作节点，既具有服务提供者的身份，也具有服务使用者的身份。在虚拟环境下的自主元素作为一个虚拟化的生命体，具备自主性与自私性两个无法避免的特征。在为用户提供便捷性的同时，也可能因行为不可信而损失用户的利益。因此，如何能够在虚拟计算环境下保持节点的行为可信，实际上就是如何使用系统运行机制对节点进行约束，来保证整体系统的可信度。为了使节点始终保持较高的可信度，引入博弈论中的激励机制。当激励机制和个体的利己行为相符合之后，就达成了激励相容。将所有的节点分为能够客观评价商家节点的公允节点(FN)、对各项服务评价都偏低的严苛型节点(SN)、对各项服务评价都偏高的宽厚型节点(LN)、对任意一项或多项服务评价偏低的诋毁型节点(BN)、对一项或多项服务特征的评分偏高的哄抬型节点(DN)。如果按照 FN：BN：DN=0.6：0.2：0.2 的比例来进行混合，可以发现当可信阈值$\omega_i<0.6$ 时，作者提出的

信誉证据评测算法(Method for Evaluating Evidence of Reputation,MEER)几乎无误判,仿真验证 MEER 可以正确区分诚实评分与恶意评分。

马宇驰等[22]指出,在建立并提供可信认证的过程中,可信计算、可信连接、可信交易是 3 个主要环节。可信认证最关键的核心是建立签名机制,而密钥管理技术又是保证签名机制可信的基础。基于 CPK(Combination of Public Key)的认证系统可以保障系统的安全性与足够高的运行效率。CPK 的基本思想是管理中心生成很多密钥因子,然后组成公私钥对,公钥设置于安全芯片中,而私钥则发放给用户。采用公私钥的解决方式对通信标识来进行认证与验证,并进行真实性证明。相较于其他验证算法,CPK 可以有效地减少验证所需的验证次数。

毛剑等[23]研究并指出,现在网上交易多采用双因子模式进行交易身份认证,采用(Secure Socket Layer,SSL)协议保障交易的安全输出,采取安全电子交易协议(Secure Electronic Transaction,SET)保障交易安全,但是仍然存在网络钓鱼的问题。现在交易方案的问题主要在于授权与认证分离,与交易相关的敏感操作复杂。为了解决以上问题,毛剑等提出将交易授权与交易内容认证绑定,敏感操作处于独立、可信环境,将交易记录作为交易的信任判断依据的抗授权劫持攻击的安全电子交易方案。

杨丽莹[24]较为系统地研究了数字作品交易系统中的可信计数技术。虽然数字内容作品层出不穷,但销售商与提供商之间并未建立可信的结算机制,而且监管部门也很难在数字作品交易的时候得到可信的数据。为了达到数字作品交易的可信性,需要构造与交易各方相对独立的可信第三方来解决可信问题,实现对数字作品交易过程中的可信计数。杨丽莹将可信第三方引入现有数字作品交易系统,给出了典型的可信数字作品交易应用场景以及可信计数机制框架结构,基于密码学、可信技术和数字版权保护技术,设计了数字作品交易的可信计数机制,以及数字作品交易过程中可信数字作品交易的流程,并对设计的可信计数机制进行了安全性分析。针对交易过程中所涉及的关键数据,包括销售请求数据和授权数据,杨丽莹给出了数据标准,设计了可信计数的数据采集和数据缓存的过程,并给出了详细的实现流程。

李云峰等[25]提出了在交易过程中不使用可信第三方而解决纠纷的方法,例如并发签名。在并发签名中签名双方先生成并交换一个各自对于信息的模糊签名,然后再向签名方公布一份额外的信息,这样在通过第三方传递的过程中就不需要担心由于签名信息而导致的信息泄露。该方法采用在一个额外信息的基础上生成多个不同信息的有效模糊签名,并将两个模糊签名与应答方的签名信息同时进行绑定,从而达到增强模糊性的目的。但是与此同时,签名发起方可以签发多个模糊签名,而第三方也无法辨别真伪,甚至可以在签名接收方完全不知情的情况下向第三方证明一个不存在的交易。

现代服务业应用场景中的可信交易是指交易主客体信息真实、交易过程安全可信、交易可信度评价透明、业务服务符合监管要求和安全规范。现代服务业应用中的交易定义不同于区块链平台提到的交易概念。区块链技术中"交易"这一术语和计算机科学中的"事务"(transaction)相似,是指区块链上的一次原子性账本数据状态变更及其过程和结果记录。这是从计算机系统角度定义的区块链交易概念,也是分解、抽象、实现各种应用的核心处理步骤的必然结果。

3.3　区块链技术应用模式分析

区块链技术在现阶段有 3 个应用方向:第一个是数字货币,这是公有链的典型应用;第二个是金融市场，即依托联盟链形式的企业版区块链；第三个是物联网区块链。公有链不要求速度快，但对容错性要求比较高；企业版区块链要求速度快，吞吐量高；物联网区块链则要求是轻量级的设计。

在《韦氏大词典》中，“模式”(mode)一词出自音乐节奏[26]，引申之意为一种可能的、习惯的或首选的做事方式，其近义词包括方法、方式、系统等。作为构建可信环境的底层技术，区块链的重要作用在于支撑各类应用，实现可信的价值流转。但由于该技术的综合性、复杂性、待完善性，如何将区块链技术合理地应用于不同领域，即区块链技术应用模式应考虑什么因素，在典型场景中应如何设计和部署，都是学术界和工业界的热点研究内容。

区块链系统要按需设计和应用，通用的区块链系统要充分考虑以下几方面的要求：

1. 共识要求

共识要求通过一致性协议实现，这是分布式系统为保证数据一致而设计的机制。联盟链主要使用实用拜占庭容错和并行拜占庭容错算法。通常，区块链系统的处理能力越高越好，但区块链架构和流程与共识算法密切相关，不同的共识机制会占用不同的计算力和消耗不同的节点通信开销。公链要解决的问题是速度和可扩展性，许可链则要解决并发问题。

2. 软件设计要求

区块链中采用的块链结构和键值(Key Value，KV)数据库和传统数据库的差异较大，这就使得用区块链开发应用系统要重新考虑软件设计要求。例如，基于区块链技术开发银行系统，中间环节、流程都能大幅简化，可以节约开发和运行维护成本。区块链应用系统设计中的新问题是智能合约与系统功能间的对应，实践中既可以把功能放在应用系统上，也可以由区块链中的智能合约来实现。需要注意的是，智能合约执行与建块、共识关联，会消耗大量算力，这在软件设计过程中必须平衡功能设计与系统性能。

3. 可扩展性要求

可扩展性对区块链系统来说，始终是一个挑战。虽然学术界已经提出了不少思路，工业界的解决方案也不断更新。但迄今为止，受限于区块链系统架构设计、共识和交易间的关系、监管问题、安全与隐私保护等需求的提出，以上各个方面都影响着可扩展性问题的解决。

4. 智能合约要求

传统的智能合约只考虑对应用功能的支持，并不涉及合约所需的法律框架。从2016年开始，智能合约开始考虑法律化问题。合约的参与者需要相关的法律条文及框架来保护。如果具备了法律框架的支撑，代码就具有法律认可的合约属性。

由于智能合约执行模型与建块流程相互影响，智能合约理论上面临一个难题：每次建块时，需要快速对应上必须启动的合约代码；与此同时，在某些智能合约系统里，存在着代码必须完成执行之后才能建块的逻辑设计。对于涉及数据类型、数量都很多且逻辑复杂的应用，会出现合约执行和建块冲突的问题。

除以上4个方面，基于区块链平台的可信交易模式还存在如性能瓶颈问题、高能耗问题、硬件资源受限问题、安全性问题，以及分布式的运行机制与现有的社会结构、监管体制甚至商业伦理存在的冲突问题等，均需在发展过程中解决。

我们分析了上述区块链技术应用模式中需要关注的通用问题，针对资产证券化和供应链金融这2类典型应用，我们再进一步对区块链技术的应用模式展开分析。

3.3.1 资产证券化

2019年,ABS市场规模继续快速增长,全年共发行ABS产品23 439.41亿元,同比增长17%,年末市场存量为41 961.19亿元,同比增长36%。其中:信贷ABS发行9 634.59亿元,同比增长3%,占发行总量的41%,存量为20 127.63亿元,同比增长32%,占市场总量的48%;企业资产支持专项计划发行10 917.46亿元,同比增长15%,占发行总量的47%,存量为17 801.48亿元,同比增长28%,占市场总量的42%;资产支持票据发行2 887.36亿元,同比增长129%,占发行总量的12%,存量为4 032.08亿元,同比增长118%,占市场总量的10%。

近年来不同市场ABS产品发行规模增速虽然有所放缓,但绝对增速仍较高。相比股权、债券、信贷等传统金融产品,ABS产品非标准化程度较高,涉及相关参与方多,交易结构灵活。信息传递链条长,基础资产管理与资金流分配操作频繁,特殊风险事件处理复杂的特点导致其产品风险定价的难度较高,只有少数资产方和投资方有能力参与,因而无论是市场的流动性还是总规模,ABS市场与传统信贷市场仍有非常大的差距,这也为其未来的发展提供了巨大的空间。

基于区块链技术可以构造具有共享分布式账本、多中心共识决策、可信合约执行、账本数据难以篡改等特性的业务应用系统。将ABS业务的部分数据和业务操作利用区块链系统实现,可以从多个角度提升ABS业务的效率和质量,具体体现如下。

1. 加强基础资产管理能力

将各个业务阶段的基础资产信息及其表现同步在区块链系统上,并利用区块链账本自动同步、不可篡改的特性,可以极大地改善传统仅在个别关键时点进行的底层资产审计,提升资产监控频率,并且确保入池资产的真实性,为资产的合理定价提供必要的真实数据支撑。当底层资产表现不佳触发特殊风险事件时,区块链系统可以第一时间发现风险,并自动按照预先设定的方式处理特殊事件,避免约定风险处理条款不能及时落实。

2. 改善业务协作流程

针对ABS中参与方多的问题,区块链技术能够将各个业务参与方的业务操作统一在一个平等可信的业务系统上。该业务系统无数据篡改风险,参与方可以平等地在系统上完成ABS项目最新信息获取、业务文件和数据共识确认、现金流自动划转对账、自动资产报告生成等业务流程,极大地降低了系统和其他参与方的信任成本,缩减了业务协作交互成本。

3. 降低人为操作带来的信任风险

ABS的各个环节均依赖中介机构人工完成,对于基础资产的评估、入池、循环购买、表现跟踪等环节,如果缺少及时的追踪和比对,人工操作容易引入差错和操纵基础资产的风险。利用区块链的智能合约打通项目管理方资产管理系统以及银行流水系统,则可以大幅地缩减人工干预环节,既能节约人力成本,又能降低信任风险。

4. 京东区块链技术在资产证券化中的典型实践

京东数科凭借区块链技术推出的“区块链ABS标准化解决方案”,能为各交易参与方快速部署区块链节点,搭建ABS联盟链流程;利用区块链技术实现了多节点信息高效同步,并能保证资产信息不可篡改;通过智能合约,降低了人工参与成本与出错概率。投资方可以通过该方案穿透查看 ABS 底层资产，实现对资产池的透明化管理，有效监控资产风险；同时这种透明化管理也有利于资产方提高资产发行效率，降低发行成本。该方案还实现了数据的加密上链，通过对底层架构的优化，能够保障 ABS 高并发情况下的稳定运行。

ABS 的业务流程通常包括准备阶段、执行阶段、发行阶段、存续期管理阶段，如表 3-1 所示，区块链 ABS 标准化解决方案能为业务全流程提供系统支撑。

表 3-1　区块链赋能 ABS 多业务环节

ABS 业务阶段	业务环节	区块链 ABS 标准化解决方案的功能
准备阶段	• ABS 目标 • 具体方案的政策可行性 • 市场可行性和可操作性分析 • 选定原始权益人 • 基础资产筛选 • 中介服务机构制定关键融资要素 • 征信措施 • 项目时间表等关键融资要素	• 基础资产入池筛选 • 入池资产测算评估 • ABS 项目信息登记 • 各机构链上确认相关产品要素等
执行阶段	• 中介机构尽职调查 • 交易文件起草 • 搭建相关信息系统 • 确定证券化底层资产并形成资产池 • 发起机构设立特殊目的机构（Special Purpose Vehicle） • 将需要证券化的资产通过“真实出售”方式转移给 SPV • SPV 对资产池的资产现金流进行重组、分层、信用增级 • 确定 ABS 项目计划说明书	• 基础资产入池筛选 • 入池资产测算评估 • ABS 项目信息登记 • 各机构链上确认相关产品要素
发行阶段	• 路演推介及资产定价 • 确定意向投资人 • 出售有价证券	• 基础资产入池筛选 • 入池资产测算评估 • ABS 项目信息登记 • 各机构链上确认相关产品要素
存续期管理阶段	• 存续期（循环期）内资产池资金的回收、分配、再投资 • 资产与资金情况定期报告 • 摊还期归还投资人本金和利息的分配	• 资产状况实时监控 • 自动银行划款对账 • 自动循环购买、赎回、清仓回购 • 自动生成合规信息披露报告

基于区块链的全流程 ABS 解决方案为投资方、资产方、服务方等各个业务方带来了显著价值。具体而言，对投资方，该解决方案使得 ABS 产品底层资产更加透明，降低了基础资产不确定性引入的风险，并且减少了投资后管理的风险；对资产方，该解决方案一方面通过标准化业务流程，缩短了融资交易周期，另一方面通过增加底层资产的可信性，减少了资产方与投资方的信息不对称，可以间接地降低融资成本；对服务方，业务流程的优化、资产监控、循环购买以及资金的自动化分配，可以削减人力投入，实现资产管理降本增效。

3.3.2　供应链金融

近年来,我国对中小微企业、供应链金融和区块链技术的扶持加快了基于区块链的供应链金融解决方案的发展。利用区块链技术解决传统供应链金融的痛点,为中小微企业融资难、成本高等问题提供了很好的解决思路,也符合国家提出的利用技术自主创新,带动产业创新的要求。但区块链与供应链金融的结合应用不能一蹴而就,明确目前应用场景瓶颈所在,将更好地发挥技术的作用。我们总结了传统供应链金融存在的主要瓶颈,具体如下。

(1) 信息严重不对称

随着现代产业分工的越发细致,整个产业链条中的企业数量以惊人的速度增长。传统贸易中核心企业对整个供应链进行管理的模式因为供应链条的复杂而变得成本难以控制。如果将管理权下放至集团成员单位或者一级供应商,则会导致上下游信息的严重不对称,核心企业难以准确判断信息真实性且难以把握贸易流、资金流和物流。信息的真实性难以评估,无法溯源整个贸易链条,投资方无法界定风险水平,出资意愿比较低。因此,信息的不对称会造成核心企业与集团内部成员单位之间、各级供应商之间、投资方与企业之间的互相不信任,造成集团成本控制体系不畅,贸易流、资金流、物流的审查繁琐。

(2) 中小微企业融资难、成本高

在传统的供应链金融中,投资方信赖的是核心企业对自己产业供应链条的把控能力以及上游控货和下游销售的把控能力。出于风控的考虑,由于严重的信息不对称,所以投资方通常仅对与核心企业有直接贸易关系的链属企业提供融资,但是,在现代产业供应链体系中层级能达两三级,甚至更多。融资需求大,投资方由于难以穿透供应链中多级供应商的融资需求,造成了产业供应链条中的大量中小微企业融资难的问题。因为这些问题会导致中小微企业融资渠道普遍成本较高,所以其对产业链也会造成损害。

(3) 道德、违约风险难以控制

在传统供应链管理框架下,核心企业对链属企业的把控能力较弱,信息传导效率、信息的回溯性等都会遇到很大的挑战,这为集团成员单位、各级供应商等留下了较大的操作空间,基于贸易合同的真实性欺诈情况时有发生,尤其涉及多方、多级交易后更加难以监管。现阶段只能基于各自的信用判断合作前景。由此造成的信用溢价导致供应链条上比较末端的供应商因为高成本,供货质量的稳定性降低,层层传导从而导致整个贸易链条的不畅。现金流缺乏问题越发突出,信用风险、道德风险事件层出不穷。

区块链技术在供应链金融领域中的应用价值和模式体现在如下几个方面。

(1) 多中心数据维护机制

基于区块链的多中心数据存储的思路,可以解决传统供应链整个产业链条的信息严重不对称问题。采用联盟链的方式,搭建包含供应链整个产业链条且共同认可的账本。核心企业、各级供应商和投资方可在账本内预设各方权限,如共享贸易流、资金流相关信息,从而实现信息流、资金流、贸易流的共享协同,解决传统供应链信息严重不对称的问题。

(2) 交易确权的真实性和时效性

通过基于加密数据的交易确权的区块链应用,可以实现交易确权凭证信息的上链操作。通过分布式存储和共享,可以提升交易确权操作的安全性。通过联盟链的形式,建立一套各方认可的规则合约,减少交易背书和担保等中间环节,从而实现成本的降低。区块链首先要实现的是数据的标准化和线上化,在此基础上在供应链金融应用中可以打通债务方,尤其是核心企业的 ERP 实现实时确权，从源头上保证了效率和真实性问题，并实现了确权凭证的开具、背书、审核、签收的全流程上链，各方均可查看但无法篡改，提高了交易的安全性，保证了可回溯性。

(3) 交易真实性证明

通过互联网、物联网和区块链技术的联合使用，结合供应链金融具体场景，可以交叉验证诸如主体信用、采购数据、物流数据、订单数据、仓储数据、贸易数据的可靠性。而区块链主要在其中承担整个链上交易的验证工作，记录不同数据、交易节点和时序关系及变更历史，以提高整体交易网络的真实性。

(4) 共享账本应用

区块链技术可以通过分布式数据存储的共享账本将数据安全地同步给各参与方。以应收账款融资为例，区块链技术可使整个供应链产业链条中的多级供应商或者经销商共享信用的传递。各方均可以通过区块链技术追溯确权凭证的开具、转让、拆分、融资过程，并在平台上展示，解决了投资方传统审核整个供应链条的企业贸易背景、主体信用的不可操作性，从而实现了成本的降低。

(5) 智能合约的应用

智能合约是一种供应链金融业务执行的自动化工具，可以通过预先设定好的规则和条款，准确、高效、自动地执行合同缔约各方所达成的契约，以此来降低人为因素的干扰。通过智能合约技术，可以解决合同执行过程中各方违约的问题，以此来提升合同执行的效率及条款执行的准确率。

本章参考文献

[1] 杜鹏. 我国现代服务业及其区域差异比较研究[D]. 长春：吉林大学，2013.

[2] 刘志彪. 现代服务业发展与供给侧结构改革[J]. 南京社会科学，2016(5):10-15,21.

[3] Barrdear J,Kumhof M. The macroeconomics of central bank issued digital currencies [Z]. Staff Working Paper No. 605,2016.

[4] 张开亮. 数字货币浅析[J]. 经济学,2020,3(1):31-32.

[5] 宋华. 中国供应链金融的发展趋势[J]. 中国流通经济,2019(3):3-9.

[6] MBA 智库. 供应链金融[EB/OL]. [2022-02-10]. https://wiki. mbanb. com/wiki/供应链金融.

[7] 宋华. 供应链金融[M]. 北京:中国人民大学出版社,2016.

[8] 宋华. 困境与突破:供应链金融发展中的挑战和趋势[J]. 中国流通经济,2021(5):3-9.

[9] Blaze M, Feigenbaum J, Lacy J. Decentralized Trust Management[C]// IEEE Symposium on Security & Privacy. Oakland,CA,USA:IEEE Computer Society, 1996.

[10] Manchala D W. E-Commerce Trust Metrics and Models[J]. IEEE Internet Computing, 2002, 4(2):36-44.

[11] Moreton T,Twigg A. Trading in trust, tokens, and stamps[J]. In Proc. of P2PEcon, 2003.

[12] Bolton G E, Katok E, Ockenfels A. Trust Among Internet Traders: A Behavioral Economics Approach[J]. Working Paper, 2004.

[13] Yamamoto H, Ishida K, Ohta T. Modeling Reputation Management System on Online C2C Market[J]. Computational and Mathematical Organization Theory, 2004, 10(2):165-178.

[14] Song S, Hwang K, Zhou R, et al. Trusted P2P Transactions with Fuzzy Reputation Aggregation[J]. IEEE Internet Computing, 2005, 9(6):24-34.

[15] Diekmann A, Wyder D. Trust and reputation in internet-auctions[J]. ETH Zurich Sociology Working Papers, 2009, 54(4).

[16] Roca J C, Garcia J J, Vega J J D L. The importance of perceived trust, security and privacy in online trading systems [J]. Information Management & Computer Security, 2009, 17(2):96-113.

[17] Swaminathan A, Cattelan R G, Wexler Y, et al. Relating Reputation and Money in Online Markets[J]. ACM Transactions on the Web (TWEB), 2010.

[18] 蒋晓宁，叶澄清，潘雪增. 基于半可信离线第三方的公平交易协议[J]. 计算机研究与发展，2001(4):502-508.

[19] 王茜，杨德礼. 离线可信第三方匿名原子的 e-Cash 交易协议模型[J]. 哈尔滨工业大学学报，2004(8):1041-1045.

[20] 路卫娜，杨寿保，郭磊涛. 基于信誉感知的网格资源交易机制[J]. 中国科学技术大学学报，2007(9):1054-1059.

[21] 桂春梅. 虚拟计算环境下信誉机制关键技术研究[D]. 长沙:中国人民解放军国防科技大学，2009.

[22] 马宇驰，赵远，李益发. 浅谈基于 CPK 的可信认证[J]. 信息工程大学学报，2009，10(3):309-312.

[23] 毛剑，韦韬，陈昱，等. 抗授权劫持攻击的安全电子交易方案[J]. 武汉大学学报(理学版)，2008(5):593-597.

[24] 杨丽莹. 数字作品交易系统中可信计数技术的研究与设计[D]. 西安:西安电子科技大学，2013.

[25] 李云峰，何大可，路献辉. 无须可信第三方的防滥用公平交易协议[J]. 计算机应用研究，2009，26(8):3053-3055.

[26] Merriam-Webster[EB/OL]. [2022-02-10]. https://www.merriam-webster.com/dictionary/mode.

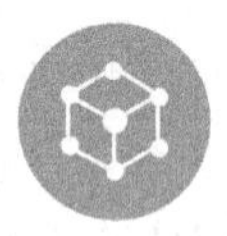

第4章　基于可信交易区块链平台的数据共享

4.1　引　　言

当前，以数字化、网络化、智能化为主要特征的第四次工业革命蓬勃兴起，我国经济正处于由数量和规模扩张向质量和效益提升转变的关键期。在这个重要的历史交汇时期，一个最显著的变化就是，数据正在成为核心生产要素。习近平总书记在十九届中共中央政治局第二次集体学习中强调“要推动实施国家大数据战略，加快完善数字基础设施，推进数据资源整合和开放共享，保障数据安全”。现代服务业数据是国家大数据战略中的重要组成。当前，随着现代服务业对国计民生的重要性越发凸显，现代服务业数据规范管理和可信共享，对经济的健康发展至关重要。在信息全球化和数字经济时代，协同交互、个性定制等新模式、新业态快速发展，跨企业、跨行业的数据交换共享需求越发迫切，如何对不同行业数据进行可信共享已成为提高生产经营效率和加快促进行业发展的重要基础。因此，数据的可信有序使用和流动共享，是全球化产业链发展的必要条件，是实现国家治理体系和治理能力现代化的需求[1]。如果数据可信性无法保证，就无法保证数据的正常共享，无法保证产业链的正常运行。在时代浪潮面前，加快形成数据可信交换共享服务模式已成为深挖数据价值、释放数据潜能、提升数据应用能力的重大需求。

相比传统互联网数据，现代服务业数据的种类更为丰富多样，且更具价值属性和产权属性，但如何针对数据进行定价确权、促进数据可信交换共享等，目前还缺乏成熟的服务方式和商业模式。同时，专门面向数据提供可信交换共享服务的公共服务平台尚属空白。而传统平台大部分是中心化模式，多采用数据单向汇聚的方式，汇聚单行业内数据。该单向汇聚的中心化数据管理模式，存在中心节点单点失效、隐私易泄露、扩展性差等问题，该模式下的数据共享依赖中心结构，在未来数据交换共享需求增加等情况下，不仅会造成重复开发建设，也会给中心平台带来极大的数据访问压力，难以适应扁平化的数据可信交换共享需求。

综上所述，在面对当前数据共享和数据可信双重迫切需求的形势下，加快建设数据可信交换共享服务平台，形成兼容区块链、数据直联等多种数据的可信交换共享模式，打造数据可信防护、轻量级数据加密、数据追踪溯源、数据确权与价值评估等技术，依托服务平台聚拢产学研用各方共同建设可信的数据空间，形成跨行业、跨领域、跨国境的数据可信共享、交换、交易、下载等多种服务和商业模式，可有力地推动可信数据市场的构建，加快数据驱动创新，有力促进数字经济和现代服务业高质量发展[2]。

4.2　现代服务业中的数据共享技术

4.2.1　数据可信共享体系

为完成高效、便捷、普适性的现代服务业数据可信共享，需要建设一个完备的现代服务业数据可信共享体系。该体系一般而言可主要包括现代服务业应用数据模型、数据服务模型、数据安全可信机制和数据可信共享流程等方面。

1. 应用数据模型

为了更好地在现代服务业中使用和共享数据，常见且有效的方式是采用基于标识的方法来定义可以互操作的应用数据模型，定义为“可识别数字对象”(Identification Digital Object，IDO)。IDO 从对象和关系两个角度描述数据模型，并建立了动态数据分类和描述来描述对象的整个生命周期行为。IDO 的基本单元是“对象”。实体可以分为物理实体和虚拟实体，具体包括材料、产品、设备、人员等物理实体，以及算法、流程、软件订单等虚拟实体。

如图 4-1 所示，对象由标识符和可识别的数字对象组成，标识符是可唯一表示该实体并进行寻址的代码，可识别的数字对象可以被识别和寻址，充分表达对象数据的整个生命周期，对象数据可以分为属性数据和业务数据。其中，属性数据描述对象不同于其他对象的固有属性特征数据，是静态数据；业务数据描述对象的业务流程数据，即与业务链接中的对象相关的各种数据，是动态数据。在该模型中，标识符和可识别的数字对象共同构成了 IDO。资源池被用来存储这些数字对象，并能根据标识符对数字对象进行索引。

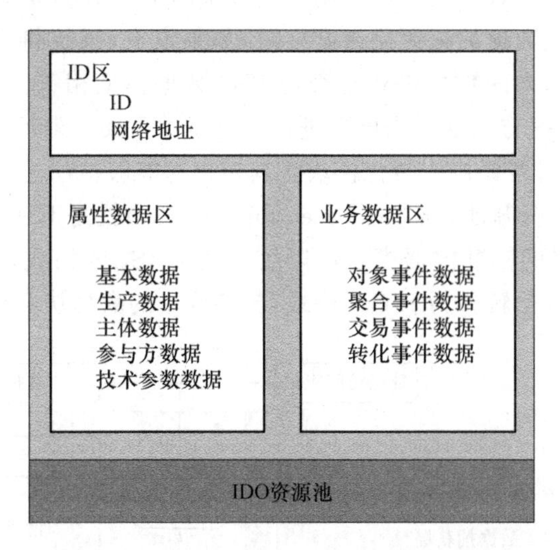

图 4-1　IDO 数据模型的组成

在制定方面，业务数据主要分为对象事件数据、聚合事件数据、交易事件数据和转化事件数据等 4 类。对象事件数据是单个对象的事件数据，易于使用；聚合事件数据是指将多个对象聚合到另一个对象中，描述聚合或分割；转化事件数据描述将一个项目转换为另一种形式的项目。每个业务数据活动都回答关于何时、何地、什么、为什么等的问题。

2. 数据服务模型

数据服务模型可以解决不同行业和企业的数据交互问题，其作用是提供一种标准化的方法，使得数据可以在企业内或企业间高效、无歧义地共享。数据服务模型主要由数据捕获层、资源池以及数据访问层 3 部分组成，如图 4-2 所示。

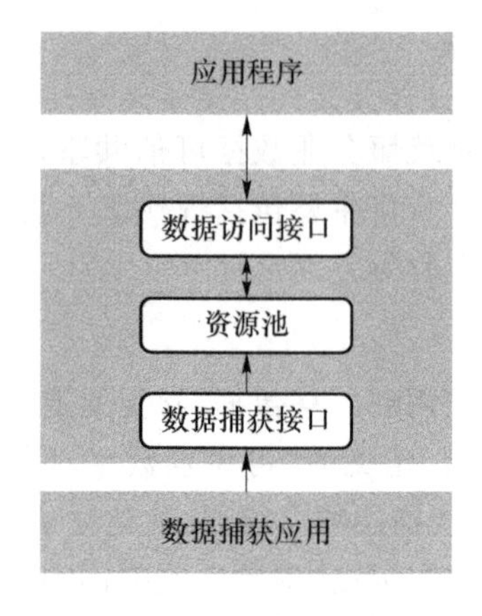

图 4-2　数据服务模型

数据捕获层主要监听并接收来自数据捕获应用的数据。数据捕获应用的种类有很多，可能是中间件，可能是开发者各自开发的应用程序，还可能是集成在各类基础管理运营软件(MSE、ERP 等)中的软件程序，其目的是以标准数据模型的格式采集物理世界发生的数据，作为在现代服务业背景中，各方面协作沟通的核心。资源池存放采集的数据。

基于该模型的现代服务业数据服务的具体功能实现如图 4-3 所示。首先，在数据捕获层，通过数据捕获接口监听并接收从上一层应用传输过来的基于 IDO 的标准格式数据。其次，通过安全与权限模块来检验数据的来源是否有权限，如果没有，系统将拒绝下一步操作。再次，有效验证模块将认证传递来的数据格式是否与 IDO 数据模型相符。为了确保数据可以被多方辨识和理解，将输入数据与标准数据模型进行比对至关重要。最后，由于数据的格式有可能是 XML、JSON 或者其他，需要格式转化模块将其转化为能够被所选取的数据库存储的格式。如果使用 MongoDB 作为资源池，则 Database Object(DBO)就是 BSON 格式。在数据访问层中，因为基于 IDO 所定义的标准数据模型可以统一基于 JSON 格式，所以逆转化模块的作用是将存放在数据库中的数据转化为 JSON 格式，支持统一的数据访问应用共享访问。

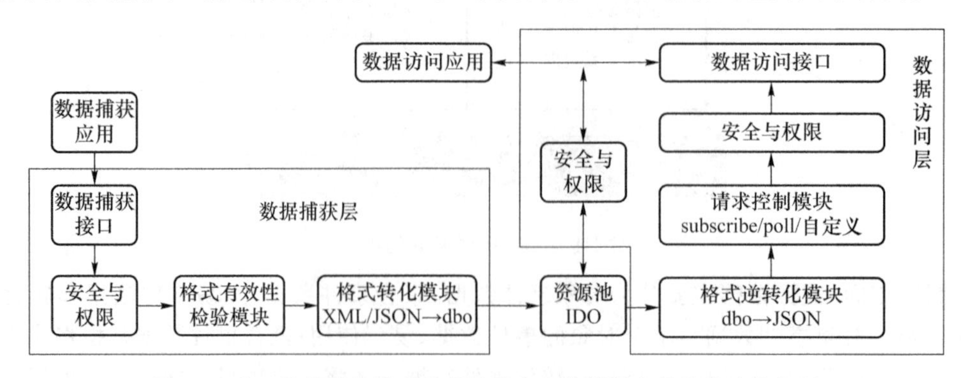

图 4-3　基于数据服务模型的现代服务业数据服务的具体功能实现

3. 数据安全可信机制

数据安全可信机制涉及现代服务业数据收集、存储、处理、转移、删除等各环节、多层面的数据安全可信，从整体来完成数据分级分类安全可信管理、统一认证、隐私保护等[3]。数据安全可信机制主要由 5 个方面组成，分别是数据安全可信采集传输、数据泄露防护、数据安全可信审计、数据脱敏和数据安全可信交换。

现代服务业产业健康发展一定程度上依赖于信任机制的建立，以组件供应商、系统建设商、操作用户三大角色为主体，强调各厂商产品安全横向关联与纵向管理，最终形成“自上而下信任渗透、自下而上保证支撑”的可信生态体系。

图 4-4 显示了系统运营商可以将系统的整体操作管理分配给第三方的情况。运营商负责确保交付的系统在满足运营要求、维持规定的可信度水平的同时，继续实现业务目标。

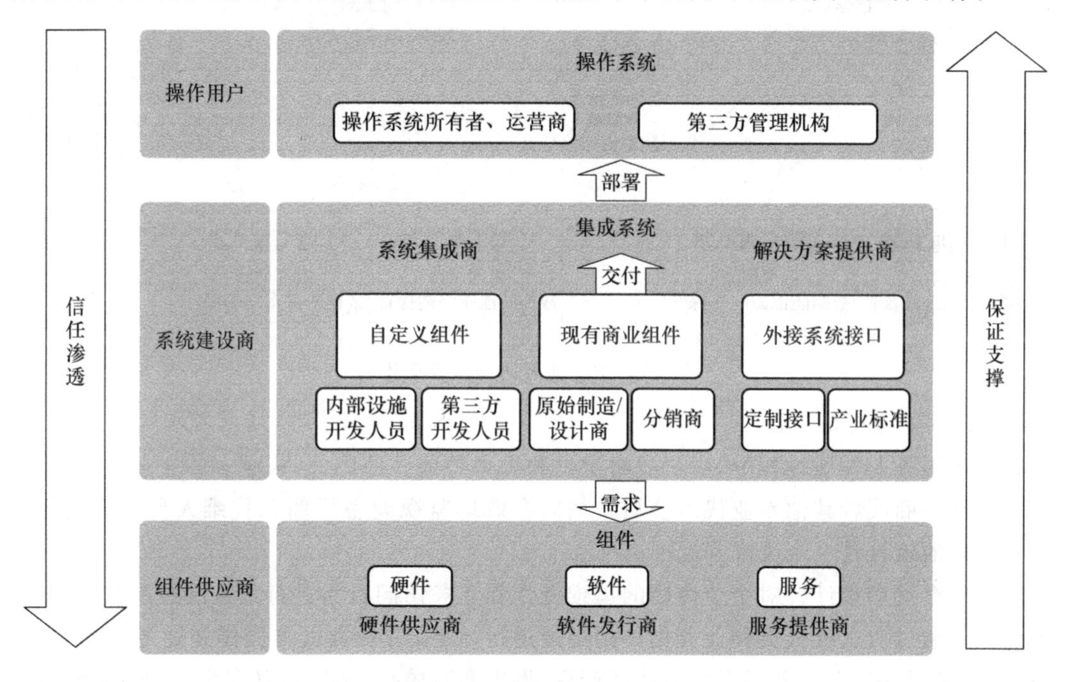

图 4-4　角色间的信任关系

系统运营商将信任相关要求指定为系统规范的一部分，并传达给系统建设商，促使信任机制的建立。系统建设商又将其分解为系统每个组件的特定信任需求，组件供应商通过提供符合规定要求的组件来响应这些需求。系统建设商负责整合所有组件，并确保它们都满足集成系统的规定要求，最终交付的系统功能要经过运营商或第三方管理机构的验证。

(1) 数据安全可信采集传输

设备网络协议多种多样并存在大量漏洞，增加了终端感染病毒或被恶意代码入侵的渠道，增加了网络层数据不能安全传输的风险，需有针对性地进行可信防护。

对于接入设备，建立身份基线并进行审批，实现设备的仿冒攻击防护；从网络层和应用层来实现设备的通信协议管控。

(2) 数据泄露防护

数据泄露防护以实现识别机密数据的内容，正确地认识客户的业务流程，梳理出合理的业务流程，保证敏感数据正确的流动为目标[4]。构建完善的涵盖可能导致数据泄露各个环节的防护体系，提供统一解决方案，促进核心业务持续安全可信运行。数据泄露防护系统架构如图 4-5 所示。

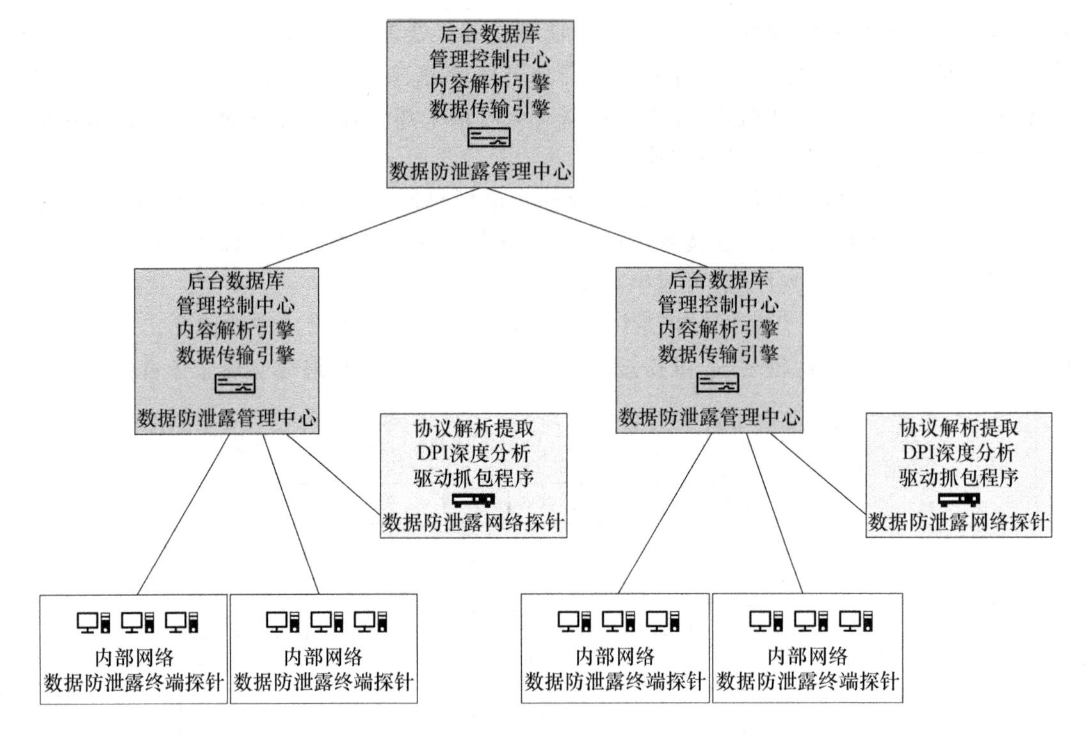

图 4-5　数据泄露防护系统架构

(3) 数据安全可信审计

在现代服务业发展过程中，由于战略定位和人力等诸多原因，越来越多的企业将非核心业务外包给设备商或者其他专业代维公司。如何有效地监视设备厂商和代维人员的操作行为，并进行严格的审计是一个关键问题[5]。

数据安全可信审计针对企业内网的运维操作和业务访问行为进行细粒度控制和审计的合规性管理。通过对运维人员和业务用户的身份进行认证，对各类运维操作和业务访问行为进行分析、记录、汇报，以帮助用户事前认证授权、事中实时监控、事后精确溯源，加强内外部网络行为监管，促进核心资产(数据库、服务器、网络设备等)的正常运行。数据安全可信审计系统典型架构如图 4-6 所示。

(4)数据脱敏

数据脱敏是数据安全可信全生命周期中的重要环节。数据脱敏即对现代服务业某些生产、运营、销售等敏感信息通过脱敏规则进行数据的变形，实现敏感隐私数据的可靠保护。这样就可以在开发、测试和其他非生产环境以及外包环境中安全地使用脱敏后的真实数据集。

数据库脱敏实现自动识别敏感数据和管理敏感数据，提供灵活的策略和脱敏方案配置，支持高效可并行的脱敏能力；同时保证数据的有效性和可行性，使脱敏后的数据能够安全地应用于测试、开发、分析和第三方使用的环境中[6]。

(5) 数据安全可信交换

现代服务业典型网络的现状是将内部业务网络与外部公共信息通信网络分开，形成所谓的“内网”和“外网”，有些部门由于业务种类众多，数据敏感度不一，在内网中还人为隔离几个不同的网络，用于处理不同的业务或者存放不同敏感程度的数据。

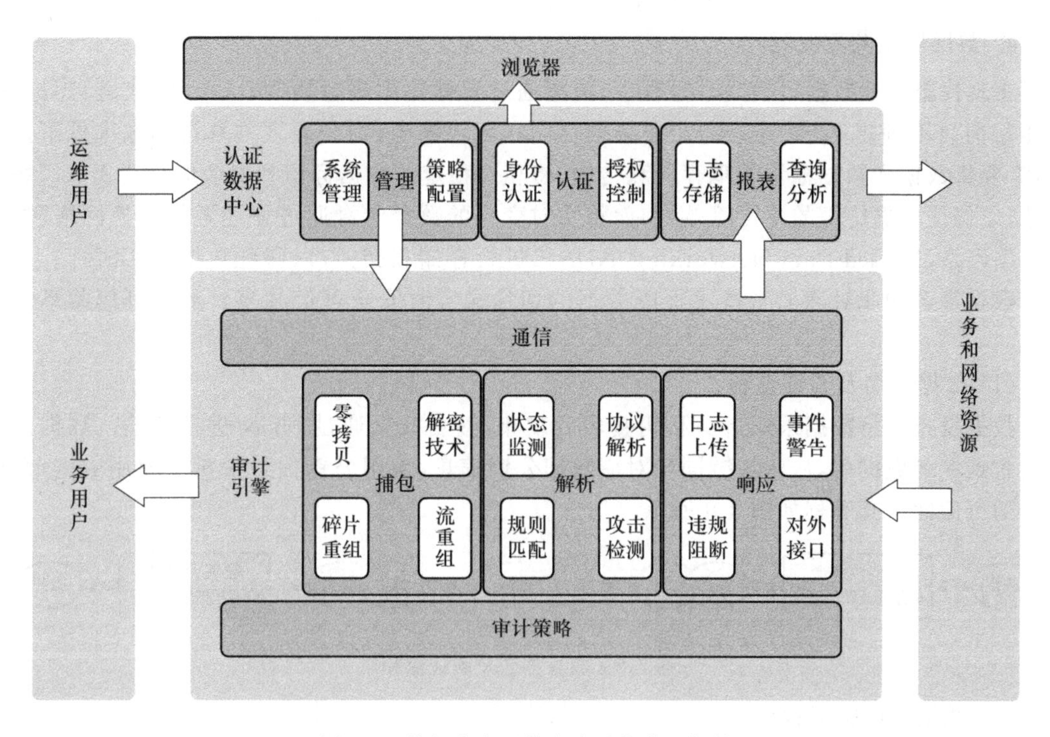

图 4-6　数据安全可信审计系统典型架构

数据安全可信交换系统需要提供数据库（支持主流数据库）、文件（支持主流文件系统）、流数据安全可信交换，并提供文件格式检查、病毒查杀、数据加密、交换审计等安全可信服务。数据安全可信交换系统实现跨网络数据交换最重要的一点是：没有网络协议穿透。数据安全可信交换系统典型架构如图 4-7 所示。

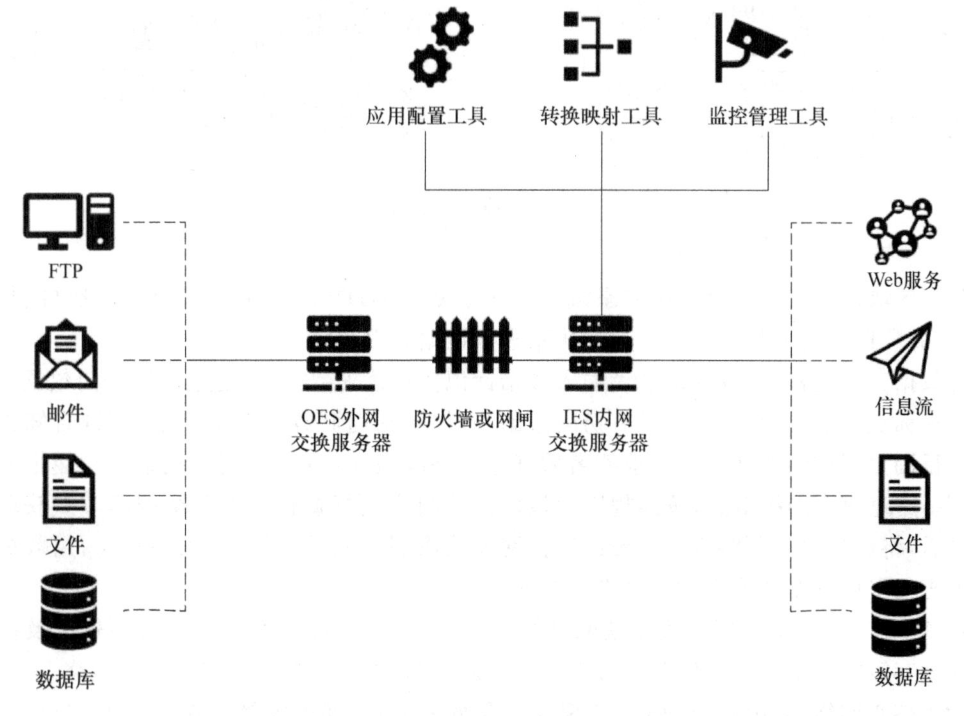

图 4-7　数据安全可信交换系统典型架构

4. 数据可信共享流程

在现代服务业数据可信共享过程中，数据通过数据标识进行访问。由于区块链自身存储性能目前尚不理想，如果将全部业务数据存储在区块链中，则会导致共享访问效率低下。因此，需要将数据和数据标识解耦存储和传输，将相对稳定的数据标识和对应的公钥通过区块链存储，以保证数据标识的不可篡改性，而将实时变化的数据本身通过快速数据交换网络〔如命名数据网络(Named Data Networking，NDN)〕进行存储和交换，以保证数据的实时性。数据通过数据签名和非对称加密技术保障数据的切片式实时安全可信共享。数据可信共享流程如下。

(1) 数据签名及验证流程

数据发布者将数据采用自身私钥签名后发布，签名数据通过 NDN 进行传输。数据消费者接收到签名数据后，从区块链同步对应数据公钥信息，采用公钥信息解析并使用数据，保证数据的可信性。其流程如图 4-8 所示。

图 4-8　数据签名及验证流程

(2) 数据加解密流程

数据发布者采用不同数据消费者需求的公钥对数据进行加密，并用自有私钥对数据进行签名。签名加密数据通过 NDN 进行存储与传输。对应的数据消费者采用从区块链同步的数据发布者公钥进行验证。验证通过后，用自有私钥对数据进行解密并获得数据，保证数据的安全切片可信共享。其流程如图 4-9 所示。

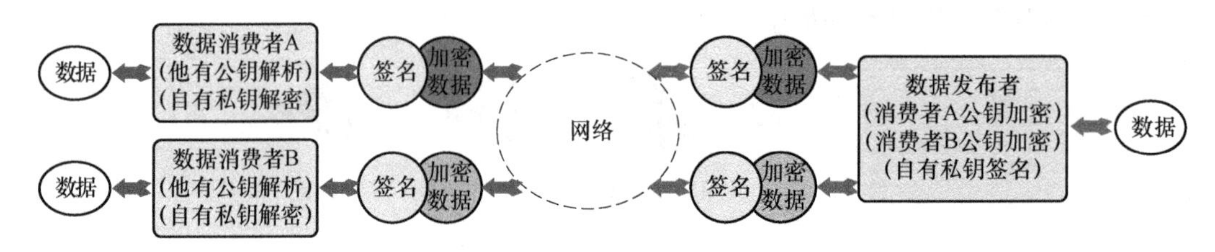

图 4-9　数据加解密原理

(3) 基于 NDN 的共享流程

基于区块链的数据安全可信共享流程采用了基于 NDN 的自主对等数据交换机制，并对 NDN 中的数据使用了基于标识的命名体系进行数据标识和解析。

在数据交换流程中，数据请求者输入数据标识信息请求数据，通过数据网关向数据可信链节点请求标识解析(若对应数据具有访问限制，有权限则返回数据对应密钥，否则告知无权限访问)，得到数据访问地址并将请求签名后打包为兴趣报文，再转发到该地址。兴趣报文进入 NDN 后，路过每个网络节点，按照规则对该标识的内容进行查找。在某个网络节点获取到数据报文后，将数据报文原路返回。最终数据网关获取到报文后(对于有限制报文，用数据对应私钥解密)，采用发布者公钥对来源进行验证。

由于 NDN 的性能主要取决于获取到缓存的位置，所以可以综合兴趣访问热度及拓扑信息设计缓存策略。基于拓扑信息对节点进行分域，网络可分为核心网络与边缘网络。

对于核心网络，采用基于 Hash 的缓存任务分配方式，即内容缓存在节点 ID 与该内容哈希值最接近的节点处，该方案根据哈希计算得到内容所在节点，缩短了缓存查找时间，且每个内容仅被缓存一次，因而缩短了缓存占据的空间。

对于边缘网络，采用路过数据内容即缓存的方式，缓存空间充满时对缓存进行替换。对于每一个数据内容，都将拥有内容热度值(Content Popularity Value，CPV)和命中次数(Number Of Hits，NOH)两个属性作为衡量替换的标准。CPV表示之前该内容对象的热度值，NOH表示在本计时周期内的命中次数。当一个计时周期结束时，通过在该计时周期的NOH和之前的CPV计算出新的内容热度值并排序，当需要进行缓存替换时，将内容热度值最低的缓存删除，写入新的数据内容。

(4) 基于区块链的数据可信交换协议

假设数据共享参与者为A、B两方。数据提供者为A，数据请求者为B。数据提供者负责存储数据索引与提供真实数据，并对数据共享请求作权限校验；数据请求者向数据提供者请求读取数据的权限。应用场景为：当B知道数据的索引信息时，则A向B提供该索引信息的数据查询服务；当B不知道数据的索引信息时，则B不能获取A的任何数据信息。该场景适合于当A、B有共同的注册信息时(如用户名、身份证号等)，双方可共享可信信用数据，而一方不能主动查询另一方的用户信息。协议主要实现以下功能。

① 身份注册与管理

参与者的身份由公钥密码基础设施(PKI)加以保护，注册中心CA向外提供注册与身份校验服务。区块链的共识节点在加入共识前先进行注册，并由CA签发包含其公钥的证书，通过CA校验身份后才可加入共识网络环境。普通参与者采用同样的机制获得公钥证书，并参与后续的数据共享协议。

② 区块链数据访问接口

协议定义3类与区块链进行交互的接口，分别为Tdata、Taccess、Tdeploy。协议执行流程如下。

- A用户计算数据索引，该数据索引可根据不同的数据类型变化，例如，金融企业可以将用户名及身份证号作为数据索引。A将数据索引通过哈希算法计算哈希值Hash(index)。以该哈希值作为key，{userid，peerid}打包成一对参数作为data，通过Tdata协议进行存储，同时将数据索引与真正数据之间的映射关系存储在本地数据库中。
- B用户通过数据索引查询数据，对该索引同样计算哈希值，通过Taccess协议在区块链中找到对应的完整数据拥有者，查找类型为STORE_INDEX。
- B节点将数据索引与自己的身份信息做Hash计算摘要后，通过区块链底层支撑数据交换网络作为请求信息单播给提供者A，同时将之前的哈希值一同发送。可通过参数设置是否需要TLS/SSL安全信道进行传输。这一步的目的是通知数据提供者本节点具有获取共享数据的权限，是数据的合法使用者。
- A节点接收请求，对B的身份信息与数据索引的正确性进行校验。校验通过后，通过数据索引从本地数据库中找到真正数据，并为B请求的数据随机生成对称密钥key。使用B的公钥通过E(key)加密后，利用Tdata协议将加密后的对称密钥存储在区块链上，存储类型为STORE_KEY，同时将使用E(data)即对称加密后的数据也通过Tdata协议存放在区块链上，存储类型为STORE_DATA。
- B节点以hash(index+id)通过Taccess获取加密后的对称密钥key后，使用私钥D解密，并使用key对从区块链上获取的完整数据进行对称解密，即可完成数据共享的过程。

通过该协议，允许用户实现具有共同索引的数据交换共享，避免单方面的数据流动。同时协议过程由数据的拥有者主动授权，且协议执行过程可实现公平仲裁。

4.2.2 数据可信共享关键技术

1. 多方可信共享技术

在现代服务业中存在多方数据实体在互不信任的情况下进行协同访问及数据处理的需求。多方可信共享技术可以解决现代服务业中互不信任的参与方之间的多方可信共享问题，主要涉及如下方面：采用数据发布加密与校验技术，实现数据源与端之间的数据可信发布及校验；采用分布式弱中心条件下的数据签名技术，通过聚合签名的方式实现分布式多中心的签名，将数据发布到链上，确保数据流转在链上可见，为数据提供可信的管理服务。

(1) 数据加密与校验技术

数据加密与校验技术负责发布数据之前的签名以及获取到数据之后的解密过程，确保数据源可信发布，数据端可信校验。

数据发布加密与校验流程如图 4-10 所示。在数据发布方，首先将数据内容 y 通过安全散列算法(SHA)进行加密处理，得到数据内容指纹。这一步的流程如下：对数据进行形式化，编码为区块链可接受的格式；查找对应业务系统分发给该发布者的密钥，如不存在，向业务系统请求身份；运行 SHA 算法，运用密钥对形式化数据进行加密和编码，得到 Hash(y)。再对数据内容指纹采用椭圆加密算法(ECC)签名，得到签名后的数据内容指纹。最后将数据内容 y、签名后的数据内容指纹以及签名公钥一起发布到区块链。

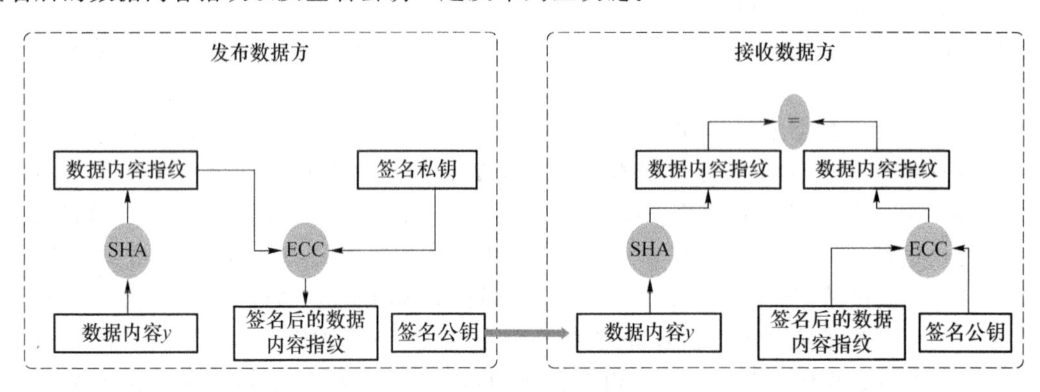

图 4-10 数据发布加密与校验流程

数据接收方得到数据后，首先使用签名公钥对签名后的数据内容指纹进行 ECC 解密，得到数据内容指纹，而后对数据内容进行同样的 SHA 算法处理，得到数据内容指纹，查找业务系统密钥，使用该密钥重复 SHA 签名过程，得到 Hash(y)。

而后对 ECC 签名进行校验，获取私钥对应的公钥，查找所在侧链的椭圆曲线参数，逆向执行签名阶段的计算。若计算出的数据内容指纹信息相等，则说明签名有效，数据正确；若结果不同，则说明数据在传输过程中遭到破坏。

(2) 分布式弱中心条件下的聚合签名技术

分布式弱中心条件下的聚合签名技术负责多个区块链节点对发布的数据进行签名的过程，保证数据在发布到链上之前取得了充分的许可和校验[7]。区块链节点收到数据发布请求后将数据扩散到其余节点并收集其余节点的签名，完成签名聚合后认为数据有效，将其发布到区块链上。其余区块链节点对聚合签名进行校验，校验通过后可添加到区块。聚合签名流程如图 4-11 所示。

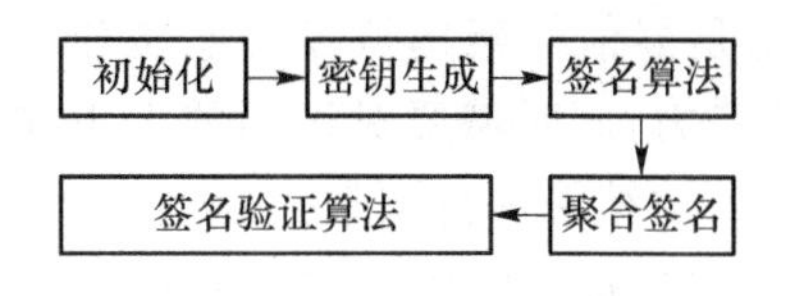

图 4-11　聚合签名流程

2. 零信任技术

现代服务业数据可信共享、可信交换、隐私保护等公共服务能力使得数据可信访问成为关键。为满足多方实体对数据可信访问的需求，基于零信任架构进行可信访问是现代服务业务数据可信共享的一个关键技术点和发展趋势。

零信任的本质是以身份为中心进行动态访问控制，全面身份化是实现零信任的前提和基石。基于全面身份化，为用户、设备、应用程序、业务系统等物理实体建立统一的数字身份标识和治理流程，并进一步构筑动态访问控制体系，将安全边界延伸至身份实体。零信任架构认为一次性的身份认证无法确保身份的持续合法性，即便采用了强度较高的多因子认证，也需要通过持续认证进行信任评估[8]。例如，通过持续地对用户访问业务的行为、操作习惯等进行分析、识别和验证，动态评估用户的信任度。

零信任技术架构包含业务访问主体、业务访问代理和智能身份安全平台三部分。

- 业务访问主体：是业务请求的发起者，一般包括用户、设备和应用程序 3 类实体。在经典的安全方案中，这些实体一般单独进行认证和授权，但在零信任架构中，授权策略需要将这 3 类实体作为一个密不可分的整体来对待，这样可以极大地缓解凭证窃取等安全威胁。在零信任架构落地实践中，常常将其简化为用户和设备的绑定关系。
- 业务访问代理：是业务访问数据平面的实际控制点，是强制访问控制的策略执行器。所有业务都隐藏在业务访问代理之后，只有完成设备和用户的认证，并且业务访问主体具备足够的权限，业务访问代理才对其开放业务资源，并建立起加密的业务访问数据通道。
- 智能身份安全平台：是零信任架构的安全控制平面。业务访问主体和业务访问代理分别通过与智能身份安全平台的交互，完成信任的评估和授权过程，并协商数据平面的安全配置参数。现代身份管理平台非常适合承担这一角色，完成身份认证、身份治理、动态授权和智能分析等任务。

零信任身份安全技术针对经典基于边界的安全防护架构失效问题，构筑新的动态虚拟身份边界。通过身份、环境、动态权限等 3 个层面，缓解身份滥用、高风险终端、非授权访问、越权访问、数据非法流出等安全风险，建立端到端的动态访问控制机制，极大地收缩攻击面，为各行业的新一代网络和信息安全建设提供理论和实践支撑。

零信任身份安全技术遵循“先认证设备和用户，后访问业务”的安全逻辑，为用户访问应用、应用和服务之间的 API 调用等各场景提供纵深动态可信访问控制，包括四大关键特性：以身份为中心，业务安全访问，持续信任评估，动态访问控制。

① 以身份为中心：以身份为中心而非以网络为中心构建访问控制体系，需要为网络中的人和设备赋予数字身份，将身份化的人和设备进行组合，构建访问主体，并为访问主体设定其

所需的最小权限。

② 业务安全访问:所有业务默认隐藏,根据授权结果进行最小限度的开放;所有的业务访问请求都应该进行全流量加密和强制授权。

③ 持续信任评估:信任评估是零信任架构从零开始构建信任的核心实践,通过信任评估引擎,实现基于身份的信任评估能力,同时需要对访问的上下文环境进行风险判定,对访问请求进行异常行为识别,并对信任评估结果进行调整。

④ 动态访问控制:动态访问控制是零信任架构实现安全闭环的核心实践。通过组合授权实现灵活的访问控制基线,基于信任等级实现分级的业务访问,同时,当访问上下文和环境存在风险时,需要对访问权限进行实时干预。

基于零信任的安全可信访问技术可以解决经典的终端接入控制方式面临的困境。

① 通过增强终端监测和信任分析能力,采用定量的方式制定防护策略,提高对终端信任度量的准确度,为实现精准防护提供支撑。对于每个设备,可以从版本、漏洞补丁、系统应用等级、身份认证方式等属性分析安全风险,确定影响因素。新的信任度量值由信任分析引擎实现,根据过去信任评估和风险度量值计算当前的信任度量值,采用加权平均的方式进行估算。

② 采用互联网代理形式访问后台业务,可以有效地屏蔽硬件的差异性,采用软件形式的互联网代理方便动态升级,当需要适配后台系统新的安全要求时,可通过修改访问代理实现。

③ 基于设备清单管理和信任分析引擎计算的信任度量是数值,其取值范围划分根据防护需要进行调整,配合调整安全策略中的安全等级,可灵活制衡各种应用场景,而不再是原来的粗粒度等级保护级别。通过设备清单服务,不断收集、处理和发布在列设备状态变更情况,并结合漏洞扫描系统、证书颁发等数据,对这些数据进行监测分析,结合动态策略管控,实现对设备、用户的持续认证。这种方法确保了终端安全和接入管理在模式上的统一,便于从整体层面统一管理。而影响因素的选择、影响因子的选定可由各应用系统自行管理,具有动态性和应用灵活性。

3. 数据确权技术

现代服务业中的数据确权技术主要涉及数据资产管理与数据信息确权模型两个方面。

(1) 数据资产管理

① 固定资产数据化方法

设备和物资等固定资产由于其物理特性,存在难以量化跟踪、价值转移无法高效完成等问题。为此,可借助区块链数字签名技术实现固定资产的数据化,包括固定资产签名传输协议和固定资产全生命周期管理合约等技术内容。固定资产签名传输协议负责接收固定资产的数据,将元数据打包成具有固定资产签名、可供分享的单位数据;固定资产全生命周期管理合约负责记录固定资产的出厂、绑定和数据产生,为数据收集者提供数据证伪服务。

② 固定资产签名传输协议

固定资产签名传输协议能够产生统一化数据,实现数据资产的可控制性和可计量性。为了保证数据的可靠性,固定资产在传输数据时,需要为数据加上包含固定资产签名和数据基本信息的 FASTP 头。数据使用 compound(FASTPheader, data)二元组存储。二元组中的 FASTPheader 为固定资产产生的 FASTP 头;data 为固定资产提供的数据,既可以是固定资产提供的 json 格式数据,也可以是字节流格式数据。

固定资产需要为数据提供数字签名,保证数据的可靠性。固定资产本身的数据存储容量有限，所以传输完整的数据包时主要有 2 种数据传输方式，即一次性完整传输和连续传输，如图 4-12 所示。

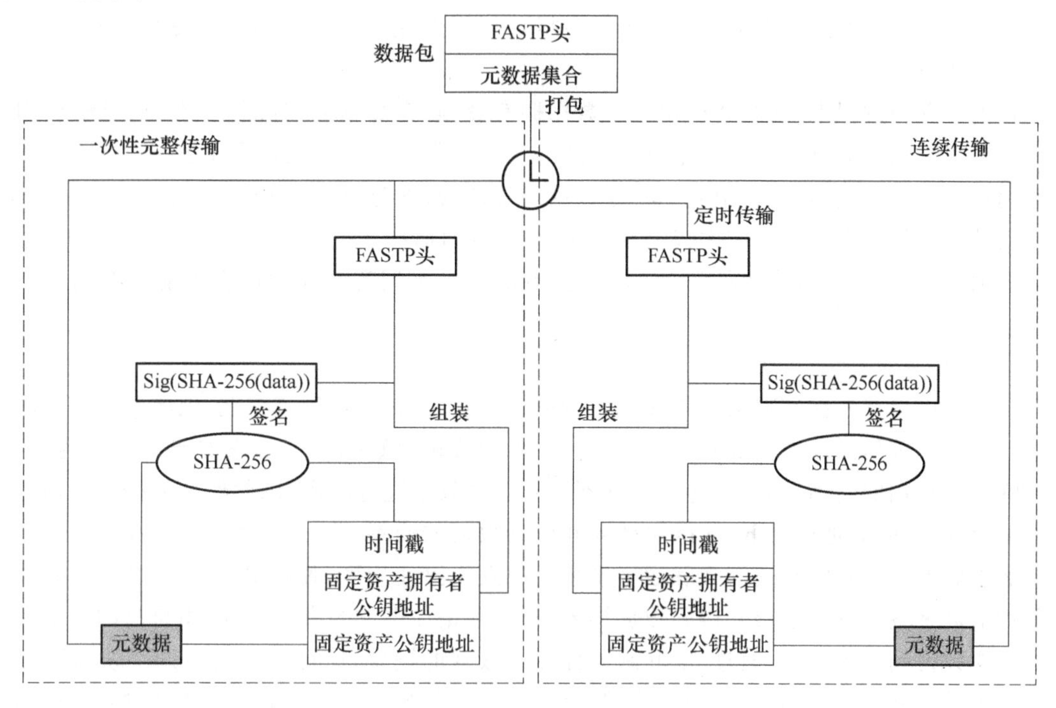

图 4-12　数据传输方式

数据传输方式不同的固定资产以不同的方式提供数字签名。固定资产使用一次性完整传输方式时，对数据基本信息（时间戳和固定资产生产商、固定资产、用户三者的公钥地址）和元数据使用 SHA-256 算法进行哈希，使用固定资产私钥对哈希值进行签名，将签名和数据基本信息打包成 FASTP 头，与元数据一同传输。固定资产使用连续传输方式时，只需要对数据基本信息的哈希值进行签名，元数据保持连续传输，FASTP 头定时传输，一段时间内产生的元数据经过排序后将与 FASTP 头一起打包成数据包。

③ 固定资产全生命周期管理合约

固定资产全生命周期管理合约（Fixed Asset Life-cycle Manage Contract，FALMC）要求固定资产拥有者、固定资产通过公钥地址来完成绑定等协议，并且根据智能合约中存储的数据，为数据提供真实性验证，保证数据资产的可靠性。

固定资产拥有者为固定资产生成一对公私钥，保存在固定资产中。调用智能合约的接口，将二元组保存到智能合约中，以固定资产地址为索引生成一条登记日志。

固定资产拥有者将智能合约生成的随机数（nonce）和自身公钥地址发送给固定资产，固定资产使用固定资产私钥对固定资产拥有者的公钥地址和随机数进行签名。智能合约验证固定资产签名后，改变绑定状态二元组，以固定资产地址为索引生成一条绑定日志。

固定资产拥有者可以从智能合约中取出上一次数据的哈希值和当前哈希编号，对二者和当前数据包列表的 Merkle 树根节点进行哈希，得出当前哈希值，保存到智能合约中。智能合约会保存此次哈希值和区块链时间戳。根据数据包中的哈希编号可以从智能合约中获取当前数据包的哈希值和上一次的哈希值，验证当前数据包是否被篡改。

固定资产被回收并且销毁后，建议固定资产拥有者访问智能合约，将固定资产状态设置为已失效，以固定资产私钥地址为索引生成一条销毁日志。

④ 数据资产管理方法

基于区块链技术的数据资产管理主要包括参与角色、数据共享过程和数据监督过程。

a. 参与角色

在整个管理过程中，共有 3 种角色。数据拥有者：私有数据的实际拥有者，通过维护用于共享的私有数据和提供对外的数据查询服务的方式获得数据被使用时的收益；按需追踪数据的使用过程。数据使用者：希望使用其他数据的使用者，通过发起数据使用需求并支付费用，获得已被标记的外部数据的使用权。数据服务方：同时服务于拥有者和使用者的服务方，通过记录数据流转过程，维持流转秩序，记录权益情况等，平衡拥有者和使用者可能存在的利益或其他冲突等。

b. 数据共享过程

数据使用者首先在管理系统中查找是否存在需要数据的索引，若存在，则向数据拥有者发送自己的公钥等信息。数据拥有者用数据使用者的公钥对数据进行加密并产生数据的密文，确保除拥有私钥的使用者外，其他节点均不可对加密数据进行解密，以此保证数据在传输过程中的安全性；同时数据通过 hash 函数计算并得到数据的摘要，用拥有者的私钥对摘要进行数字签名。数据拥有者将数据密文和数字签名一起发送给使用者，使用者收到后用数据提供者的公钥对数字签名进行解密并得到数据摘要，验证数据提供者的身份；同时用自己的私钥解密数据密文并得到原始数据，通过 hash 函数计算出数据的摘要，通过对比两份摘要快速验证数据的完整性。验证通过，则整个交易流程完成，交易信息按照数据记录的方法通过共识机制得到系统中所有节点的认可并记录在区块链中。

c. 数据监督过程

监督的主要目的有两个，对数据拥有者，监督其提供数据的规范性和质量；对数据使用者，监督其有无恶意使用，保护数据拥有者的合法权益。数据使用者和数据拥有者间的数据请求与响应，无第三方参与，过程无泄露风险；数据包只有数据使用者的私钥能解密，因而无第三方泄密的可能。通过监管全过程的“留痕”，实现数据的完整性、可确权性、可追溯性、可审计性等全部要求。

(2) 数据信息确权模型

如图 4-13 所示，数据确权通常是将数据生命周期分为登记、确权、交易、支付 4 个过程。数据的登记、确权作为整个模型中相对前端的一环，它主要将数据资产的所有者信息、类别信息、内容信息、时间信息以及初始传播信息通过加密、解密算法进行换算和抽象，形成缩略数字信息，记录在区块链中，使得所有数字内容能够简单、快捷、低成本地完成数据资产登记[9]。数据使用者与数据拥有者通过区块链智能合约进行付费与收益分配。

区块链登记、确权这一核心业务主要包含验证节点权限，对数据摘要进行签名，生成时间戳并保存在区块链中 3 个关键环节。区块链的每个区块头中均保存的是资产的时间戳缩略信息，后期各个资产的溯源是通过它的时间戳缩略信息进行的。数据登记、确权过程受整个区块链系统中所有节点的共同监督。数据的具体登记、确权过程如下。

① 节点采集本地区中的数据，并以自己的公钥作为标识，向当值的数据记录节点提交上传请求。

② 当值的数据记录节点对该节点的公钥进行验证，确认该节点具有上传数据的权限，并回复接收上传数据的请求。

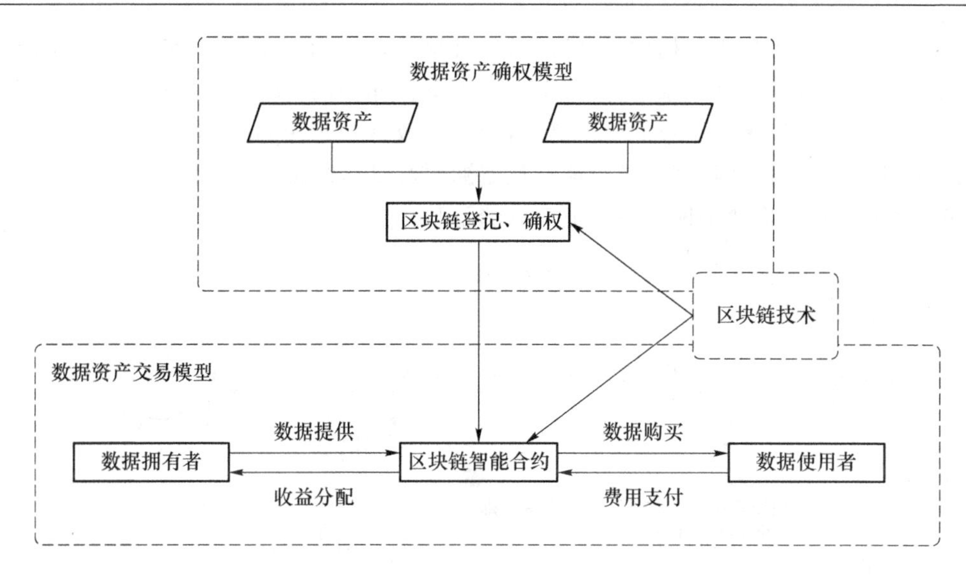

图 4-13　数据资产确权模型

③ 节点用自己的私钥对数据的摘要进行数字签名，并用当值的数据记录节点的公钥对数据进行加密。

④ 每隔一段时间，当值的数据记录节点计算区块中数据记录的 Merkle 树以及 Merkle 根值，注明自己的公钥并保存时间戳信息到区块头中，然后将区块随机广播给当值的数据监督节点以及 2 个候选节点并进行校验。

⑤ 当值的数据监督节点和 2 个候选节点校验区块通过，向当值的数据记录节点发送认可信息。

⑥ 当值的数据记录节点将新生成的区块链接到数据区块链中。

4. 数据溯源技术

为了避免数据欺诈（如数据被篡改）等情况发生，必须保持数据创建、修改和转移的历史记录，即溯源。现有的溯源系统大多采用中心化存储方式，数据库中存储、维护的是数据的当前状态，数据的历史信息和处理过程通常存储在数据库日志中，用于故障恢复，并不直接提供查询服务（在系统无故障正常运行的情况下也不参与查询的处理）。这种存储方式的缺陷是：这类系统内生性地受制于“基于信用的模式”的弱点，存在利益驱使导致的溯源数据造假的问题；如果中央服务器受到威胁，整个数据溯源系统可能会瘫痪，即单点故障；数据的历史信息存储在数据库日志中，难以实现追溯。在基于分布式架构的溯源系统中，各方分散孤立地记录和保存相关数据，形成信息孤岛，存在信息不对称，数据易被篡改以及追溯效率低的问题。要从根本上解决上述问题，必须建立去中心化、可信的溯源机制，同时要求系统在通信故障甚至在被蓄意攻击时仍能确保数据存储的可靠性和正确性[10]。

区块链技术是分布式数据存储、点对点传输、共识机制和加密算法的新型应用模式，通过在不同节点之间建立信任获取权益。基于区块链的数据溯源技术可以实现 4 个目标：实时监控和收集云端数据溯源；收集所有数据溯源记录并发布到区块链网络中，保证了区块链上的所有数据在节点之间共享，每个出处条目都会分配一个区块链用于验证，保证了数据的不可篡改性；隐私保护功能增强；溯源数据验证。

（1）基于区块链的数据溯源架构

如图 4-14 所示，哈希表溯源数据将构成 Merkle 树，并和该树根节点锚定到区块链交易中。区块链交易清单将被用来构成一个区块,并且该块需要由一组节点确认。为了包含在区块链中试图修改出处的数据记录,需要对手进行以下操作:找到交易和区块;区块链的基础密码学理论仅当对手可以展示更长的区块链时,允许修改区块记录,这个相当困难;利用全球范围内的计算能力区块链网络,基于区块链的数据溯源可以提供诚信和守信;保留用户的哈希身份,以保护他们的用户区块链网络中其他节点的隐私。

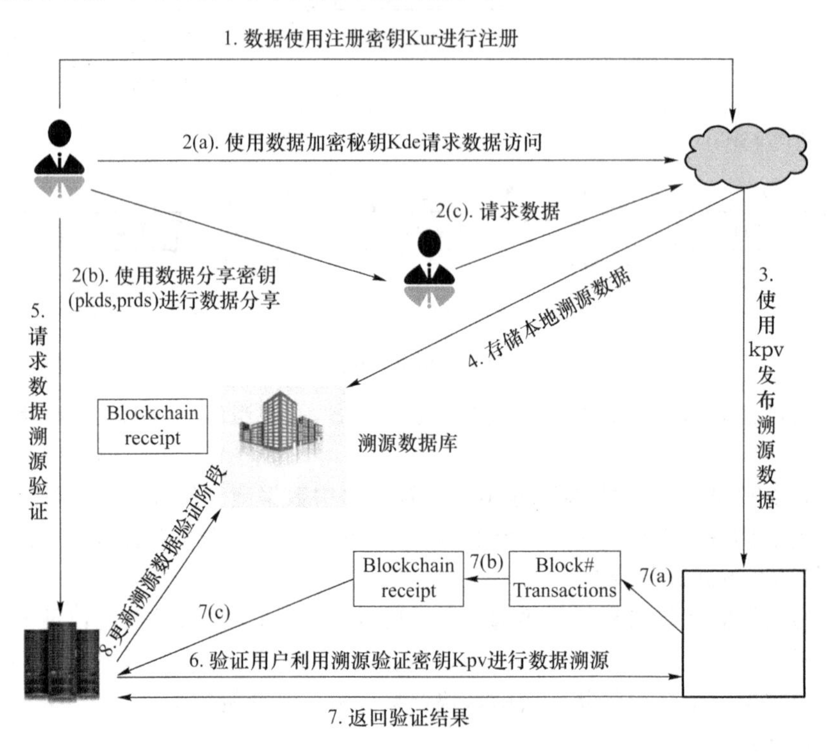

图 4-14　基于区块链的数据溯源架构

(2) 数据溯源功能分层

基于区块链的数据溯源使用三层架构,包括数据存储层、区块链网络层和溯源数据库层。

- 数据存储层:支持云存储应用程序,可以是一个云服务提供商,也可以扩展到多个提供商。
- 区块链网络层:使用区块链网络记录每个出处数据条目的工作。每个块可以记录多个数据操作。使用文件作为数据单位,记录每个文件的操作用户名和文件名。文件访问操作包括创建、共享、更改和删除。
- 溯源数据库层:建立一个扩展用于记录文件操作的本地数据库,作为溯源数据查询库。

服务提供商可以指派一个溯源审核员来验证数据是否来自区块链网络。区块链数据包含区块链交易的信息以及用于验证交易的 Merkle 证明。验证区块链数据后,审核员可以更新数据记录,填写剩余的属性,包括交易哈希、区块哈希和验证结果。如果验证结果为真,则审核员可以确保溯源数据是真实的。如果结果为假,则审核员将向服务人员报告提供者发生了篡改。

5. 数据脱敏技术

现代服务业需要对所有的数据进行高效融合,使数据创造出最大效益。在对数据进行高效融合的过程中(即开发、测试、生产、应用等环节),如何确保数据的安全性,将成为信息安全管理、运维等各部门的重要任务。为使各应用系统的数据对外提供服务，充分发挥其使用价值，这就需要与外部的系统进行有效对接。但在对接的同时会带来数据的安全隐患，需要对敏感数据进行数据脱敏。数据脱敏方式主要可分为静态数据脱敏和动态数据脱敏。

① 静态数据脱敏是指将数据文件进行去敏感化、去隐私化的处理，同时保证数据之间的关联关系，再将这些数据发给第三方公司进行开发测试或数据分析，得到分析结果后能够将分析出的数据进行回溯。该脱敏方式适用于数据使用方需要获取完整的数据才能保证数据分析工作的顺利完成，数据提供方又不希望敏感数据泄露出去的情形。在这种情况下，采取可回溯的脱敏方式对数据进行脱敏，以保证发送出去的数据不包含敏感信息。当使用完成后，将分析系统或结果数据回溯成真实的源数据，既保证了使用过程中的数据共享和结果一致性，又保证了真实数据不会发生泄露。

② 动态数据脱敏是指用户在前端应用中，对后台数据库中的敏感数据进行调取并对其进行脱敏，再把脱敏后的数据在前台进行呈现，即对各业务系统的敏感数据，在通信层面通过采用代理部署的方式进行透明、实时的脱敏。对于生产数据库中返回的各类动态数据，首先根据用户的不同角色、不同职责定义出不同的身份特征，然后再对敏感数据进行隐藏、屏蔽、加密和审计，从而实现不同级别的用户必须按照其不同的身份特征对敏感数据进行相应的访问，且无法对各类敏感数据进行任何修改。动态数据脱敏采用的方式有部分遮蔽、可逆脱敏、混合脱敏、同义替换和确定性脱敏等，一般可依据不同的用户身份特征采用与之相对应的数据脱敏算法进行数据脱敏[11]。

数据脱敏的关键技术一般分为流式数据脱敏技术和批量数据脱敏技术。

（1）流式数据脱敏技术

流式数据是指不断产生、实时计算、动态增加且要求及时响应的数据，它具有海量和实时性等特点，一般将实时或准实时的数据处理技术归为流式数据处理技术，包括 ApacheStorm、SparkStreaming 等。

① 基于 Storm 的流式数据脱敏：Storm 是一个分布式的、可靠的、容错的数据流处理系统。该集群的输入流由 spout 组件进行管理，即 spout 向 bolt 传递数据后，bolt 或者向其他 bolt 传递数据，或者将数据保存到某些存储器内，而一个 Storm 集群就是在一连串的 bolt 之间转换 spout 传过来的数据。由于 Storm 的数据处理方式是增量的实时处理，因此数据脱敏模块应该具备增量数据脱敏的功能。当数据还没有完成全部传输时，可以采用脱敏模块去读取历史数据并结合相应的算法进行数据脱敏，将敏感词去掉，依据脱敏规则将数据做泛化处理。优势是从数据开始传输时就进行数据处理；不足之处是无法利用全量数据做复杂的关联处理。

② 基于 SparkStreaming 的流式数据脱敏：对于微批处理，需要进行状态计算，且只能进行一次递送，但不必考虑高延迟的数据，可以采用 SparkStreaming 进行流式数据脱敏。如果数据的使用者进行机器学习、图形操作或访问 SQL 数据库，ApacheSpark 内的 stack 将会把数据流与某些库相结合，以便数据使用者获得便捷的、一体化的编程模型。

（2）批量数据脱敏技术

批量数据接入是指数据源来自一个稳定的、基本不变的存储介质，通过数据扫描的方式一次性将数据采集到大数据平台，数据以历史数据为主，数据源一般来自文件、关系型数据库、NoSQL 数据库等。处理技术包括 Flume、Sqoop 等。批量数据脱敏可以在数据导入的过程中进行脱敏，也可以在数据进入大数据平台后，调用脱敏程序模块来进行脱敏，批量数据的脱敏可以结合数据的关联关系，运用复杂的脱敏算法，以达到更好的脱敏效果。

① 可以通过编写拦截器，在拦截器中调用数据脱敏程序，输出脱敏后的数据。

② 对于关系型数据库，可以通过建立中间表，编写用户定义函数(User Defined Function, UDF)及程序的方式，最后通过任务调度程序，批量地进行数据脱敏。

6. 数据隐私保护技术

安全可信交换共享服务数据隐私保护主要包括3个部分：区块链节点的身份隐私保护、账本数据的隐私保护以及交换数据内容的隐私保护。

(1) 区块链节点的身份隐私保护

在区块链数据交易与共享应用中，需要对交易节点的真实身份、ID账号、IP地址、MAC地址等进行身份隐私保护，可基于环签名的密码学方案实现，环签名由Rivest、Shamir和Tauman 3位密码学家于2001年首次提出，由群成员的签名过程可连接为一个环形而得名。环签名可用于实现区块链交易的匿名性[12]。它与一般数字签名一样，包括签名和验证过程。但环签名的特殊之处在于验证者验证签名消息时，只能确定签名者为"环"成员组的其中一个，无法确定是哪一个，从而实现身份的隐藏性与匿名性。假设一个"环"有多个成员，群组的某个成员(签名者)准备对一则交易消息进行环签名，具体过程描述如下。

① 签名：签名者用自己的私钥和环成员的公钥(不包括签名者自身的公钥)为消息生成签名。

② 验证：验证者根据环成员所有公钥(包括签名者公钥)，对消息和签名进行验证，若验证通过，证明签名为环中成员所签；否则签名无效，予以丢弃。

(2) 账本数据的隐私保护

区块链系统作为一个公开的分布式账本，任何节点均可以访问并下载公共账本所有的交易信息，恶意节点可根据这些公开信息进行分析和挖掘，造成相关参与节点交易隐私的泄露。

对于账本数据，可基于账本隔离技术进行隐私保护，对于不同的交易方组织，建立不同的通道，实现不同组织之间的账本隔离。对于同一个通道的交易广播、账本信息，只有相关组织的成员才可访问、接收和记录，非相关组织的成员无法访问和查看。账本隔离与通道技术基于加密授权访问机制设计与实现，以实现更细粒度的交易身份的数据访问控制。

(3) 交换数据内容的隐私保护

在交换数据内容中，可能包括大量用户/公民的个人数据与敏感信息，比如用户注册的个人基本信息(姓名、身份证号、手机号和地址等)、健康运动信息(GPS数据、运动步数、心脏与脉搏跳动次数等)、用户交互信息等。这类个人信息具有广泛的数据分析与挖掘价值，可分析与预测用户聚集热图和行为趋势等模式。《中华人民共和国网络安全法》规定："网络运营者不得泄露、篡改、毁损其收集的个人信息；未经被收集者同意，不得向他人提供个人信息。但是，经过处理无法识别特定个人且不能复原的除外。"

这一法律规定给出了数据共享的出路：一是通过非技术手段征求用户同意；二是通过技术手段对收集的个人信息进行"特定门槛"的变形处理。为了满足合规、隐私保护与数据利用等多重需求，可分别采用以下技术手段。

在直接标识符(手机号、身份证号等)数据的处理中，可采用"去标识化＋隐私风险评估"技术，对手机号和身份证号等数字位进行屏蔽处理，并对结果数据集进行重识别攻击的风险评估，确保去标识化数据集的隐私风险处于可控阈值范围内。

对于准标识符的处理，可采用匿名化模型，比如K-匿名模型(K-anonymity)[13]，将原始数据集通过泛化处理后，使得每个等价组至少为K个记录，攻击重新识别/关联个人信息身份的

概率不超过 $1/K$。

对于医疗和金融敏感数据的处理,可采用更高隐私保护级别的匿名模型,如 L-多样性(L-diversity)[14]和 T-近似性(T-closeness)[15]。

在机器学习/AI业务的应用中,对匿名化结果的数据质量要求更高,可基于自适应匿名化框架设计,在不侵犯用户数据隐私的前提下,实现机器学习的分类、预测等任务,最大化发挥数据的价值。

4.3　数据可信共享应用模式

4.3.1　供应链数据可信交换共享应用模式

1. 供应链金融:电力停电险应用

在电力停电险应用的研判、结算和理赔环节中,存在涉及的停电险用户分散,停电研判滞后,研判结果与实际情况不一致,停电险产品和理赔方案多样,停电研判机构和理赔机构相互信任度不足及配合效率不高等情况,使得电力停电险理赔效率和理赔操作透明度不足,停电险用户满意度不高,停电险业务公信度和吸引力不够。因此需要使用区块链来解决平台信任度不足、电网企业数据不安全、用户数据不安全以及理赔低效等问题。如图4-15所示,用户、保险部门、第三方机构等都加入区块链网络进行数据可信共享,当用户需要触发电力险时,区块链自动触发智能合约,比对产品信息和用户信息,并通过对用户侧反馈的停电数据进行研判,自动产生保险订单并给用户理赔。

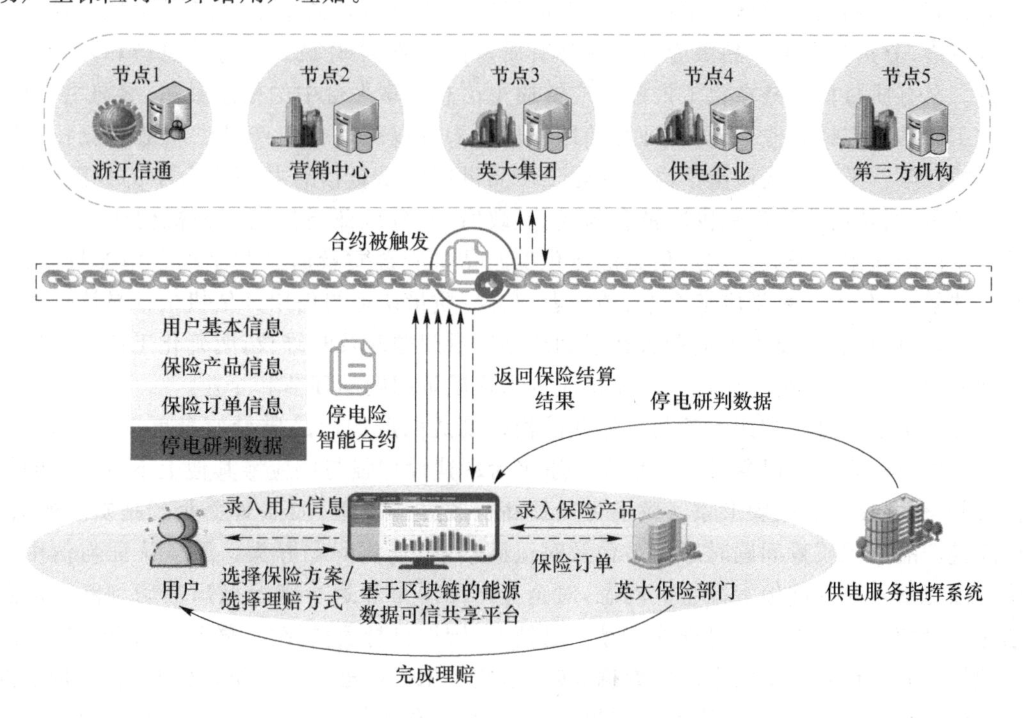

图4-15　电力停电险应用

2. 化工产品供应链质量信息共享应用

因化工行业的特殊性，化工产品供应链数据大多是高度敏感和异构的，对数据质量要求极高。并且不仅是企业高度关注数据质量，政府、质量认证与信用评估机构和消费者也同样高度关注数据质量。化工数据通常集中在少数几个大型机构中，诸如研发中心、数据中心、管控中心等，政府、质量认证与信用评估机构和消费者也难以快捷、可信、高效地获取化工产品供应链质量信息，同样，各种异构数据缺乏整合，这是阻碍化工技术发展、产品提升的主要原因之一[16]，因此需要使用区块链来解决质量信息共享和异构数据整合的问题。如图 4-16 所示，基于区块链构建统一的化工产品供应链质量信息共享平台，化工产品供应链企业、政府、质量认证与信用评估机构和消费者等都归集进来进行数据可信共享和使用。

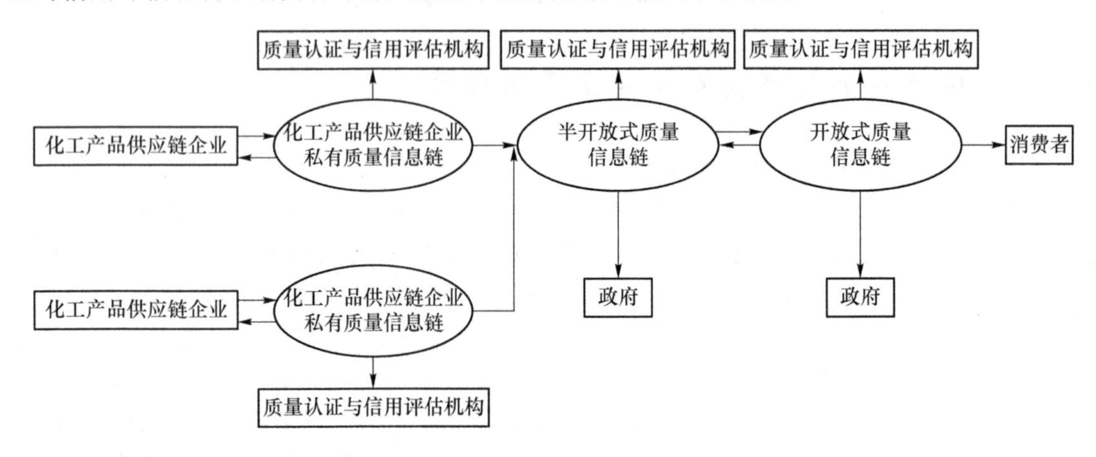

图 4-16　化工产品供应链质量信息共享平台

为提高效率和维护数据敏感性，化工产品供应链质量信息共享平台使用 3 种不同的质量信息区块链，分别为化工产品供应链企业私有质量信息链、半开放式质量信息链和开放式质量信息链。私有质量信息链在化工产品供应链质量信息共享平台中的权限最高，参与主体最少，仅有化工产品供应链企业、质量认证与信用评估机构可以获得化工产品供应链企业私有质量信息链的权限。半开放式质量信息链在化工产品供应链质量信息共享平台中的权限较低，参与主体较多，通常由化工产品供应链参与企业、政府、质量认证与信用评估机构获得半开放式质量信息链的权限。开放式质量信息链在化工产品供应链质量信息共享平台中的权限最低，参与主体最多，化工产品供应链企业、消费者、政府、质量认证与信用评估机构都是该信息链的参与主体，该信息链主要用于消费者在遇到产品质量问题时及时维权，明确化工产品供应链企业之间的责任划分，准确发现化工产品供应链出现质量问题的环节和企业。

通过三个子信息链和四大参与主体共同构建高透明度的产品质量信息反馈体系。其中，化工产品供应链企业可以通过质量信息共享平台的建设加强与供应链其他上下游企业的信息交换，同时树立良好的品牌形象。政府可以提高行政办事效率，加强对企业产品质量的监管，在供应链产品出现质量问题时通过平台及时追溯信息，查找问题源头。质量认证与信用评估机构可以更加及时准确地掌握企业动态，对企业产品质量和运行状况做出准确判断。消费者可通过质量信息共享平台及时查找产品质量情况，维护自身消费权益，做到放心购买。

数据空间允许聚合不同来源的数据，转换这些数据进行进一步分析，这种整合异构数据源的新方法将加速产品研究，促进研究结果的交流、审查和评估。数据空间的开放接口允许对现有系统进行无缝集成，为系统数据处理提供服务，并实现原始数据和分析结果的可视化。为了使企业的敏感数据匿名化,并确保这些敏感数据的访问符合数据安全相关法规的要求,需要应用数据空间的特殊功能和服务。

4.3.2　新能源汽车运营监控数据可信交换共享应用模式

1. 新能源汽车运营监控数据可信共享应用

新能源汽车运营监控数据可信共享应用如图 4-17 所示,车载终端和监控平台主要提供监控数据服务和增值服务。车载终端具备车辆数据采集、车辆状态控制、远程监控与定位、车况诊断等功能。在监控平台中,监控系统实现对行车、电池、车辆位置等状态的实时监控,同时支持实时获取车辆故障码,实现对车辆故障的诊断与上报;信息管理系统实现对车辆、车主、设备等业务相关信息的统一管理;统计分析系统为运营提供决策数据;数据交换系统提供数据对接及交换服务。增值服务包括为个人车主用户提供充电、车况、告警等服务以及为政企单位用户提供数据分析、业务优化等服务。

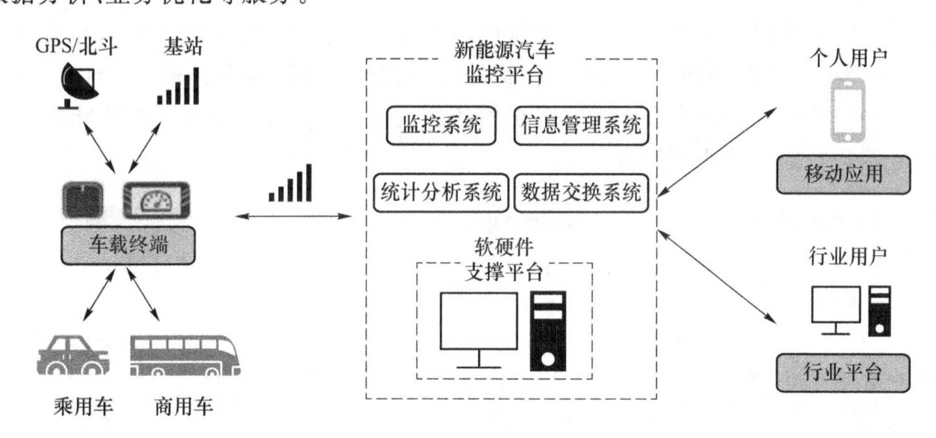

图 4-17　新能源汽车运营监控数据可信共享应用

新能源汽车运营监控平台通过车载终端,实时获取新能源汽车 CAN 总线上的车辆状况数据和故障状态,结合 GPS 传感器获取车辆定位信息,最后通过 GPRS/4G/5G 网络将数据上传。该方式可实现对车辆的安全监控,同时可以为新能源汽车用户提供充电服务、车况查询服务、远程诊断服务等。

新能源汽车运营监控数据可信共享应用中涉及的系统可快速部署集成,运营成本低;支持海量终端同时在线,以及后续的灵活扩展;兼容多种设备及软件,支持应用集成和定制化开发;通过多种安全技术手段与不间断维护,保证高可靠性、高安全性;良好的操作界面易于使用与维护;保证信息内容的机密性、完整性、可用性。

2. 道路视频监控信息共享复用应用

随着城市道路视频监控设施和系统的全面部署和应用,道路视频监控信息已经成为交通领域的重中之重,是智慧城市、智慧公路的数据基础。道路视频监控的可信共享复用的作用日益凸显,但目前相应的可信信息共享复用应用尚未完全成熟,还未有效解决数据共享中的篡改等问题,数据可信问题依然存在,因此需要使用区块链来解决数据可信共享问题。基于区块链构建统一的道路视频监控信息共享复用应用,可以有效全面地归集视频监控信息,为"一路三方"提供丰富的有价值的可信道路视频监控信息,提高交通安全管理水平,促进智慧交通深化实现。

“一路三方”是指保障路段安全运营的“警”“路”“企”三方，其中，“警”主要是指交警部门，“路”包括公路路政部门和交通运输稽查管理部门，“企”涵盖范围较广，包括公路经营公司、路面施工养护部门、清障施救公司、保险公司等。视频信息是公路管理、服务最重要的信息源，也是三方都需要的信息数据，省界收费站的取消不仅提升了车辆通行的速度，对各种交通数据的整合、系统的复用共享也提出了一定的要求。随着省界收费站的取消，收费遗漏更依赖视频监控系统来进行辅助稽查。结合区块链技术，实现视频监控信息在公安交管、交通运输、安监、消防、气象等部门的可信复用共享，有助于保障交通安全，也有利于“一路三方”的信息共享和协同执法工作取得更大突破。

4.3.3 能源互联网数据可信交换共享应用模式

1. 虚拟电厂运行与控制应用

基于区块链技术的虚拟电厂运行与控制应用如图 4-18 所示，通过先进信息通信技术和软件系统，实现分布式电源、储能系统、可控负荷等分布式能源资源的聚合和协调优化，并将位置分散的能源和负荷聚集商拟合在一个相互可信的系统中协同工作，作为一个特殊电厂参与电力市场和电网运行的电源协调管理。

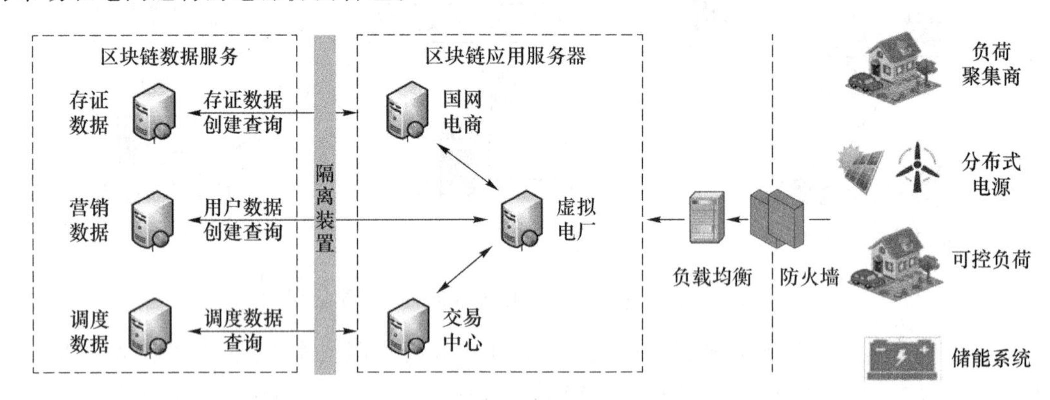

图 4-18 基于区块链技术的虚拟电厂运行与控制应用

在业务方面能保证业务流程数据一体化，提升业务效率，并能拓展虚拟电厂多边用户交易渠道，丰富交易品种和交易模式。采用区块链技术可增强虚拟电厂业务数据共享可信度，基于可信共享数据实现有效的虚拟电厂运行和控制，支撑新型交易等新形态业务的开展，从而提升电网安全稳定水平、电力能效水平、清洁能源消纳水平等[17-18]。

2. 能源交易应用

随着电力物联网和能源互联网建设的广泛开展，分布式能源接入种类和业务相关数据呈现爆发式增长，如何提升能源消纳效率以及确保信息安全可信流转是电力物联网和能源互联网的重要工作方向。目前的能源交易主要依赖电网等第三方机构，参与交易的供需双方之间缺乏可信的点对点沟通机制，无法保证供给侧和消费侧等行为的最优化匹配。需要利用区块链技术的分布式存储、数据加密、去信任等特点，实现各交易方账本透明安全可信共享，从而提高交易的清算速度，加大对数据安全可信与用户隐私的保护力度[19]。如图 4-19 所示，用户 A 发布购电需求，此时区块链冻结 A 的交易金额并触发智能合约，自动为 A 找到售电卖家 B，然后检查 B 的电量余额，如果足够，则 A 与 B 的交易达成，从 A 的账户中扣除相应的金额给 B，从 B 的电表中扣除相应的电量返回给 A 账户。基于区块链的电力交易平台有利于电力市场的交易监管，为市场参与主体提供更加公平、可信的交易平台。另外，区块链以去中心化的方式促进多边交易，使得用户之间实现快速、高效的电力交易。

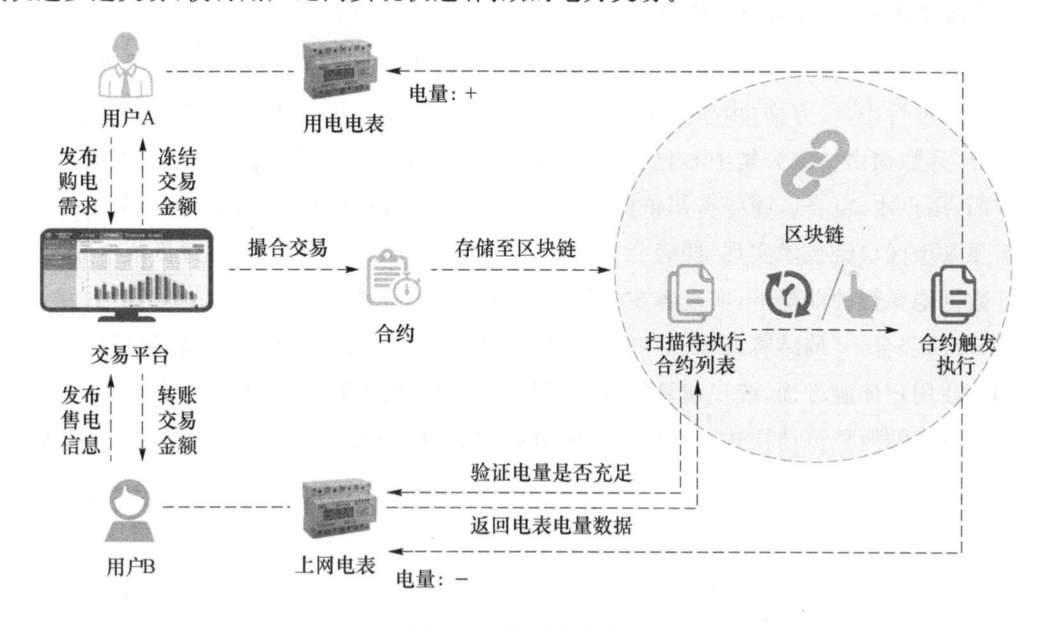

图 4-19　能源交易应用

3. 共享储能应用

现有能源交易模式单一、清分结算规则复杂，无法满足基于共享储能系统的多主体交易需求，源储两端电力、电量、电价存在难以精准区分、匹配的难题[20]。如图 4-20 所示，为提升新能源消纳交易效率和透明度，基于区块链技术的共享储能业务运营平台，通过多交易主体间的共享储能交易规则和共享储能智能合约，实现新能源电厂和储能电站的快速撮合交易，并支持配合能量调度、新能源电量交易等功能，实现共享储能与新能源电厂交易数据管理、安全可信共享和对等可信传输。

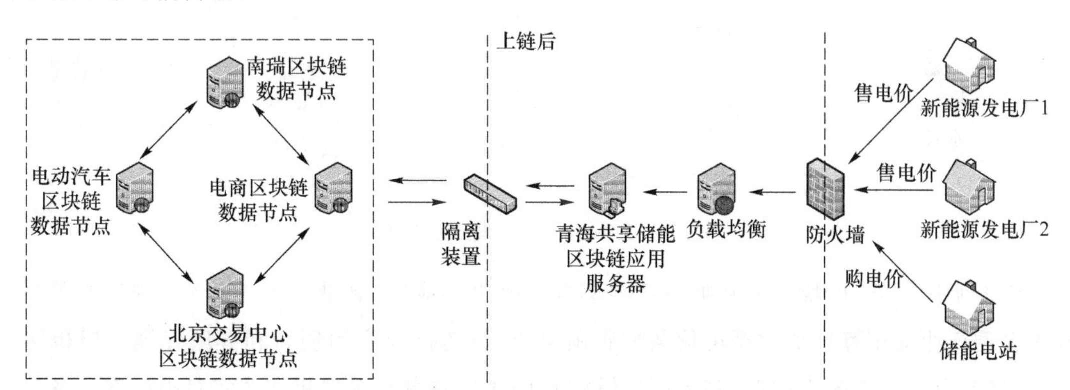

图 4-20　共享储能应用

新能源发电厂以及储能电站各自提交售购电价等信息，然后将新能源电厂和储能电站的报价信息上链，智能合约读取链上报价信息，并进行撮合，最后智能合约根据撮合结果形成交易，并直接在区块链上创建交易。

4. “四表合一”管理与控制应用

现行的“四表合一”数据采集上传给中心系统，再由中心系统回传给四家公司进行清算结算。在实际推行中，一方面，由于四家公司主数据维度、数据采集方式、费用清算结算方面存在显著差异，且数据由一家公司中心化管控，实现难度大，当前只实现了数据通道的“四表合一”；另一方面，用户水、电、气、暖等费用依然需要分开缴纳，并没有给居民带来实际的好处[21]。

需要基于区块链技术实现“四表合一”管理与控制，如图 4-21 所示。通过区块链技术可以在保证数据隐私性的前提下，实现各主体间存储数据的一致性；同时，利用智能合约技术，可有效地提升“四表合一”的结算流程。在数据存储方面，原始计量数据链上存储，确保数据可信、可追溯。在用户体验方面，统一清算结算，使得一个账户就能缴纳水、电、气、暖等费用，形成基于区块链技术的绿色流通模式。在流程监管方面，综合能源公司可根据链上存储的清算结果进行全流程监管。

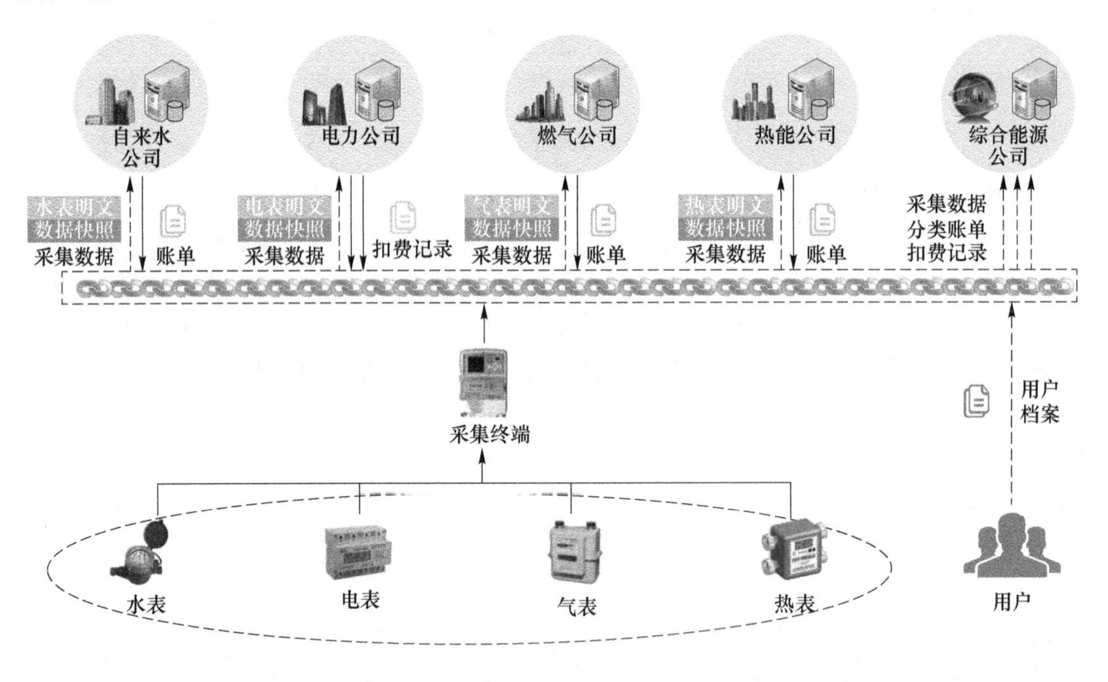

图 4-21　“四表合一”管理与控制应用

综上所述，基于区块链的数据可信共享能够解决供应链、新能源汽车运营监控、能源互联网等多种行业应用存在的数据可信共享瓶颈问题，推动行业应用创新和健康发展。但也可以看出，目前由于共识效率问题，基于区块链的数据共享方案更多聚焦在非实时类生产业务以及管理业务方面，从数据流、业务流以及价值流展开应用。在实时性要求特别高的业务上，仍存在许多瓶颈技术待解决，需进一步根据业务流程与区块链融合，深入研究共识效率提升等技术，全面解决分专业、跨域数据协同过程的信任问题，推动行业的飞速发展和现代服务业生态的健康成长。

本章参考文献

[1] 杜鹏. 我国现代服务业及其区域差异比较研究[D]. 长春:吉林大学, 2013.

[2] 徐思彦. 区块链为什么上升为国家战略技术[J]. 大数据时代,2019(11):6-13.

[3] 梁继良,孙家彦,韩晖. 大数据时代安全可信防御体系[J]. 网络空间安全,2018,9(12):35-40.

[4] 梁向阳,徐建忠,张亮. 数据泄露防护技术综述[J]. 保密科学技术,2017(2):33-37.

[5] 江茜. 大数据安全审计框架及关键技术研究[J]. 信息安全研究,2019,5(5):400-405.

[6] 唐迪,顾健,张凯悦,等. 数据脱敏技术发展趋势[J]. 保密科学技术,2021(4):4-11.

[7] 王子钰,刘建伟,张宗洋,等. 基于聚合签名与加密交易的全匿名区块链[J]. 计算机研究与发展,2018,55(10):2185-2198.

[8] 余海,郭庆,房利国. 零信任体系技术研究[J]. 通信技术,2020,53(8):2027-2034.

[9] 张海强,杜荣,艾时钟,等. 考虑确权可信能力的知识产权管理平台确权渠道策略研究[J]. 中国管理科学,2021.

[10] 张国英. 基于区块链的数据溯源技术的研究[D]. 南京:南京邮电大学,2020.

[11] 董子娴. 动态数据脱敏技术的研究[D]. 北京:华北电力大学,2021.

[12] 刘清仪. 基于环签名的区块链隐私保护机制研究[D]. 上海:上海交通大学,2021.

[13] Esmeel T, Hasan M, Kabir M, et al. Balancing Data Utility Versus Information Loss in Data-Privacy Protection Using k-Anonymity [C]// IEEE 8th Conference on Systems, Process and Control (ICSPC). [S. l.]: IEEE, 2020.

[14] Zhu H, Tian S, Lü K. Privacy-Preserving Data Publication with Features of Independent l-Diversity[J]. The Computer Journal,2015,58(4):549-571.

[15] Ouazzani Z, Bakkali H. A new technique ensuring privacy in big data: variable t-closeness for sensitive numerical attributes [C]// International Conference of Cloud Computing Technologies and Applications (CloudTech). Rabat: IEEE, 2017:1-6.

[16] 何燕,胡林风. 化工物流服务供应链现状研究——评《化工物流服务供应链运营研究》[J]. 化学工程,2020,48(10):5.

[17] 张宁,王毅,康重庆,等. 能源互联网中的区块链技术:研究框架与典型应用初探[J]. 中国电机工程学报,2016,36(15):4011-4023.

[18] 佘维,胡跃,杨晓宇,等. 基于能源区块链网络的虚拟电厂运行与调度模型[J]. 中国电机工程学报,2017,37(13):3729-3736.

[19] 沈泽宇,陈思捷,严正,等. 基于区块链的分布式能源交易技术[J]. 中国电机工程学报,2021,41(11):3841-3851.

[20] 罗博航,沈翔宇. 基于区块链的共享储能联合市场竞价模型与交易机制[D]. 上海:上海交通大学,2021:1-10.

[21] 孟令楠. 四表合一远程抄表系统设计及其运行状态评价[D]. 秦皇岛:燕山大学,2018.

第5章 基于可信交易区块链平台的信用评估

5.1 引　　言

在不同类型的主体之间建立信任，是构建可信社会交易体系的基础之一。信任关系的建立一直是安全领域的重点。随着现代服务业信息网络环境从集中式向分布式转变，信息主体也从人与人、人与机器逐步过渡至机器和机器，旨在满足新型现代服务业务对于营运支撑环境的需求。

信用作为社会信任体系的一部分，与每个人的生活息息相关，随着经济社会的发展，信用体系越发重要。银行贷款的最基本条件是信用好，信用好就容易取得银行贷款的支持，信用差就难以取得银行贷款的支持。而借款人信用是由多种因素构成的，包括借款人资产负债状况、经营管理水平、产品经济效益及市场发展趋势等。为了对借款人的信用状况有一个统一的、基本的、正确的估价，以便正确掌握银行贷款，就必须对借款人的信用状况进行评估。不只是银行贷款，外部融资等行为的基本条件同样是信用好。小微企业在促进科技创新、创造就业岗位、推动经济社会发展等方面有突出的贡献，但是因为研发和投资风险大、无形资产占比高、经营波动大等特征，加之财务数据难以获取，导致信用评估难度大，给获取外部融资带来了困难。因此，信用评估是信用体系的关键，会促使金融机构的业务和管理效率提高，增强资本市场的整体效率。

信用评估涉及企业、个人等多种主体，企业又可以分为大型、中型、小型和微型等多种类别。各类主体信用需求差异化明显，并且随着信用数据量的飞速增长，信用数据采集、共享、隐私保护、透明监管、验证和风险防控等方面各具特色和挑战。因此，需要兼容区块链、分布式账本等新技术的优势，建立层次分明、定位精准、“大中小微”兼备、充满生机的立体化信用服务体系和信用评估体系，齐心合力探索信用使用之道，推动以金融服务和金融创新为代表的现代服务业飞速发展。

5.2 信用评估模型

随着信用关联行为数量的不断增长，针对行为数据进行信用评估的模型也随之产生并不断被迭代和优化。大多数模型都采用神经网络进行信用模型建模，并在实际评估模型时，通过已有的数据进行模型精度检测。考虑行为数据的规模，信用评估模型中关键算法和机制的发展趋势逐渐偏向于对海量数据的挖掘和处理，提高模型的精度和适用性，进而为信任决策提供支撑。

目前典型的信用评估模型分类方法主要有两类。一类从规模出发，一般为企业和个人信用评估模型；另一类考虑评估方式和分布式网络的发展，典型分类为P2P平台中的信任评估模型。但随着信用体系的建设和发展，信用评估工作也并不严格遵守类别界限，呈现出多模型和多算法相互融合的趋势。此外，对海量数据的来源进行感知以及对数据真实性验证的需求逐日递增，为将区块链技术引入信用评估奠定了天然的基础。

5.2.1 企业与个人信用评估模型

信用评估的工作包括两个大的方向，一个是针对企业自身进行的信用评级，另一个是针对个人进行的信用评级。

1. 企业信用评估模型

企业信用评估(enterprise credit rating)包括信用评估的要素和指标、信用评估的等级和标准、信用评估的方法和模型等内容[1]。信用评估模型主要围绕信用评估指标和信用评估方法这两个信用评估体系中最核心的内容，同时又是信用评估体系中联系最紧密、影响最深刻的两个内容展开的。

目前，国内的企业信用评估模型相对较为成熟，多数在企业信用评估指标体系的基础上，建立信用评估模型。常见的信用评估模型构建方法有成分分析法、神经网络等[2]。在成分分析法中，信用评估指标体系中对企业的评价开始于原始变量表示的非线性回归模型，在模型的基础上依据指定规则构建评价的指标体系，并根据实际情况对原始数据进行预处理，进而运用成分分析法(principal component analysis)等方法建立信用评估模型，同时，采用期望值法等确定决策概率和信贷决策临界值，通常根据不同的参数给出临界值的数学表达方法。在基于神经网络的信用评估建模方面，人们在常见的信用评估指标体系上，提出了具有分层结构的企业信用评估神经网络模型。首先需对企业数据进行预处理，使其满足神经网络处理数据的要求。在构建模型时，设计神经网络模拟企业信用评估模型，并基于此模型选取大量的软、硬指标数据及其评估结果进行实验，调整参数，获取正确率达到要求的信用评估神经网络模型。但面对多变的经济环境和经营者对评估指标的偏好各异的情况，固定的神经网络信用评估模型缺乏决策支持和灵活性，因此，需要尽可能地构建通用信用指标体系，提升信用评估的实际效用[3]。此外，人工神经网络需要有足够的样本进行训练，模拟出的模型效果才能得到较好的结果，因而，海量数据收集、数据处理、数据挖掘是其中的关键环节。

目前企业信用评估模型和其应用仍存在许多不足，一方面，信用评估模型多数只针对企业的金融财务数据进行分析，缺乏对其他涉及信用的属性的深入拓展；另一方面，尽管在各种联机分析方法的基础上建立的信用评估模型中引入了企业划分，融入了中小微企业信用评级指标体系，但在已经建立的信用评估模型中，对于行业内中小微企业的信用评估依然覆盖较少[4]。同时，鉴于信用评估的综合性、时效性和复杂性等特点，信用评估模型指标应该具有动态性，以体现不同企业的特点，但目前涵盖中小微企业的信用评估模型尚难以完全满足上述要求。

2. 个人信用评估模型

个人信用评估是指信用评估机构利用信用评分模型对用户个人信用信息进行量化分析，以分值形式表述。个人信用评分一般使用科学严谨的分析方法，综合考察影响个人及其家庭的内在和外在主客观环境，并对其履行各种经济承诺的能力进行全面的判断和评估[5]。针对不同的应用，个人信用评分分为风险评分、收入评分、响应度评分、客户流失（忠诚度）评分、催收评分、信用卡发卡审核评分、房屋按揭贷款发放审核评分、信用额度核定评分等。

目前主要国家均建立了个人信用信息基础数据库，依法采集、保存、整理个人的信用信息，为个人建立信用档案，记录个人过去的信用行为，为商业银行、个人、相关政府部门和其他法定用途提供信用信息服务。由于银行信用信息是影响个人信用状况最重要的变量，目前，个人信用数据库日常的运行维护通常由各国央行征信部门承担。但随着互联网和信息通信技术的飞速发展，影响个人信用的数据不仅包括银行信用信息，还包括购物、出行、商业等多种行为信用信息。个人信用的数据变量日益增多，并会有更多的变量加入个人信用评估模型，这是个人信用评估最大的挑战，需要不断提高信用评估模型的准确性、精确度和普适性[6]。

个人信用评估模型构建方法包括判别分析法、Logistic 回归法、*K* 近邻法、决策树、神经网络、向量机（Support Vector Machine，SVM）和贝叶斯网络等[7-8]。神经网络个人信用评估模型和支持 SVM 的个人信用评估模型是目前最为常见且准确率较高的模型。神经网络个人信用评估模型逻辑清晰且容易理解，但始终面临神经网络模型构建精准性和样本支持度的问题，高精度的神经网络结构构造困难及对少样样本不支持的情况屡见不鲜。针对神经网络个人信用评估模型的问题，SVM 和贝叶斯网络通常被引入信用评估领域，修正神经网络模型的精度和难度等问题。SVM 方法支持通过平衡样本与非平衡样本两种方式来保证个人信用评估的误风险代价，可以为个人信用评估提供新的思路。贝叶斯网络可以解决神经网络个人信用评估精度较低的问题，一般采用朴素贝叶斯分类模型（Naive Bayesian，NB）和树增强朴素贝叶斯分类模型（Tree Augmented Naive Bayesian，TAN）两种，可较好地提升分类效果，并且贝叶斯网络分类模型具有处理混合属性变量的能力，可为个人信用评估领域带去新的应用前景。

5.2.2 P2P 平台中的信用评估模型

分布式网络的发展为信用评估工作带来了新的挑战。一方面，网络当中节点的独立性和平等性对节点相互之间的协作带来了更高的要求，其中包括高度配合和高效处理事务等；另一方面，集中式的信用评估模型与方法不能够适用于分布式网络[9]。

分布式网络的发展为互联网金融带来很大的机遇，P2P 网贷作为其中的一种模式，在业务爆发的同时，其信用风险也越来越受到人们的关注。信用风险逐渐成为 P2P 网贷面临的最大风险，且国内外对 P2P 网贷个人信用评估方面的相关工作在一段时期内处于研究较少的情况[10]。

由于借贷平台用户的信息存在不真实性，所以 P2P 信用评估需要在借贷平台数据的基础上，结合用户对应的第三方数据，通过信息融合技术将其运用到 P2P 网贷用户的信用评估中，进而实现对用户更有效、更准确的信用评估。对于用户第三方数据，可以从网络行为数据中选取评估相关指标，采用综合评判法，对 P2P 用户的信用评估进行扩展和补充[11]。但由于网络行为变化的频繁性和复杂性，所以信任评估模型需要随时间的变化不断修正综合信任合成计算模型。典型的方法是引入时间因子，标注信用值随时间的变化情况。同时，需要考虑直接信贷信用值和综合推荐信用值合成时的时间因子不可用或对齐问题，完善从信用数据库获取和维护信用信息的处理方法，提升信用综合评判精度。此外，还需进一步加强身份认证，提升信用信息关联准确性，保证评估模型的有效性[12]。

P2P平台个人信用风险的类型包括借款人信用风险、自律风险、区域性信用风险等，风险成因有信息不对称、借贷成本高、债权关系复杂、违约惩罚机制不完善等。针对这种信用评估因素变化多样的情况，基于粒计算的信息融合方法、Logistic回归模型、机器学习理论、社交网络分析理论、遗传算法和人工神经网络相结合的混合算法等都是相对可行的个人信用评估模型构建方法[13-14]。基于粒计算的信息融合方法不仅可以对用户的信用评估值进行验证，而且能对其进行补充。基于Logistic回归模型测度信用风险具备如下优势：判断结果是二项Logistic回归模型对估计的变量没有严格的规定，适应能力很强；模型在解释方面具有优势；模型的稳健性很强。神经网络方法能够满足期望误差，给出了满足评测标准的预测结果。

P2P平台信用评估的一个潜在优势是可以无缝地应用大数据技术。大数据技术的发展提升了行业对数据挖掘和分析能力的诉求[15]。在解决无信用评分借贷问题时以及在传统信用评估解决不好的领域中，应用大数据技术可以为缺乏信用记录的人挖掘信用，多维度的数据来源使其无须完全依赖传统的征信体系。对于挖掘和分析数据，可以采用机器学习的预测模型和集成学习的策略，决策性能远远高于业界的平均水平。由此，基于大数据的信用风险评估框架已逐渐被多家国内外互联网金融机构采用，并给传统的信用体系带来了明显的冲击。

5.2.3　信用评估存在的问题

近年来，随着经济的发展和金融体系的改革，信用体系建设和信用评估服务的发展需求更为迫切，得到了长足的发展和广泛的应用，随之也暴露出了许多问题，需要以新模式为蓝本，深层次解决，推进覆盖更大范围的多层次信用体系和评估服务建设。

1. 数据可靠性难以保证

信用评估离不开数据与技术，可靠的数据是信用评估的基石。信用信息应覆盖更大的范围，除基础信息外，涵盖了几乎所有的金融、经济及交易记录信息。信用业务普及，征信主体数量、信用数据维度、信用数据来源、信用评估需求等方面会呈现快速增长的发展趋势，信用数据与时间强相关，具备可追溯性，这都为数据的可信可靠带来了新挑战。数据在采集环节，信息需要全面多样、稳定持续、及时准确；在传送环节，信息要避免网络攻击、泄露隐私；在清洗环节，信息需要准确、不重复；在保存环节，信息需要不丢失、不被篡改。在上述4个环节中，数据的保存通常采用集中式数据库，存在因追求非法获利而篡改数据或泄露隐私的潜在风险。

2. 事后和人工的方式难以充分发挥监管作用

为了扩大信用评估服务的范围，诸如向小微企业提供更有针对性的金融信息服务，目前已经建立了多层次的金融信息服务管理体系。尤其是在疫情对小微企业经济造成负面影响的情况下，更是彰显了小微融资服务项目的必要性。虽然多层次的金融服务体系在一定程度上缓解了小微企业融资的问题，但是这也对传统的监管提出了一定的挑战，监管部门应该在现有小微金融服务体系的基础上进一步完善监督体系。

从信用数据源来看，多层次的金融服务体系必然是多部门、多领域的互补，这就需要从数据信息的根源上加强协调与沟通，最终达到多方协同监管的目的。从监管的角度来看，现阶段监管的目标范围需要扩大，不仅要包括银行等金融机构，还必须对提供互联网金融的公司进行合理的监管，尽可能覆盖所有信用评估服务参与机构。从监管方式上看，目前仍然主要是信用数据由相关人员处理，再由信用评估机构其他部门对数据信息进行汇总的模式，由于涉及的人员和部门比较多，他们之间的协调制度还存在有待完善的地方，因此也加大了监管的难度，难以形成监管合力。除此以外，还要从监管的角度对交易中产生的数据流进行有效管理，用于帮助金融机构或信用评级机构进行合理决策，并能够提供个人或者公司信用评估需求的关键信息。可见，信用评估监管还存在很大的待完善空间。

3. 隐私数据安全难以保证

高质量的信用评估模型离不开信用大数据的支持，即使是大型信用评估机构也需要更多的数据来验证数据的正确性和完善模型，通过机构间的数据融合来实现共享的方式，随着云计算、物联网技术的普及而在区域或者小型信用评估系统中广为使用。

上述的数据集中化管理，虽然便于实现多样化的信用评估服务产品，但信用数据的隐私性没有得到足够的重视，而且信用评估机构和从业人员良莠不齐，加强管理难以奏效，利益的驱使和惩罚力度不大等导致近年来“泄露企业主个人隐私信息”“公开售卖个人信息”等隐私泄露情况频出，为企业和个人带来了不小的困扰。此外，共享后由数据产生的价值难以公平分配，还有可能让共享参与机构成为更强有力的竞争对手，使得数据孤岛问题仍然无法解决。

5.3 基于区块链的信用评估

5.3.1 技术优势

选择不同的信用评估模式进行信用评估时，需要依赖交互信息本身的有效性。交互信息包含交互本身所需传递的数据，以及与信用主体反馈相关的数据。为了促进征信业的健康发展，2021 年 1 月中国人民银行发布了《征信业务管理办法(征求意见稿)》，重新界定了信用信息，更加强调保护信息主体权益、隐私信息，以及信用信息采集整理的全过程存证。将区块链应用至信用评估领域，可以有效地适应上述特征和需求变化，保证交互信息的有效性、可靠性、安全性和可监管性，同时也可保证信用评估的确定性和权威性，将对大规模信用评估的应用有着难以估量的推动作用。

1. 区块链技术的开放、不可篡改、共识等特性增强了信用评估的确定性、权威性

金融机构、信用评估机构、央行等均作为区块链上的节点，形成公开透明、互相监督的可信管理平台，更加有利于实现信用信息的跨区域、跨行业共享。通过区块链，信用机构间可信共享用户信用数据，信用机构从其他机构获取可信用户信用数据，不仅解决了数据缺乏有效共享、数据源竞争成本高的问题，还能保证信用评估数据的一致性、确定性和权威性。

2. 互链网和隐私计算技术保护数据安全

目前的区块链应用建立在传统的互联网基础上，而互联网并不安全，所以需要在上层应用中融入加密、共识、容错等机制来实现安全。若转换思路，将上述实现安全的机制做到互联网架构的底层，从安全、监管、隐私优先的角度出发，在原生操作系统中增加对区跨链功能的支持，并且突出必须的实时监管功能，提出层分层、管中管、块中块、片分片 4 种基础区块链操作系统机制，以及区块链数据库提高数据在各节点的一致性，以更好的数据分析友好度提升数据利用效率。在网络协议上，以安全协议来实现安全高速的通信。以上述互链网代替互联网作为基础设施将极大地提升数据的安全性。网络上所有节点的所有行为都被记录下来，记录无法被篡改或删除，所有的行为都有迹可循，从而形成有效的威慑力，网络攻击等破坏数据完整性、保密性、真实性的行为都无处躲藏，类比现实社会中犯罪率会紧随摄像头覆盖率的增加而下降的情形，安全性会有大幅度提升。

为了既能充分发挥信用大数据的商业价值，又能兼顾隐私保护，"区块链＋隐私计算"发挥了重要作用。区块链具有数据透明公开的特性，将同态加密、代理重加密、联邦学习、多方安全计算等隐私计算技术引入信用评估模式将有效保证数据安全。采用同态加密的方法，信用数据用公钥加密并形成密文，然后再共享、查询和训练模型，产生密态的模型，最后只有拥有私钥的主体才能解密该模型。为了保证训练过程的透明公正，训练过程中的关键步骤和模型结果会保存在区块链上。整个过程中所有涉及隐私的信用数据均以密态方式存在，即使出现网络窃听或不诚实的主体参与的情况，也因为不拥有私钥而无法进一步利用数据或模型，达到信用评估数据安全共享的目的。采用基于区块链的联邦学习方法，节点间无须共享数据就能达到模型训练的效果。区块链用于记录各节点的工作情况，如数据质量、模型训练质量等信息，既可审计又能激励参与方更有意愿去收集更多高质量数据和训练模型，多方共赢的结果有利于形成可持续商业模式。

3. 智能合约带来标准化穿透式自动监管

首先从组织管理的角度看，由于金融行业设施管理相对分散，信息内容不畅通，导致穿透式监管在金融行业遭遇阻力。因此需要建立多方参与的监管体系，推进穿透式监管的实施。以区块链技术赋能穿透式监管，核心思想在于区块链提供了一个可信透明管理的平台。其去中心化的监管模式实现了数据真正意义上的透明可追溯。数据的访问传递由于被区块记录而不可篡改和删除，确保可追溯。最后在于信息的共享方式，参与方可以在同一时间看到同样的信息（数据），有利于多方监管和风险管控。对于区块链信用评估平台，通过节点（银行、监管机构和政府）形成多方监管的管理体系，从而形成一个稳定的信用评估服务平台。

其次在当前信用评估业务中，人为主观因素的情况依然存在，包括信息处理以及面向金融的信用评估服务等，容易产生监管不统一等问题。智能合约作为一种自动执行的代码协议，既缩短了交易流程，又避免了第三方出现不公正的情况。对于监管来说，将必需的保障流程标准转化成智能合约，智能合约可以同时对链下（通过预言机）和链上进行自动监管，并且所有记录透明公开。例如，在为中小微企业提供金融服务之前，将交易中涉及的公司情况等因素纳入智能合约，其自动化审查的方式，可以自动完成信用评估和审查，达到防止银行金融业务出现损失，提高效率以及缩减沟通和监管成本的目的，让监管模式由被动变主动。依托区块链的公开公正和可追溯的特点，智能合约能发挥出更大的作用。目前已出现基于法律的智能合约，可以通过领域专家对相关信用评估过程进行特征提取并进行法律合约的代码输入，即可生成符合监管要求的智能合约，搭配安全审计和其他形式化验证、检测方法，可以加速区块链在信用评估领域的落地应用。

基于区块链的智能合约以自动化、规则化、强制化的优势为信用评估监管带来了解决问题的新思路。智能合约代码化监管规则，区块链提供公开透明、无法篡改的管理平台，在信用评估业务流程的关键环节上嵌入智能合约，执行前检查是否已满足业务要求，不满足要求就不允许执行；执行中检查是否有违规行为，一旦出现自动报告并立即终止业务执行；执行后对业务执行和监管效果，按监管规则自动评价。在上述流程中，以事件方式驱动监管的执行，一旦不符合监管规则就立即引发相应事件，触发管理行动的自动执行，行动产生的结果记录在区块链上，方便监管单位随时检查。

当然，监管也需要随着业务特点不断演变。监管政策要与时俱进，以更好地满足信用评估业务的发展需求。信用评估业务监管要不断发展，从单一技术要素监管，迈向多技术融合监管。在现有监管方法的基础上，将区块链智能合约的监管模式融入其中，必将对现有的信用评估业务和监管带来影响，因此需要创新现有监管规则，以适应新信用评估业务的监管需求。

4. 预言机技术提高数据的可靠性

区块链是一种行为确定的分布式系统，因为共识机制，所以行为确定就表现为每个节点上发生的事件顺序全部一致。为了保证全体一致性，区块链上智能合约的行为就只能被限定为被链下程序或所在链的其他智能合约调用，而智能合约访问链下数据较为困难，因为智能合约在每个节点上的执行时间不同，那么获取链下数据的值就有可能不同，会引发节点间行为的不一致，导致无法共识。预言机(oracle mechanism)为智能合约提供了一种可信的与外部世界进行交互的机制，它在区块链与外部世界(比如互联网)之间建立了一道可信的网关，打破了智能合约获取数据的束缚，提高了数据可靠性。

信用评估系统应用区块链技术后，当链上智能合约要访问链下数据(比如判断贷款或融资级别)时，预言机作为信用信息的一种可信代理，根据智能合约的请求返回相应的数据。还可以将数据计算放在链下进行，减少链上存储和计算的成本，核心过程和数据存储在链上，保证数据的安全有效。预言机是专门收集数据、验证数据和传送数据的，所以预言机可能是最复杂也是最多的。引入(分布式)预言机，区块链、智能合约和预言机组成一种复杂的信用评估系统，智能合约不仅可以获取链下信用机构、金融机构、政府等的数据，还可以根据链下数据来触发条件自动执行，核心业务在链上自动完成，且链下的业务系统在运行中也受到区块链的约束，实用性获得大幅度扩展，为数据确权、过程存证、分层监管等信用业务功能提供了必要的技术支持。

此外，将区块链技术引入信用评估领域，还会带来诸如自动化的事务控制、分布式的数据管理机制以及新型节点信用评价机制等优势。

5.3.2 基于区块链的信用评估框架

信用评估涉及相关信用评估主体的信息可信共享和可监管，为此采用可信度更高的联盟链方式。以金融行业为例，链上的节点主要包括信用主体、信用信息提供机构、征信机构(信用采集、评估、共享机构)、监管机构，其中信用信息提供机构可分为政府机构、金融机构、非金融机构，如图 5-1 所示。

① 信用主体：信用评估的主要对象，包括企业、信用信息归集的对象，通常情况下，信用信息保存在金融机构、非金融机构、政府机构。

② 政府机构：指公安、工商、税务、人力和社会保障等机构，记录企业、企业法人的基本信息，以及合法违法、交税、保险等信息。

③ 金融机构：企业金融账户所在的银行、互链网金融机构等，他们保管着企业的账户流水等信息。

④ 非金融机构：指电信、水电、燃气、产权、车管、保险等提供公共服务的机构，企业会因使用这些服务而产生数据，能真实地反映出企业运营的历史和当前状况。

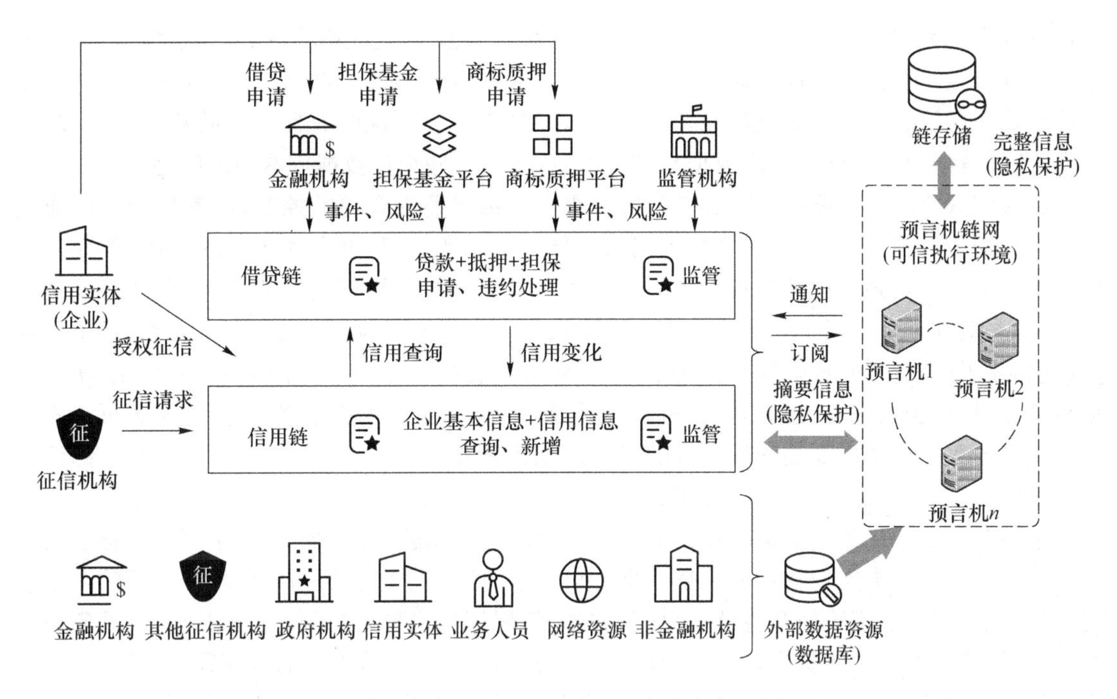

图5-1　基于区块链的信用评估框架

⑤ 征信机构(信用采集、评估、共享机构):是在央行备案的企业征信机构。征信机构主要对企业、事业单位等组织的信用信息进行采集、整理、保存、加工、共享、评估,并向信息使用者提供信用业务。

⑥ 监管机构:指央行及其派出机构。央行及其派出机构依法对信用行业进行监督管理。

上述基于区块链的信用评估框架,在性能、数据可靠性和隐私安全等方面有明显的优势。

① 双链结构:采用“信用信息链+借贷链”的方式,将数据和业务流程分为账户信用信息和交易行为信息,分别保存至不同的区块链中,其中信用信息位于信用信息链,而产生信用信息的一系列交易行为则位于借贷链,这种信用信息和交易行为相分离的双链结构能提高整个系统的可扩展性。

② 预言机链网:由多台预言机组成的复杂链网作为链上链下的数据沟通桥梁,保障区块链上所有参与节点的数据正确与一致。为了形成对信用数据更为完整的追溯链,预言机链网可以由多台预言机服务器、区块链和数据库(链存储)构成,并利用可信执行环境(Trusted Execution Environment,TEE)来保障数据的隐私安全。Intel SGX(Software Guard Extensions)属于TEE的一种,远程提供数据计算的封闭式环境,链下的核心业务计算运行在SGX中可以保护计算的安全性和隐私性。进一步地,如果要满足更高的安全要求,每台预言机网络都可以安装新型的具有区块链性质的操作系统。预言机链网接收到某个或某些企业的外部数据时,会根据链存储上的历史信息来判断信息的正确性,将正确信息保存到链存储中,错误信息或重复信息不予保存。预言机链网会根据外部数据源机构提供数据的正确性、数据量多少、数据新旧程度等来评估他们的贡献,给予数据质量评级。

③ 链存储:区块链是以区块的方式追加存储的,所有节点的内容相同,信用评估行业所需的数据量巨大,区块链很快就会遇到存储空间不足的问题,频繁扩容又会成本过高。为此,采用“区块链+数据库”的方式,数据库可作为区块链的有力补充,用于保存信用原始信息,区块链上除了保存关键信息外,还保存数据库中每次存储数据的哈希值,形成了链下数据库与链上

数据的绑定关系,称为链存储。在每次向区块链写入数据时,先做数据一致性验证后再保存数据。数据一致性验证是从链存储数据库中随机抽取一定比例的数据,计算哈希值后与链上相应的数据进行比较,一致则继续存储新的数据,一旦不一致就说明数据库中的数据被篡改了。可见,此方案能解决传统数据库数据易被篡改,区块链存储全量数据成本高的问题。

④ 穿透式监管:借贷链和信用链上的所有合约都受监管合约的控制,监管机构可以通过对外接口配置可监管事件(例如贷款到期未还导致信用变更)和可自动执行的动作(例如依据信用变更信息判定强制冻结账户),当事件发生时自动记录和执行相应的动作,自动触发执行后,有些关键动作也可以由监管机构授权后再执行。监管范围为两条链上所有合约、链下预言机链网,除了监控违约、洗钱等类似的事件外,还对可能存在的风险给予风险等级评定,实时反馈给监管机构、金融机构、担保基金平台和商标质押平台,以征求接下来的操作,最大可能降低违约事件的发生概率以及违约所带来的损失。上述过程中事件触发、事件处理等操作都记录在区块链上,保证了监管的公开、透明、可信。

上述基于区块链的多机构信用评估框架的应用可分步骤实现:第一步,采用区块链技术连接已存在的数据库来实现初步的信息共享;第二步,建造一个底层架构为区块链技术的全新信用评估系统,系统模型采用联盟链,由信息主体、信用评估机构、信用信息提供者、云服务提供商、监管机构等参与主体构成,同时,辅助设计完备的信用共享请求和响应流程,以及信用评估交互流程。在落地应用上,平安集团的金融壹账通、长安链生态联盟发起的京津冀征信链,以及长三角征信链正处于建设初始阶段,区块链的技术优势尚未有效发挥。

5.3.3 区块链技术对信用评估的影响

从信用评估发展的角度分析区块链对业务发展和应用环境的影响,其核心在于区块链给信用评估赋予了信任属性。具体而言,公私钥和不可篡改的交易历史记录增加了信用评估数据的透明度;加密和去中心化提高了包括系统安全和个人信息安全在内的安全性;特定于业务层使用的区块链规则对用户加以限制,提升了信用评价的信任度。为业务在更有效地利用资源、启用新服务和价值链内对价值的重新分配等领域提供了更多机会。此外,增加信用评估数据的"透明度"会促进潜在消费能力,并易于与生态系统共享数据,以增加向客户提供的服务类型[16]。区块链技术为实体间的合作提供商业模式创新的同时,合作成本会因为不再需要建立昂贵的信任机制而降低。信任在商业模式变化中的作用则主要体现在:区块链可以通过影响信任作为支持过程或价值主张的存在来改变信用评估业务模式。

通常来讲,解决业务参与方信任问题的方法之一,是引入可信的第三方中介为参与的机构或者个人提供信用担保。第三方机构保存参与各方的信誉信息,包括交易行为记录、身份、电子签名等,承担绝大部分信任管理和信用评估的工作,在中心化的业务网络中发挥着重要的作用。随着业务流程的复杂化和交易模式的变更,当参与交易的实体对信任的要求越来越高时,对第三方中介"出错"的容忍度便越来越低。尤其在 P2P 网络中,信任信息离散分布于网络这一特征给第三方机构评估信用的机制带来了很大的挑战。区块链技术在提出之时,最引人注目的优势之一便是其"去中介化"的特征。将简单形式的区块链视为一种允许此类账本由多个参与方进行管理的技术时,该技术支持参与方在拥有数据库副本的区块链网络中运行"节点",并把事务以对等方式传输到其他"节点",利用多个无须信任的参与者数据库去处理事务,而不一定需要受信任的中介[17]。区块链技术"去中介化"的能力弱化或消除了在业务网络中由第三方中介提供信任和处理业务去主导交易的现象,而且借助授权证明和有效性证明等方法,区块链可实现保障数据完整性和维护数据安全的目标。

基于区块链的信用评估模式优势和挑战并存。以P2P信用评估体系为例，区块链作为可在不同节点之间建立信任、获取权益的数学算法，可以去除因为主观因素带来的P2P信用评级误差；区块链对于数据的更新机制，有助于信息的互通和共享工作[18]。一种已有的模式是基于KMV模型（美国风险管理公司KMV公司提出的资产组合风险管理模型）构建基于区块链技术的互联网金融信用评估模型[19]。选取用于KMV模型搭建的特征变量，然后在决策树的基础上对数据进行计算，预测模型的结果，最后检验模型精度，并搭建P2P环境下的信用评估模型。区块链在模型当中的作用为：通过智能合约记录信用以及交易活动信息，并将具有信息的合约视为在网络当中带有交换功能的货币进行流通，从而实现信用的交易和评估。但目前P2P平台的信用评估标准一直未能统一，而且相当一部分环节存在信用评估缺省的现象，会对区块链的应用产生极大的阻力。从技术的采纳角度来看，区块链和P2P架构结合还存在安全维护、风险控制和资产管理等方面的问题，亟待探索和解决，因此该模式还需要更多的实践验证。

在信用评估风险建模方面，应用区块链技术作为不可篡改和不断更新的分类账时，审计工作会更加可信，且审计信息会更具实时性。区块链对业务的信任度和数据统计与发布在时机上的提升会改善信用评估风险建模和度量的工作[20]。将区块链技术用于保障价值交易安全性的“IoV”（价值互联网）中，信用评估对降低与恶意对等方交易的风险至关重要[21]。平台会根据IoV中实体交易后记录在区块链中的反馈信息，计算出经验和信誉两个信用指标，用于防止欺诈和鼓励诚实交易。

在共享经济领域，信用缺失是核心问题[22]。引入区块链，设计基于区块链的信用评估信息溯源方法和评估模型等，作为保障共享经济交易符合信用标准的基础，不只是为共享经济领域带来了可信的信用评估服务，同样，拓展了信用评估的应用领域和范围。

区块链在数字金融模式下的创新与发展，给依托于传统银行的货币体系和信用评估体系带来了巨大的变化[23-24]。从信用模型和信用评估模型的演化来看当前信用评估体系及模式变迁的路径与采取的策略，可以归结为如下4个角度。

① 制度变迁角度：传统信用评估体系由央行主导，制度变迁是自上而下的，并且具有强制性。而区块链技术作为数字信用创新的核心技术之一，其制度变迁为诱导式的自上而下。

② 发展模式角度：传统的信用评估体系起步较晚，而新型的信用评估体系是一种跨越式发展的信用建设体系，且还在起步阶段。

③ 信息共享角度：传统信用评估模式把各个信用评估机构的信用体系作为唯一数据库进行管理，但区块链技术可成为打破信用系统壁垒，形成统一数据交换信用评估平台。

④ 建设主体角度：传统信用评估模式由政府主导，以央行为主，多种机构进行建设，而区块链技术可随市场模式进行建设，不受限于当前的建设模式。

总的来说，科技创新为信用关系带来新的认知角度，并且随着技术的进步，多主体的信用行为方式也在不断变化。区块链技术带来了一种全新的信用共治模式，提供了开放、共享、灵活的信用评估应用生态。毫无疑问，区块链促进了信用评估模式的变更和创新，但新的模式和创新也需要代表性的体系或落地应用，提高信用评估模式的实用性和可靠性。这也是多数未来基于区块链的信用评估应用的前进方向和发展趋势，需要更多的从业者深入耕耘。

本章参考文献

[1] 杨星,布慧敏,郭璐. 一个简单的国有企业信用评估模型[J]. 统计与决策,2005(9):21-22.

[2] 张德栋,张强. 基于神经网络的企业信用评估模型[J]. 北京理工大学学报,2004(11):982-985.

[3] 何跃,蒋国银,刘学生. 基于 BP 神经网络的企业信用评估模型[J]. 经济数学,2005,22(1):64-71.

[4] 王凯,黄世祥. 行业内中小企业信用评估模型及应用[J]. 数学的实践与认识,2008,38(4):64-77.

[5] 葛继科,赵永进,王振华,等. 数据挖掘技术在个人信用评估模型中的应用[J]. 计算机技术与发展,2006,16(12):172-174.

[6] 刘征. 个人信用评估模型研究[D]. 成都:西南财经大学,2006.

[7] 肖文兵,费奇,万虎. 基于支持向量机的信用评估模型及风险评价[J]. 华中科技大学学报(自然科学版),2007(5):23-26.

[8] 郭春香,李旭升. 贝叶斯网络个人信用评估模型[J]. 系统管理学报,2009,18(3):249-254.

[9] 詹阳,庞辽军,朱晓妍,等. 一种分布式自治信任计算模型[J]. 西安电子科技大学学报,2008(3):469-473.

[10] 叶菁菁,吴斌,董敏. P2P 网贷个人信用评估国内外研究综述[J]. 商业经济研究,2015,686(31):111-113.

[11] 赵颖秀,刘文奇,李金海,等. 基于粒计算与信息融合的 P2P 网贷用户信用评估[J]. 计算机科学,2016,43(9):242-246.

[12] 郑佳欢. 网络信贷个人信用评估实证分析[D]. 广州:暨南大学,2017.

[13] 方倩. 国内 P2P 平台的借款人信用违约风险研究——基于 logistic 回归模型[D]. 镇江:江苏科技大学,2018.

[14] 肖会敏,侯宇,崔春生. 基于 BP 神经网络的 P2P 网贷借款人信用评估[J]. 运筹与管理,2018,27(9):116-122.

[15] 刘新海,丁伟. 大数据征信应用与启示——以美国互联网金融公司 ZestFinance 为例[J]. 清华金融评论,2014(10):93-98.

[16] Seppala J. The role of trust in understanding the effects of blockchain on business models[D]. Finland: Aalto University, 2016.

[17] Peters G, Vishnia G. Overview of Emerging Blockchain Architectures and Platforms for Electronic Trading Exchanges[J]. SSRN Electronic Journal, 2016.

[18] 时珺. 区块链:创建新型 P2P 信用评估体系[J]. 经贸实践,2018(20):139.

[19] 王诗卉. 区块链视角下互联网金融个人信用风险评估研究[D]. 开封:河南大学,2018.

[20] Truong N B, Um T W, Zhou B, et al. Strengthening the Blockchain-Based Internet of Value with Trust[C]// 2018 IEEE International Conference on Communications

(ICC). Kansas City: IEEE, 2018.

[21] Byström H. Blockchains: Real-Time Accounting and the Future of Credit Risk Modeling [Z]. Lund University Working Paper, 2016.

[22] 高锡荣,石颖. 基于区块链技术的共享经济信用约束机制研究[J]. 征信,2020,38(7):26-32.

[23] 庄雷. 金融科技创新下数字信用共治模式研究[J]. 社会科学,2019(2):48-57.

[24] 陆岷峰,王婷婷. 区块链技术在信托行业的应用研究——兼论信托信任机制建设[J]. 河北科技大学学报(社会科学版),2020,77(1):4-11.

第6章 基于区块链平台的供应链

6.1 引　　言

供应链是一个由若干组织构成的网络,这些组织相互协作来管理和开发原材料或服务流,以及关联的现金和数据流。每个组织在供应链中都有自己的角色。公司的产品、行业和客户决定了供应链的结构。供应链将公司及其供应商与分销组织和客户连接在一起。因此,供应链是一个强调成本效益、以客户为导向、创造增值的实体[1]。

现代服务业涉及四大类行业。在众多行业中,供应链都是现代服务业的核心基础和典型行业。因此,将区块链技术应用至供应链领域,以探讨和解决可信环境构建问题,对于现代服务业的发展有着举足轻重的作用和积极的意义。

6.2 供应链要素

6.2.1 供应链事件和管理级别

供应链流程的起点和终点都是客户。供应链流程中的第一个事件是客户决定购买公司销售的产品。当客户下订单时,销售部门记录销售情况,并在订单内发布订单金额和交货时间的信息。这也包括其他客户要求和是否应生产产品的信息。另一个事件是采购部门对完成客户订单所需的服务和原材料的了解。从恰当的供应商处订购必要的物品和货物,以确保能够及时获得这些材料。当供应商交付了订购的产品时,要查验其正确的数量和质量要求。然后将产品转移到仓库,直到公司生产部门需要[2]。

在生产阶段,产品根据生产计划从库存中交付。接下来,从供应商订购的原材料根据客户所需的产品进行制造。当产品准备就绪时,它将被临时存储,等待交付给客户。在最后阶段,物流部门确定从仓库向客户运输产品的最快、最具成本效益方式。在约定日期之前将产品交付给客户,公司将向交付产品的客户发送发票。

高客户满意度和尽可能低的成本是每个供应链的目标。为了实现这个目标,最好的工具是管理流程和相关的技术解决方案。有3种不同的供应链管理级别,由高到低依次是战略级、战术级和操作级[3]。

在战略层面，公司管理层寻找并起草长期战略决策，以尽可能使供应链受益，例如新的合作伙伴、工厂所在地、办公室和店面、制造的产品和市场运营领域等。

战术层面侧重于找到新的、更有效的整体解决方案，例如成本效益或流程速度。战术层面还包括后勤解决方案、寻找最佳做法和获取尽可能低价的采购合同。

相反，运营层面侧重于日常决策和解决方案，可能包括取消调度、在供应链中移动货物、接收订单和维护库存。

6.2.2　物流策略

在供应链管理中，贯穿始终的物流策略有助于规划和调整 N 年期乃至未来长期的运营状况。它包括系统和流程的设计、实现、监控和控制。物流策略旨在实现盈利能力和成本效益最大化，通过免除不必要的步骤和活动节省时间和金钱，进而降低成本，减少承诺资本，改善服务。

物流形式可以分为两大类，即编制物流和多元化物流。

编制物流是为项目工作或个人准备的，收到客户订单后即启动生产，由生产企业确认必要的材料并尽快开始生产的流程。目的是为生产过程提供最快、最灵活的替代方案。编制物流对储存的需求通常较低，尽管生产所需的一些材料可以储存以供将来订购。在这种情况下，生产计划和预测需求起着非常重要的作用。

多元化物流经营原则正好相反，产品是标准产品，旨在尽可能高效地提供给客户。二元化物流通常指定为配送。在此模型中，运输和存储尤为重要。应准确评估库存的大小，以确保最佳的库存清除，从而尽量减少损失[4]。

6.3　基于区块链的供应链应用模式

传统供应链的可见性仅体现在“一上一下”的程度，且十分有限。而区块链可以前所未有的速度，将透明度从上游到下游一直延伸到消费水平。一旦供应链具有透明性，制造商可根据消耗趋势调整生产进度，分销商则能够在精确了解产品类型的基础上对商品进行及时处理，防止制造水平的浪费。随着区块链技术的不断发展，将其应用至供应链领域的尝试也越来越多，区块链技术应用至供应链领域的实际案例已有不少。

基于区块链的供应链应用模式主要可归结为两个方向：基于区块链的供应链系统和基于区块链的供应链模式改进。前者从系统开发和行业应用痛点的角度，利用区块链设计解决行业应用痛点的供应链系统，进而在行业中应用完善。后者从现存供应链模式本身出发，利用区块链的技术特点完善供应链模式，解决模式中存在的关键问题，提升模式可行性和应用价值。

6.3.1　基于区块链的供应链系统

现有的供应链系统多数直接利用区块链技术来实现产品的各个生命周期数据可追溯和质量可保证。目前基于区块链的供应链系统多集中于农产品供应链、食品供应链、邮政供应链、服装供应链等。

在农产品供应链中，多数借助RFID等物联网技术，并和区块链技术相结合，构建农产品供应链系统，诸如旨在提高农产品的质量和安全性的农业产品供应链可追溯系统[5]。为构建农产品供应链可追溯系统，RFID技术应用于供应链各个环节，支撑了数据的采集、流通和共享。使用区块链技术保证可追溯系统中共享和发布信息的可靠性和真实性，消除对受信任的集中式组织的需要，为其开放、透明、中立、可靠和安全性提供信息平台。但这类系统多面临着以下问题：基于RFID标签的系统成本较高，且区块链当前交易能力受到块的限制处在较低水平[6]。

可追溯功能多数以智能合约实现。对农产品（诸如大豆种子）使用标准化的标识符实现数字连接之后，供应链中参与实体的交易和交易过程当中的具体信息记录可通过智能合约进行，随后记录至分布式文件系统（IPFS）当中作为数字记录[7]。使用可追溯标识符和跟踪实体的交易，使得农产品质量被连续监控。供应链中所有利益相关者都可以获得可验证和不可修改的交易信息。除此之外，由于区块链的机制，可识别欺诈行为，数据的可审计性能够得到进一步保证。

AgriBlockIoT是一种用于农业产品供应链管理的完全去中心化的追溯系统[8]。AgriBlockIoT允许设备产生直接存储在区块链中的数字值和检索数据，也支持实现智能合约的功能。在集成各种IoT传感器设备后，该系统将用于弥补传统后勤信息系统中不透明、无法追溯和审计等功能缺陷。该系统分别在以太坊和超级账本中进行了实现，并进行了性能评估。在相同环境下，以太坊与Hyperledger Sawtooth的延迟分别为16.55 s和0.021 s，CPU的使用率分别为46.78%和6.75%。借助Hyperledger Sawtooth平台实现并部署AgriBlockIoT的性能优于以太坊平台。

食品供应链中同样以物联传感器技术和区块链技术结合为主构建供应链系统。基于物联网的食品供应链（Food Supply Chain，FSC）将传感模式与食品标识相结合，用于食品包装的跟踪和质量监控[9]。当供应链中的不同零售商、物流公司或存储方扫描食品包装时，实时传感器数据将在区块链中更新，从而提供防篡改的数字历史记录。任何消费者或零售商都可以检查公共分类账以获得有关特定食品包装的信息。该信息有助于更新保质期，识别FSC中的问题，实施有针对性的召回，以及提高可见性。在物联网架构中监测食品的物理或化学特性，既能防止有缺陷的产品到达消费者手中，又有助于识别食品供应链中的问题，提高服务效率。

1947年洛杉矶成立的GSF（Golden State Foods）经过70多年的发展，成为当前快餐商铺和零售行业中最大的多元化供应商之一。该公司在全球50多个国家和地区设有领先品牌和商店，不断扩展其产品、服务、创新和专业知识。2019年，GSF和它的供应链合作伙伴选择与IBM Food TM合作，利用区块链解决追踪和监控食品新鲜度的问题，方案中结合了区块链、认知分析和物联网技术[10]。GSF区块链使用RFID技术跟踪生产线下的情况。产品在供应链的各个阶段移动时，IoT传感器将监测到的温度数据记录至区块链。一旦温度数据变化，区块链中的业务规则会提醒经营人员。采用此方案本质上是为了保障产品运送至餐厅时的新鲜度，提升消费者的信任。

塔塔咨询服务公司（Tata Consultancy Services，TCS）提供了以咨询为主导的集成IT产品组合，包括IT和支持IT的基础架构工程与保证服务，它是印度最大的工业企业塔塔集团（Tata Group）的一部分，其业务遍及全球，并在印度国家证券交易所和孟买证券交易所上市。由该公司发行的“通过物联网和区块链增强对冷供应链的信任”白皮书中提到，受信任的对等业务网络正在改变传统的业务流程[11]。在传统业务流程中，与冷链包装产品相关的企业实体会维护各自在供应链网络中的记录系统。但对等业务网络创新性地给出了实现实时可见性的技术方案，这使得参与者均可查看记录系统的内容，进而确保彼此的信任、问责和透明度。

在采用RFID标签为供应链系统提供防伪措施时，一旦出现标签克隆现象，就意味着基于标签的防伪措施不能产生有效的作用。邮政供应链领域目前出现了一种基于以太坊开发的用于RFID防伪产品的产品所有权管理系统（Product Ownership Management System，POMS），来解决该问题[12]。POMS引入了一个完整的协议，使得供应链的合作伙伴和客户可声明和转移附有RFID标签的产品的所有权。采用区块链技术保证了系统中信息共享和发布的可靠性。当所有者转让的次数小于等于6时，使用POMS管理产品的成本不到一美元。但POMS还需要解决3个问题：第一个是所有权转让成功时的奖励金额，也就是激励机制的实际设置；第二个是POMS与以太坊连接的安全性问题，因为以太坊平台的安全还在开发和验证的过程中；第三个问题涉及制造商的隐私，系统查询产品所有权时可能会推断出产品的详细信息，被制造商的竞争者加以利用，因此POMS需要同时满足透明度和匿名性两个特性。

在服装供应链中，物联网技术在服装制造业务流程中大量使用，包括库存管理、产品的仓储和运输、自动对象跟踪和供应链管理等。通过获取精确的信息，服装供应链运营经理可以几乎实时地执行分析，并可以做出适当的战略决策。但当前以物联网为中心的体系结构导致了许多分散的数据孤岛，这阻碍了物联网的整体数据驱动业务应用的潜力[13]。基于区块链分布式数据库确保了有效交易的安全记录，并允许分散汇总从物联网设备生成的大量数据，确保在供应链交换合作伙伴之间更公平地共享收益。独立的物联网应用系统面临着与安全性和隐私相关的问题，可通过区块链技术在整个制造供应链节点上注册和记录产品的生命周期，提高透明度和参与企业伙伴的信任度。

上述基于区块链技术的供应链系统应用方案主要借助RFID技术标记产品，并借助IoT、GPS等技术跟踪产品流通过程，保障其质量。但大多适用于不考虑商品生产过程且商品类型不可更改的供应链类型，对于跟踪产品成分和产品在制造商之间的转换流程，以及从分类销售的产品中追溯其本来的资源而言，并不能够保障质量溯源和追踪。数字令牌成为一种可行的解决方案，利用数字令牌建立产品，进而构建基于区块链智能合约的分散式供应链管理系统。商品可转换性的机制通过数字令牌的形式实现，令牌可链接物理产品与区块链上对应的数字表示形式，也能够表示商品在实际生产和流通过程中转换的情况。对于供应链管理的各种商品，系统将为其建立智能合约，并在智能合约中创建可以代表实物的令牌。实物在生产过程中进行转换时，新的智能合约将被创建用于令牌的转换。生产的商品有相同的制造和质量标准时，系统允许直接输入令牌信息查看其是否符合证书标准。供应链参与者的角色也在系统中被规划，划分出职能和可执行的操作。该系统使用区块链技术将物理生产过程完整记录至区块链，理论上能够为单个商品及其成分提供可追溯性。但此类系统应用还需进一步结合具体的商品生产和供应链系统复杂性进行深入分解和设计实现，从设计到实际应用还存在一定的距离。

6.3.2 基于区块链的供应链模式改进

1. 基于区块链的供应链模式改进方案

在供应链管理中，需要应对很多风险，如产能风险。供应链管理为公司提供分析和共享的数据，从而支持公司的计划和活动。数据来源不可靠，或者制造商、供应商与客户之间不愿意分享彼此的数据，可能会对市场变化的应对产生很大的影响，各方需要承担的风险也不平衡[14]。对于供应链本身而言，全球范围内供应链部署和应用面临的问题有：扩展性、性能、共识、隐私、定位、成本等[15]。由于当前的供应链系统结构复杂，信息操纵较为困难，且例如产品可追溯性和监视功能会严重影响性能和效率，供应链将通过多种方式受益于区块链的创新。区块链将实质上有助于提高透明度和可审计性，将在很大程度上支持发现违反货运条件以及人为错误和欺诈。此外，区块链将通过其不变性和不可撤销性的众所周知属性提供信息的连续性。敏捷和透明的区块链将提供对分类账数据的访问，提供数据的可靠追溯。基于区块链的供应链模式需要结合区块链的技术特征，对供应链存在的问题进行深入分析和应用，进而设计改进的供应链模式，提高模式应用价值和生命力。

首先考虑供应链双重边缘化问题。全球竞争的因素使得供应链中的每个公司会管理供应链的不同部分，并且他们都会制定战略和运营目标来最大化自身的利润。由于产品生命周期段和生产交货期长，所以需求预测变得越来越困难。之后供应链会面临需求量低或产品供应不足的问题，导致产能过剩。同时，缺乏适当的产能风险分担也会增加产能风险的成本[16]。在分布式供应链中，如果消费者需求量高，负责合同制造的供应商（合同制造商）和设备制造商将面临上行产能风险；如果消费者需求量低，则会面临下行产能风险。降低各方风险的能力取决于合同协议。根据批发价格合同，原始设备制造商会向订购的制造商支付每订购一个单位的批发价格 W，然后将产品以每单位 R 的价格出售给市场。合同制造商以单价 C 来保证容量，这可能相当于每年的容量成本。因此，合同制造商的边际利润 $W-C$ 小于垂直整合供应链的边际利润 $R-C$。这种差异称为双重边缘化。合同制造商通过确保比垂直集成供应链最佳容量小的容量来保护自己。原始设备制造商可以通过分担合同制造商的上行容量风险来消除分散化的不利影响。产能风险的两个因素：容量的单位成本和预测信息的不对称程度。预测信息共享可以通过两种合同类型实现：一种是容量保留合同，还有一种是预购协议。因此从需求的角度分析，需要提升合同的类型来降低全球供应链当中的产能风险。供应链当中信息共享的好处颇多，但信息在共享时可能会面临如下问题：通过电子数据交换（Electronic Data Exchange，EDI）网络集成代码方案和实现供应链可见性对于小型企业来讲价格昂贵；在信息共享机制中需考虑访问控制的问题；在能效有限的范围内需具有实时更新和访问数据的能力。

综合考虑以上因素，采用区块链技术构建低成本和访问可控的数据库系统。比特币机制代替第三方的信任促使双方通过网络执行在线交易，交易由数字签名进行保护，通过公私钥机制确认交易的有效性以及获取链上信息的访问权限。当交易广播至比特币网络中并经过验证后，记录至分类账。为了保障数据在链上的可见性，交易的数据经加密后存储至区块链，存储的条件是交易信息与供应商的合同类型、报价、概要协议等信息相符且绑定。通过同态加密的方式允许对加密数据进行计算，保障数据在链上的可访问性和安全性。

考虑供应链参与主体的职能划分和数据安全问题，将区块链技术和多代理系统的优势相结合，使用两种技术提高分布式供应链网络的安全性和隐私性[17]。当前的供应链遵循“采用-制造-处置”模型，而基于区块链的供应链遵循“制造-使用-回收”模型。这种模式支持追溯所有产品的来源、销售和后续回收利用，使经济能够自给自足。同时，在多代理系统中使用智能合约可更有效地管理整个供应链流程，消除中介机构的存在。该模型可用于改善任何供应链，未来可通过引入用于监视程序的新代理来改进多代理系统。

考虑供应链现存的自动化程度低，监管追溯困难，数据透明和隐私难以平衡等问题，将区块链、智能合约和物联网结合，设计供应链系统，在上节已经详细阐述。

应用区块链解决供应链领域现存的问题，不仅需要关注区块链技术的优势，还应考虑区块链技术的局限性。考虑业务环境中处理海量数据时应用区块链技术的可扩展性问题，将分布式数据库与区块链特征相结合进行解决[18]。保留区块链的 3 个关键特征：分散控制可以通过投票处理系统中的节点来实现，这被称为超对等 P2P 网络；不可变性可以通过按时间顺序排列的块来实现，其中每个块都拥有一个有序的交易序列，也就是一个块链；任何用户都可以在拥有资产发行许可的情况下发行资产，并且任何用户都可以通过资产转让许可或资产密钥来转让资产（创建和转移数字资产），以此消除数据篡改的风险与黑客和功能强大的管理员造成的单点故障。分布式数据库的特征体现在：每个节点都通过部分复制方法存储数据，这意味着一个节点仅存储所有数据的一个子集，并且数据的每一位都复制到几个节点上。就像大多数现代的分布式数据库一样，这种方法使节点数与存储容量之间正线性相关。相比之下，基于区块链的系统容量不会随着节点数量的增加而改变。

考虑区块链技术应对大范围和海量业务数据的效率问题，需要从系统性能和高性能区块链处理系统着手解决。对于宜家（IKEA）、沃尔玛等大型国际零售公司而言，建立覆盖全球的基于区块链的可追溯供应链系统，需要在数十个乃至上百个独立子系统的范围内部署具备区块链的子系统[19]。构建可行的全球化可追溯系统时需要关注两个问题：一个是系统性能的提高，另一个是对事件处理进行子系统划分。此时，将区块链技术应用至供应链平台，应当关注行业环境的要求，进一步系统研究如何创建高性能区块链处理系统。

2. 基于区块链的供应链模式影响

针对区块链技术在供应链当中的影响和作用调查显示，从业人员性质和层级不同，对于供应链管理中的区块链用例、应用壁垒、推动因素和总体前景看法也不尽相同[20]。

① 中层管理人员对区块链的热情远不如 C 级执行官（C-level executives）或运营员工。缺乏热情的一个原因是中层管理人员对其流程有更多的了解，可能会觉得区块链被过度炒作，从而极大地降低了应用区块链技术的好处和可能性。

② 物流人员（为物流服务提供者、制造商和零售商工作）与顾问和科学家之间对采纳区块链技术的看法存在显著差异。例如，后勤人员很难清楚地了解新技术的好处，而顾问和科学家则担心区块链的技术成熟度。这些差异阻碍了区块链的推动因素，提高了应用壁垒。

③ 人员对于区块链掌握的经验水平不同使其看法存在显著差异。一方面，身处保守行业（例如物流）中的人员在购买新技术时，倾向于关注其收益是否明确；另一方面，有更多经验的参与者（例如探索新技术，而不是仅观察行业的发展）会对新技术抱有热情，并倾向于发现更多新技术采纳的受益者，进而改变对新技术的应用壁垒。

上述差异表明，对于区块链在供应链领域的应用，即使前景光明，但依然由于各种原因，存在曲折和阻碍。需要对区块链对供应链模式的影响做出深度分析，进一步给从业人员指明道路，坚定其应用区块链解决供应链问题、推动供应链模式和应用创新的信心和方向。

基于统一的接受和技术使用理论（Unified Theory of Acceptance and Use of Technology，UTAUT）的技术接受模型（Technology Acceptance Model，TAM）为了解个体在接受并使用新技术时的行为和表现提供了理论和评估模式[21]。TAM 支持对各个组织当中使用区块链技术的情况进行调查，了解个体采用区块链技术的行为，以及回答供应链当中采用区块链的驱动因素，然后使用偏最小二乘结构方程模型（Partial Least Squares Structural Equation Modeling，PLS-SEM）对其进行估算。模型中主要考量的驱动供应链采用区块链技术的因素包括：绩效预期（Performance EXPectancy，PEXP）、社会影响力（Social INFluence ，SINF）、便利条件(Facilitating CONditions, FCON)、区块链透明度(Blockchain TRANsparency, BTRAN)、供应链利益相关者(Trust Among Supply Chain Stakeholders, SCTRU)、行为意图(Behavioral INTention, BINT)和行为期望(Behavioral EXPectation, BEXP)。分析表明,供应链利益相关者之间的信任不会影响区块链的采用。BTRAN 的影响不显著,可能是因为供应链专业人员对技术的了解程度较高。PEXP 是 BINT 的重要预测因子,并极大地影响了供应链专业人员对区块链的采用。在发展中国家,便利条件在排斥采用区块链方面起着关键作用,侧面说明了发达国家拥有所有必要的便利条件。这种模式为在实际环境中的采用行为提供了参考模型,并给出了可以借鉴的驱动因素,在一定程度上帮助使用者明确了个体在新技术采用时的实际需求。

对于确定区块链当中哪些要素影响特定的利益相关者,以及在相关商业领域当中大规模采纳和应用区块链技术,尚且没有详细的方法论。都灵理工大学开发的 GUEST 方法是其中一个探索案例,其共分为 5 个步骤(GO、UNIFORM、EVALUATE、SOLVE 和 TEST),用来设计与欧洲的电子商务食品零售商有关的用例[22]。通过供应价值链上对各个供应链参与方的职能进行划分,为用例设计了较为详细的解决方案,包括对采用 Amazon AWS 云上的 Hyperledger Fabric 区块链技术创建分布式分类账带来的好处进行说明。GUEST 案例给出了下列结论:在供应链中实施区块链时要解决的最关键问题之一是需要包括所有不同的参与者,了解这些参与者的价值主张应当作为 GUEST 方法当中的第一步,也是重要的一步。此外,从对不同参与者的需求和目标的分析开始,在供应链中正确实施区块链技术,建立一种能够突出收益的商业模型,可以促进供应链采纳区块链技术的速度。

对于区块链在供应链风险管理(Supply Chain Risk Management, SCRM)领域的应用风险分析,英国电信组织专家进行了减少供应链当中的风险类型研究[23]。区块链技术可缓解的风险主要有:①结算风险,通过快速简化的流程提高数字交易的效率;②信息不对称的风险,区块链提供透明的通信流程和共享整个供应链数据;③风险来源识别;④网络攻击的风险。区块链技术还可通过分类账保存和跟踪用户的注册信息,从而降低欺诈和操纵的风险。由此,确定供应链内以及区块链技术可能为供应链管理提供最大价值的领域内区块链部署的主要驱动力,包括且不仅限于信任和公共安全、可见性和产品溯源、供应链数字化和去中介化、数据安全共享,还进一步明确了部分区块链技术应用至供应链邻域潜在的壁垒和挑战,例如区块链交易透明而交易者匿名可能带来的破坏性影响。

在供应链本身的治理和运营方面,区块链技术可以治理网络数据的产生和流动,重塑生产关系,降低信息的不对称性,为产业链治理机会主义和信任问题提供网络治理信任机制体系。产业链治理的根本目的是消除由信息不对称和有限理性导致的机会主义[24]。伴随着区块链、物联网、大数据、云计算等信息技术的崛起,信息约束和认知约束被改变,区块链能够搭建可靠的数字环境,解决产业链治理的制度框架中存在的契约不完整性问题,进而诱导产业链制度变迁。区块链环境下种植农产品的产业链体系"善粮味道"和基于区块链的家禽产业链生态"步步鸡"等案例表明,基于区块链的农业产业链治理能够有效地约束机会主义,为区块链技术诱导农业产业链发生制度变迁提供理论支撑。

此外,还需明确在供应链当中应用区块链技术的边界性条件。以食品供应链为例,边界性条件定义为为实现全球食品追溯系统而受到的社会技术限制。在食品供应链中,边界条件分为业务、法规、质量和可追溯性类别等 18 种[25]。边界条件的多样性表明,必须先进行组织变革,然后才能在供应链中成功使用区块链技术,这可解释为什么许多区块链项目仍处于试点水平。最关键的边界条件确定为：在使用区块链之前，供应链需要具有联合平台和独立治理的可追溯性流程和标准化的接口。也就是说，由于业务、质量和可追溯性的技术条件是区块链应用至供应链系统需要满足的边界性条件，所以在使用区块链技术之前，需要参与者之间已经建立了组织良好且标准化的供应链。

最后，还需关注区块链在供应链的应用维度。针对供应链管理存在的各类问题，如信息孤岛现象，供应链溯源需求与能力现状匹配度低等，借助区块链技术，搭建区块链平台，探索和明确区块链技术在供应链场景下的具体应用模式[26]。推动区块链供应链深度落地时有以下几个方面需要进一步探索：区块链供应链标准规范建立的推进工作、互联互通互操作性技术、区块链与物联网技术的融合。特别地，针对新冠疫情期间供应链面临的影响，可以得出，疫情后中国供应链企业应当加快企业数字化升级的步伐，积极转型，利用先进科技增强快速的事件响应能力[27]。

综上所述，基于区块链的供应链在大规模应用和发展前，仍需要从供应链层面的需求分析、风险评估和系统改进等方面深入考察区块链技术的瓶颈和实现机制。但同样而言，这种考察需要建立在大量实际用例的评估和分析基础上。那么未来很长一段时间的核心工作是要发动大型现代服务业各行业供应链强力企业，建立大规模的开放区块链实验平台和环境，企业和全行业从业者共同努力，开发大量的供应链应用模式和案例，模式影响评估和模式创新并举，推动基于区块链的供应链稳步健康发展。

6.4 供应链金融应用模式

本书中供应链模式与供应链金融模式的概念有所区别。供应链模式指的是在供应链环境当中，与生产、交易、物流等领域密切关联的系统及架构设计模式。供应链金融模式则更加偏向供应链在金融领域应用的概念，指的是采纳供应链模式后，金融领域打造新服务平台和扩大服务范围的新型应用模式。

6.4.1 基于区块链的供应链金融模式发展

金融业注重稳定和改善其运营和管理，以实现长期可持续性，而供应链理论强调特定行业中上下游企业之间的合作[28]。随着供应链的不断发展，在应收账款业务融资、供应链融资等业务的驱动下，供应链金融的概念应运而生[29]。当前，供应链金融在服务实体经济和帮助中小型企业(SME)融资方面发挥着重要作用。

供应链金融在中国出现的时间要早于区块链技术，其发展的方向从刚开始的供应链金融融资业务，逐步转向线上供应链金融模式，关注重点在于供应链金融风控[30]。随着供应链金融业务模式的不断创新和信息建设的不断发展，供应链金融模式本身在发展过程中存在企业因盈利低而融资困难，交易复杂且效率低，自动化程度低，技术与制度不平衡，风控成本高等问题，因此信息技术在供应链金融中的作用越来越受重视。在供应链中，由于中小型企业的数据记录不完善，导致企业的信用等级普遍较低，因此难以获得金融机构的贷款服务。银行出于风险控制的考虑，对资信等级不高的中小企业信贷往往建立在优质不动产抵押或者高质量的第三方担保的情况下，在一定程度上提高了企业融资的成本。上海钢贸案及青岛港事件中涉及的货物多次质押融资造成的恶劣影响是供应链金融信息不对称造成的后果，增强了金融机构的风控成本。

区块链技术具有许多吸引银行和金融服务市场的特性，它在金融行业的主要应用包括国际支付和结算、数据工具、客户识别以及反欺诈和反洗钱、证券资产交易以及小型和微型企业信贷配给、P2P 借贷、所有权问题和衍生品市场等。区块链技术在金融服务和银行行业的潜在优势在于：作为在分布式分类账中订购交易的一种方式，区块链通过加密审计跟踪提供共识记录，该跟踪可以由多个节点维护和验证。它使签约方可以使用通用协议动态跟踪资产和协议，从而简化甚至完全折叠许多内部和第三方验证流程。

2017 年 10 月，国务院办公厅发布了《国务院办公厅关于积极推进供应链创新与应用的指导意见》(以下简称《意见》)，《意见》提到将“研究利用区块链、人工智能等新兴技术，建立基于供应链的信用评价机制”，为供应链上下游中小微企业提供高效便捷的融资渠道[31]。基于区块链的供应链金融应用开始在中国逐步得到发展，具体的应用包括区块链授信融资、区块链采购资金融资、区块链白条、区块链仓单质押融资等方向。招商银行在 2017 年 12 月完成了全球首笔区块链跨境人民币汇款业务。截至 2018 年 3 月，供应链金融领域的区块链技术项目在全球占比高达 34.80%，数量约为 390 个。浙商银行(2018 年)基于底层区块链平台 Hyperchain 开发了“应收款链平台”，帮助企业去杠杆、降成本，提供便捷的融资渠道。

上述基于区块链的供应链金融应用探索，除了拓展了供应链金融的业务模式外，还进一步展示了区块链技术与供应链金融相结合的优点。

(1) 消除信息非对称，支持透明可监管

区块链技术建立了透明的运营机制和高效的信息交流机制，保证供应链金融高效工作的同时，为相关部门提供便捷的审查和校验条件，利于监管。区块链技术自带的数据不可篡改性和带有时间戳的区块结构，可解决金融贸易背景真实性的问题，进而提升行业整体的透明度。

(2) 建立信任，缓解融资难

企业可基于区块链的主体资源认证、与大型企业的多频次交易信息认证获得信用背书，缓解融资难题。在蚂蚁金服的双链通上，小微商户跟着其上游企业在“双链通”上链，通过区块链技术实现企业的唯一签名，解决信任难题。腾讯区块链技术记录的债权凭证在供应链上进行层层拆分与流转，使每条登记上链的凭证追溯到原始数据，强化了核心企业在多级供应商中的信用穿透，打破了信息壁垒和缺乏抵押担保物的局面。工商银行的创新线上金融服务平台利用区块链技术创新了数字化凭据，以核心企业的信用为基础，向末端企业提供信用支持。平安银行“供应链应收账款服务平台(SAS)”应用“大数据＋区块链”等核心技术，对交易数据等金融贸易背景的真实性提供监测和检验。

(3) 智能合约降低人力成本和人工操作风险

供应链金融模式中的商业模式需要大量人力成本，供应链体系的运行效率低下。智能合约是数字形式定义的承诺，可以最大化地减少金融机构的人工操作流程，实现自动化运营。智能合约可以为供应链金融业务自动执行而预先设定好符合条件的合约，这有助于加强交易安全管理，降低人工操作风险。

(4) 促进供应链金融融资模式发展

基于区块链技术的供应链一体化信息平台将供应链企业以联盟链形式连接起来，通过共识机制打造多中心、高效率的供应链信息系统，促进了供应链金融融资模式的发展。平安集团旗下金融壹账通科技公司与福田汽车共同推出了区块链供应链金融平台“福金 AII-Link 系统”，借助联盟链扩展了供应链性能和融资范围。京东金融推出的“ABS 云平台”将传统金融变为可编程的智能金融，为金融机构、非金融机构提供嵌入式的基础设施服务，降低了融资成本，为直接发展融资提供了条件和技术。

6.4.2 在供应链金融领域中应用区块链技术的挑战

同样，在供应链金融创新领域中使用区块链，进行基于区块链的供应链金融应用探索，逐步暴露出了一些问题，带来了质疑和挑战，包括系统构建、技术瓶颈和安全监督等[32]。

① 智能合约存在安全性和法律问题，目前智能合约还不能与现有的具有法律意义的合约相对应，这也是智能合约技术落地的难点之一。

② 尽管金融机构在大力推进供应链自动化，但金融决策和业务在很大程度上还需要依赖人工进行预测和规划，这种非完全自动化增加了操作风险和市场风险。

③ 票据需具有完整性且不能拆分，这使得数字票据难以发挥最大的效用。

④ 存在区块链中的去中心化、安全性、高性能这3项技术难题现在还在进一步验证中。

⑤ 采用区块链的供应链系统需与现有系统进行对接，现阶段仍缺少相关的手段和标准，增加了基于区块链的供应链金融模式应用的难度。

⑥ 区块链技术中密钥的保管手段和数据真实性问题还在进一步研究，还不具备大规模应用的条件。

同时，当前基于区块链技术发展本身存在的争议和不确定性也给在供应链金融领域中应用区块链技术带来了挑战。

① 区块链技术的资源消耗问题：区块链网络当中节点和交易数量的增加导致存储容量需求的增加，区块链技术中延迟和事务吞吐量等指标与容量需求相矛盾。

② 区块链技术标准缺乏：将区块链技术应用至各个行业以及接受政府监管的标准目前相对缺乏，并且异构区块链系统的互操作性也会成为系统大规模应用的核心需求之一。

③ 智能合约及其法律框架之间的矛盾：对智能合约进行赋能和开发时，需要考虑它在新经济体下的约束力和执行力。

④ 区块链技术的安全性和隐私保护：尽管区块链在安全领域具有优势，但它在实际运用时，仍存在安全挑战和隐私保护的需求，亟须解决。

⑤ 多链环境的互操作性：跨链、多链之间的交互在未来会成为区块链技术发展的一大挑战。

综上所述，虽然基于区块链的供应链金融发展前景广阔、优势明显，并且区块链技术在供应链金融领域已经有非常广泛的应用，但这些应用大多还停留在理论探索和试点应用阶段，相对不够成熟，仍然面临诸多问题需要进一步探究和完善。需要从技术研究、政策法规和应用研发机构等各个方面加大投入，完善基于区块链的供应链金融发展保障措施。具体而言，需要加大区块链技术的研究力度，完善政策法规的发展和约束，推动机构加入应用研发阵营，政府加大科研资金投放力度，培养高素质的技术人才，鼓励企业积极配合发展和使用新技术、创新模式，切实推动基于区块链的供应链金融模式的应用和健康发展。

本章参考文献

[1] 刘志彪. 现代服务业发展与供给侧结构改革[J]. 南京社会科学，2016(5)：10-15，21.

[2] Christopher M. Logistics and supply chain management[M]. 5th ed. [S. l.]: FT Publishing International, 2016.

[3] Sarna S K. Supply Chain Management[EB/OL]. (2017-10-20)[2022-01-28]. https://ispatguru.com/supply-chain-management/.

[4] Battilana R, Luukkola J. Toimitusketjun hallinta - Case Oy Transmeri Ab[M]. Leppävaara: Laurea ammattikorkeakoulu, 2012.

[5] Tian F. An agri-food supply chain traceability system for China based on RFID & blockchain technology[C]// International Conference on Service Systems & Service Management. Kunming: IEEE, 2016:1-6.

[6] 林延昌. 基于区块链的食品安全追溯技术研究与实现——以牛肉追溯为例[D]. 南宁：广西大学,2017.

[7] Salah K, Nizamuddin N, Jayaraman R, et al. Blockchain-based Soybean Traceability in Agricultural Supply Chain[J]. IEEE Access, 2019, 7:73295-73305.

[8] Caro M P, Ali M S, Vecchio M, et al. Blockchain-based traceability in Agri-Food supply chain management: a practical implementation[C]//2018 IoT Vertical and Topical Summit on Agriculture. Tuscany: IEEE, 2018:1-4.

[9] Mondal S, Wijewardena K, Karuppuswami S, et al. Blockchain Inspired RFID-Based Information Architecture for Food Supply Chain[J]. IEEE Internet of Things Journal, 2019,6(3):5803-5813.

[10] A Taste for Collaboration[EB/OL]. [2022-01-28]. https://www.ibm.com/downloads/cas/D2L1BJVA.

[11] TATA Consultancy Services[EB/OL]. [2022-01-28]. https://www.tcs.com/.

[12] Toyoda K, Mathiopoulos P T, Sasase I, et al. A Novel Blockchain-Based Product Ownership Management System (POMS) for Anti-Counterfeits in The Post Supply Chain[J]. IEEE Access, 2017,5:17465-17477.

[13] Pal K, Yasar A-U-H. Internet of Things and Blockchain Technology in Apparel Manufacturing Supply Chain Data Management[J]. Procedia Computer Science, 2020, 170:450-457.

[14] Du M, Chen Q, Xiao J, et al. Supply Chain Finance Innovation Using Blockchain[J]. IEEE Transactions on Engineering Management, 2020, 67(4): 1045-1058.

[15] Litke A , Anagnostopoulos D , Varvarigou T . Blockchains for Supply Chain Management: Architectural Elements and Challenges Towards a Global Scale Deployment[J]. Logistics, 2019, 3(1).

[16] Nakasumi M. Information Sharing for Supply Chain Management Based on Block Chain Technology [C]// 2017 IEEE 19th Conference on Business Informatics (CBI). Thessaloniki: IEEE, 2017.

[17] Casado-Vara R , Prieto J , Prieta F D L , et al. How blockchain improves the supply chain: case study alimentary supply chain[J]. Procedia Computer Science, 2018, 134:393-398.

[18] Tian F. A supply chain traceability system for food safety based on HACCP, blockchain &

Internet of things [C]// International Conference on Service Systems & Service Management. Dalian: IEEE, 2017.

[19] Sund T, Loof C, Nadjm-Tehrani S, et al. Blockchain-based event processing in supply chains—a case study at IKEA[J]. Robotics and Computer-Integrated Manufacturing, 2020, 65:101971.

[20] Hackius N, Petersen M. Blockchain in logistics and supply chain: trick or treat? [C]// Hamburg International Conference of Logistics. 2017.

[21] Queiroz M M, Fosso W S. International Journal of Information Management Blockchain adoption challenges in supply chain: an empirical investigation of the main drivers in India and the USA[J]. International Journal of Information Management, 2018, 46:70-82.

[22] Perboli G, Musso S, Rosano M. Blockchain in Logistics and Supply Chain: A Lean Approach for Designing Real-World Use Cases [J]. IEEE Access, 2018, 6: 62018-62028.

[23] Alkhudary R, Brusset X, Fenies P. Blockchain and Risk in Supply Chain Management[C]// Dynamics in Logistics. 2020:159-165.

[24] 付豪，赵翠萍，程传兴. 区块链嵌入、约束打破与农业产业链治理[J]. 农业经济问题，2019，480(12):110-119.

[25] Behnke K , Janssen M F W H A . Boundary conditions for traceability in food supply chains using blockchain technology [J]. International Journal of Information Management, 2019, 52:101969.

[26] 张夏恒. 基于区块链的供应链管理模式优化[J]. 中国流通经济，2018，32(8):44-52.

[27] 陈庆佳，綦晓光，曾芳莉. 疫情后供应链中的“危”与“机”[N]. 第一财经日报，2020.

[28] Zhao Jinshi , DuanYongrui. The Coordination Mechanism of Supply Chain Finance Based on Tripartite Game Theory [J]. Journal of Shanghai Jiaotong University (ence), 2016, 21(3):370-373.

[29] Du M X, Chen Q J, Xiao J, et al. Supply Chain Finance Innovation Using Blockchain [J]. IEEE Transactions on Engineering Management, 2020, PP (99):1-14.

[30] 巩长青. 区块链技术下供应链金融发展研究[D]. 济南：山东大学，2018.

[31] 朱苹苹，粟恒. 基于区块链背景的供应链金融创新分析[J]. 现代商贸工业，2019，40(14):47-49.

[32] 林楠. 基于区块链技术的供应链金融模式创新研究[J]. 新金融，2019，363(4):51-55.

下篇

实 践 篇

第7章 产业数字化“可信连接器”

区块链是新基建信息技术基础设施之一，被认为是继大型机、个人计算机、互联网之后计算模式的颠覆式创新，很可能在全球范围内引起一场新的技术革新和产业变革。2019年10月24日，中共中央政治局第十八次集体学习强调“把区块链作为核心技术自主创新重要突破口，加快推动区块链技术和产业创新发展”，在科学技术就是生产力的今天，抢占技术制高点，不受制于人，成为我国科技企业发展的共识，区块链作为新兴技术的重要代表，具有举足轻重的战略地位。区块链将成为基础设施，甚至是更加可信的连接器，形成跨多主体间高效协作的企业级可信协作网络，将广泛应用于国民经济各行业的数字化可信协作网络建设，降低社会成本，促进跨主体信任的快速建立和业务创新，为我国产业数字化价值跃升提供重要的技术保障和实现路径。

7.1 新基建信息技术基础设施

2020年5月22日，《2020年国务院政府工作报告》提出，重点支持既促消费惠民生又调结构增后劲的“两新一重”建设，其中包括“加强新型基础设施建设，发展新一代信息网络”[1]。国家发展和改革委员会提出“新基建”的概念主要包括信息基础设施、融合基础设施和创新基础设施三方面，其中“区块链”被划为信息基础设施中的“新技术基础设施”[2]。区块链作为新基建信息基础设施的重要组成部分，正在迅速跨越发展初期的不确定性，提供数字转型、智能升级、融合创新等一系列产业解决方案。

企业的智能商业升级必然经历“数字化、网络化、智能化”3个递进阶段，数字化转型升级初步完成的企业，其数据的网络化连接能力将成为决定企业竞争效率和成本的重要指标。我国互联网高速发展的过去十年，从光纤互联网升级到移动互联网，社交、支付、零售、娱乐等人民日常生活的场景均已实现了较好的数字化转型，下一个十年需要服务于产业数字化的新一代“可信网络”，区块链整合了多种计算机技术的新型技术范式，有望成为产业界的可信广域网络，服务于不同企业之间ERP及生产系统、无纸化电子档案、数字化供应链信息等一系列企业数字化升级之后的“可信数据交换”。借助区块链技术组件的联盟网络，企业与企业之间、政府机构与企业之间可以搭建专门的通信信道，整合安全可信的密码学技术，推动跨主体数据充分“共建、共治、共享”。

在稳定运行五年多以后，京东智臻链始终以研发“值得信赖的企业级区块链服务”为愿景，逐步确立了中长期的工作目标——“以客户需求为驱动，研发易用、低成本、开放的区块链平台和产品。基于区块链技术构建服务于产业互联网的连接器,让全球数据及价值安全、迅捷、公平地流动”。

在数字化浪潮澎湃向前的时代,数据的价值创造将扮演越来越重要的角色,数据将成为数字经济脉动的血液,它不可或缺,但同时也要谨慎运用。区块链技术恰逢其时的出现,将为数据价值的创造保驾护航。

首先,数据的合法、合规、合理使用要确认数据的主权,区块链技术整合数字身份签名、时间戳、哈希散列算法等技术,有效地保障了数据的来源可追溯、内容防篡改、主权可确认。

其次,数据的合规共享、共治需要兼顾数据的隐私保护,区块链技术所涵盖的非对称加密、哈希散列数据比对等能力,可以建立多样化、适配多场景的数据共享机制,在确保企业数据合规有效授权使用、有限披露的前提下,推动跨主体数据的连接。京东数字科技集团在 2020 年自主研发了“联邦学习＋区块链”融合的原型系统,初步验证了联邦学习和区块链有共同的应用基础,通过技术上的共识实现多方合作下的同态加密可信网络,具有较好的互补性,推动了密码学与区块链技术的跨界融合[3]。

最后,数据共享所创造的价值需要公平的回馈。数据作为数字经济的血液和重要生产资料,其价值属性不言而喻,因此要充分发挥多个数据所有主体共享数据的积极性,建立公平、公开的价值回报机制尤为重要。区块链技术在应用场景中可以有效地为数据的授权记录和使用路径进行“数字存证”,同时,越来越多的国家司法机构建立司法联盟链,为区块链数字存证进行第三方节点背书,在这些具有公信力的数字存证基础上,新一代的数据价值回馈分配机制也初现端倪,在不远的将来,区块链技术将成为数据价值分配的重要基础设施。

使用区块链促进数字化供应链建设和发展已经成为国家和行业共识。2020 年 4 月,商务部等 8 部门印发了《商务部等 8 部门关于进一步做好供应链创新与应用试点工作的通知》(以下简称《通知》),《通知》指出“试点城市要加大以信息技术为核心的新型基础设施投入,积极应用区块链、大数据等现代供应链管理技术和模式,加快数字化供应链公共服务平台建设,推动政府治理能力和治理体系现代化”“试点企业要主动适应新冠肺炎疫情带来的生产、流通、消费模式变化,加快物联网、大数据、边缘计算、区块链、5G、人工智能、增强现实/虚拟现实等新兴技术在供应链领域的集成应用,加强数据标准统一和资源线上对接,推广应用在线采购、车货匹配、云仓储等新业态、新模式、新场景,促进企业数字化转型,实现供应链即时、可视、可感知,提高供应链整体应变能力和协同能力”[4]。

供应链天然的跨主体、跨地域、高离散等属性亟待一项值得信赖的新技术连接多方数据。首先,区块链联盟网络可以为多个供应链主体搭建全球统一的身份链系统,结合现有的 CA 电子认证服务,实现数据的来源可追、时间可查;其次,区块链许可链网络的组建,可以帮助不同企业内部的信息系统建立点对点通信的数据桥梁,保证供应链数据协同的标准化、安全可信和透明监管;最后,区块链技术中整合的非对称加密等密码算法、区分不同业务的数据交换通道能力,可以很好地保证数据的隔离、隐私和使用授权机制,确保企业供应链数据协同的安全可控。

7.2 技术组合打造智能化商业体

技术归根到底还是为业务服务,要在业务场景中体现应用价值。区块链技术可能是人类有史以来争议最大的技术之一,围绕它的价值讨论始终没有停止过,合法合规的、非用不可的、可感知的大规模商业应用仍在广泛期待中苦苦摸索。国外在公链方面的探索如火如荼,国内在联盟链方面审慎地开展了一系列政策引导和激励,全球科技领域竞争带来的政策红利对整个区块链行业来说是一个必须要把握住的重要发展机遇,同时也要求我们要时刻保持清醒客观的理性认知。任何一项技术本身都是没有价值的,只有和业务场景结合起来,发挥其作为工具的某项作用,才能真正创造可持续的商业价值,区块链技术也是如此。我们提倡将区块链与实体经济的产业数字化转型需求结合起来,在数字化建设过程中发挥其技术特性,利用技术组合开创智能商业,这样的技术应用才是有生命力的。技术组合开创智能商业如图 7-1 所示。

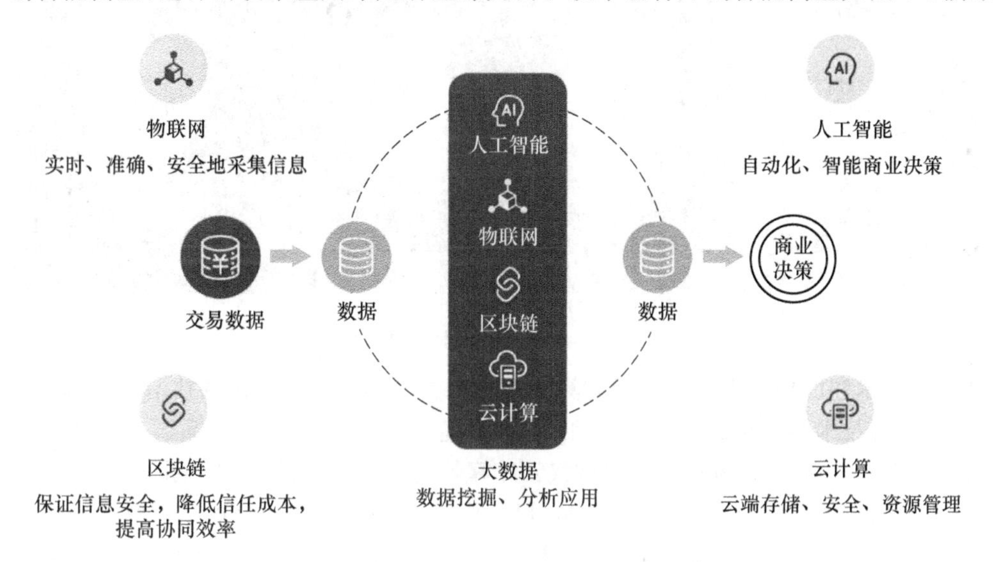

图 7-1　技术组合开创智能商业

不迷信区块链,不为了上链而上链,不脱实向虚,坚持价值创造导向,把区块链技术作为一种效率工具来看待更符合当前的客观需求。京东站在技术组合打造智能化商业体的角度,创造性地将新型技术与区块链技术实现了有机的融合和突破式创新。通过物联网技术自动化地采集数据,继而通过云计算等存储技术实现数据的高效存储,然后通过大数据对数据进行深度挖掘和分析,最终通过人工智能技术实现数据的智能化应用,而在这一数据从生成到智能化应用的全过程,通过区块链确保数据安全可信、不可随意篡改、可追溯,同时对参加数据流转的各主体进行链上身份认证和授权管理,真正做到了数据和主体的全生命周期管理,确保了信息安全、不可随意篡改、透明可追溯,降低了信任成本,提高了协同效率。

7.3　加速产业数字化突破式创新

我国产业技术发展脉络如图 7-2 所示。

科技创新作为国家和企业的核心竞争力,其战略核心地位日益突显。从 Internet 概念提出、以个人计算机问世为代表的第一代传统互联网,到光纤宽带、以便携式计算机为代表的第二代网络型互联网,再到以智能手机、4G 技术为代表的第三代移动互联网,终端用户的接入呈现几何级的裂变式增长,随着每一代互联网迭代速度的加快,互联网构筑的网络规模和复杂度也日益增加。特别是近年来以人工智能、区块链、物联网、云计算、大数据为代表的新型技术的出现和普及,进一步加快了万物互联的超大规模产业互联网的形成。

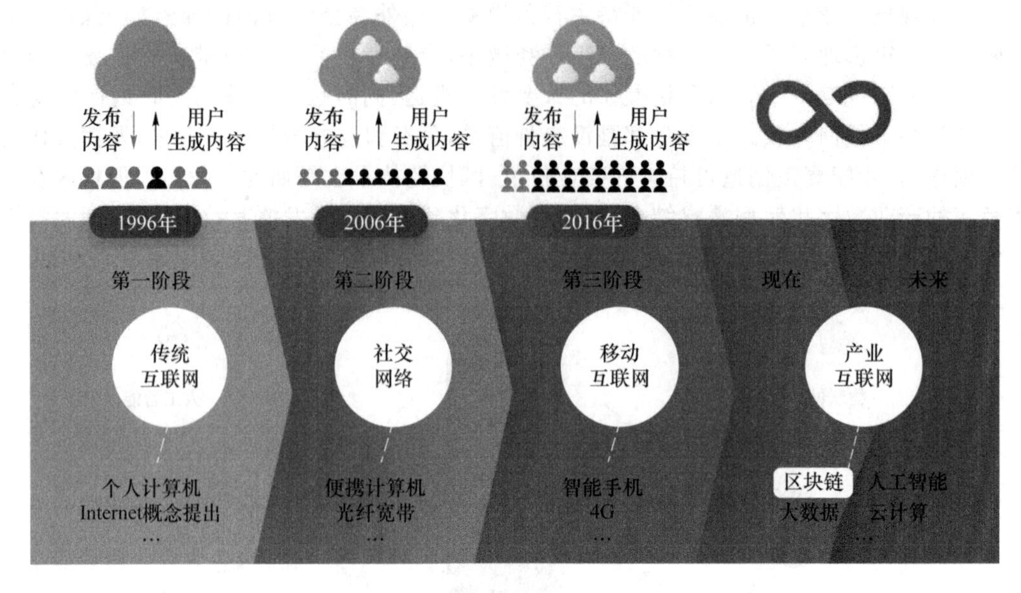

图 7-2　我国产业技术发展脉络

区块链技术和应用的发展需要云计算、大数据、物联网等新一代信息技术作为基础设施支撑，同时区块链技术和应用的发展对推动新一代信息技术产业发展具有重要的促进作用。研究区块链与人工智能、5G、物联网、大数据、云计算等新兴技术间的协作关系，通过技术组合效应，实现业务数据的自动化采集、安全存储、智能化分析、灵活调用、分析结果驱动业务优化等颠覆性综合型技术解决方案变得日益重要和急迫。伴随着产业数字化进程的加速落地，我们有理由相信，区块链技术将发挥更加重要的核心基础性作用，为国民经济和社会的良性发展做出重大突出贡献。

本章参考文献

[1] 2020 年国务院政府工作报告[EB/OL].(2020-05-22)[2022-01-15]. http://www.gov.cn/zhuanti/2020lhzfgzbg/index.htm.

[2] 人民网."新基建"怎么定义？发改委权威解释来了[EB/OL].(2020-04-20)[2022-01-15]. http://it.people.com.cn/n1/2020/0420/c1009-31680461.html.

[3] 新华网.京东数科自研联邦学习平台 Fedlearn 正式亮相[EB/OL].(2020-10-12)[2022-01-15]. http://www.xinhuanet.com/tech/2020-10/12/c_1126597287.htm.

[4] 商务部等 8 部门关于进一步做好供应链创新与应用试点工作的通知[EB/OL].(2020-04-10)[2022-01-15]. http://www.gov.cn/zhengce/zhengceku/2020-04/15/content_5502671.htm.

[5] 京东数科.2020 京东区块链技术实践白皮书[Z].2021.

第8章 京东区块链技术架构体系

8.1 技术研发核心理念

京东区块链技术体系的整体理念是坚持底层自主可控，打造“先进性”和“易用性”区块链技术服务。为适应技术创新发展及支撑业务场景落地，采用多层次技术布局，打造自主研发区块链底层引擎系统（JD Chain，目前已完全对外开源）；构建简单易用的区块链服务平台（JD BaaS），降低区块链技术使用门槛，已实现多行业应用落地；京东区块链实验室立足于前瞻技术，解决技术难点，引领区块链技术创新突破。

8.2 自主可控的开源区块链底层引擎 JD Chain

8.2.1 核心能力

系统的灵活性、可扩展能力，以及支持业务的多样性是实现面向企业的通用区块链底层框架的基本要求。因此 JD Chain 在共识、账本、合约、存储、密码服务等关键组件上的设计都是可插拔的，定义标准的服务提供者接口（Service Provider Interface，SPI），用户根据不同业务场景的要求，或者同一个业务场景中不同参与方的要求进行定制实现，使整个系统可以像搭积木一样组装起来。除此之外，JD Chain 还具有如下核心能力。

1. 单链高性能

自主研发的全新底层架构设计，满足企业级应用的性能要求。具体体现在：以业务系统发起一笔常规的数据写交易开始测量，到经过共识和写入账本之后返回结果给业务系统为止结束测量，每秒可处理高达2万笔交易，且交易确认秒级完成；以 KV 为单位进行账本数据的离散存储、交易、区块，以及账户存储不受限，可动态伸缩，数量级上可达到10亿级的账户存储和千亿级的交易存储；在密码算法上提供了能进行多核并行计算的高性能哈希和加密算法。

2. 多层共识网络

有效地解决企业实际应用场景中的不同组织机构间的协同操作问题。支持按业务进行链的划分和管理，提供多链分层架构。在性能上突破单链瓶颈，通过多链并行共识的方式进行容量的扩展；支持单链数据拆分与多链数据合并；支持跨链合约的校验执行，多链协同 TPS (Transaction Per Second)可达百万级。

3. 联合权限控制

在设计上加入了对用户角色和权限的控制，将权限从细粒度上进行了拆分，构建了积木式的权限组合，满足不同用户的权限需求，轻松构建用户权限的最小集，避免出现系统性风险；同时支持对数据的联合多方授权，实现分布式的商业数据共治。

4. 标准化账本数据

账本数据库可以作为独立的产品，支持对数据进行独立备份、归档、监管和审计，即其数据可以脱离区块链平台单独验证、运用和使用，让企业业务数据在真实有效的前提下挖掘更多价值。其数据账本采用标准化结构设计，每一种上链的数据类型都有预定义的数据结构，且支持不同版本之间的格式兼容；支持业务数据穿透检索，便于多维分析治理。

5. 大规模节点共识

允许大规模节点的许可接入，有效解决联盟链中随共识节点规模增加，业务数据吞吐量急剧下降的矛盾；通过运用密码学中的门限签名技术来降低传统 BFT 协议的通信代价，对协议中的投票进行聚合；创新性地采用两类链状结构，一类是用于记录被确认交易的交易记录链，另一类是位于交易记录链底层的、用于对委员会中选举出的领导者行为实施监督的监控链，根据监督结果适时地触发领导者更换；同时采用并行共识方案提供一个在半同步网络下的高效共识。

6. 强安全隐私

多方位、多渠道构建安全体系，让企业在实际应用中兼顾安全与隐私。其运用“安全群组通信”“安全多方计算”“同态加密”与“零知识证明”保证数据的机密性；运用“环签名”“群签名”和“区块链实验室创新的可监管匿名签名”保证身份隐私，其中可监管匿名签名系统的签名算法，可以在现有 SM2 签名算法的基础上，提供隐匿交易签名者身份的功能，只有监管方才能从签名中得到确切的身份信息。JD Chain 还运用了穿透签名算法实现防攻击、密钥多方安全托管；同时支持国密和国际两种密码体系标准。

7. 共识节点可动态扩展

多数基于 BFT SMR 的系统都是一个静态系统，参与共识的节点规模不能动态地扩展或收缩。而 JD Chain 通过视图管理器实现了多种操作并提供了灵活的共识节点伸缩功能，可以动态地从系统中添加或删除节点副本。由于这种操作是完全有序的(就像普通的请求一样)，所以所有正确的副本都能够一致地执行此操作，并回复视图管理器，通知它视图更改是否成功。视图管理器会向等待添加到系统(或从系统中删除)的副本发送一条特殊消息，通知它可以启动或停止执行。成功启动的节点副本通过触发状态传输协议使其自身达到并保持最新状态。对于处于旧视图中的任何客户端请求，节点副本使用有关最新视图的数据进行响应，让客户端更新自己的视图并重传请求。

8. 事件的发布订阅

为了方便诸如联邦学习的外部业务系统捕获、监听区块链的状态变化，或者向链上发布数据，JD Chain 提供了事件发布订阅的功能，并且根据事件的不同可分为系统事件与用户自定义事件两种。每个交易的写入、区块的产生、合约事件的触发或者系统异常等都属于系统事件。用户自定义事件由外部业务系统根据需求自行定义并注册。

8.2.2　功能模块

JD Chain 体系架构如图 8-1 所示，按功能层次分为四大部分：网关服务、共识服务、数据账本和工具包。

网关服务						
终端接入	协议转换	私钥托管	安全隐私	数据浏览		
共识服务						
共识网络	身份管理	安全权限	节点伸缩	交易处理	智能合约	数据检索
数据账本						
区块	账户	配置	存储	事件		

工具包	
开发包	数据管理
配置管理	服务监控
合约插件	离线测试

图 8-1　JD Chain 体系架构

1. 网关服务

JD Chain 的网关服务是应用的接入层，提供终端接入、私钥托管、安全隐私和协议转换等功能。终端接入是 JD Chain 网关的基本功能，在确认终端身份的同时提供连接节点、转发消息和隔离共识节点与客户端等服务。网关确认客户端的合法身份，接收并验证交易；网关根据初始配置文件与对应的共识节点建立连接，并转发交易数据。私钥托管功能使共识节点可以将私钥等秘密信息以密文的形式托管在网关内，为有权限的共识节点提供私钥恢复、签名生成等服务。对于安全隐私，一方面网关借助具有隐私保护功能的密码算法和协议，来隐藏端到端身份信息，脱敏处理数据信息，防止无权限客户端访问数据信息等操作；另一方面网关的隔离作用使外部实体无法干预内部共识过程，保证共识和业务之间的独立性。

网关中的协议转换功能提供了轻量化的 HTTP Restful Service，能够适配区块链节点的 API，实现各节点在不同协议之间的互操作。

数据浏览功能提供对链上数据的可视化展示。

2. 共识服务

共识服务是 JD Chain 的核心实现层，包括共识网络、身份管理、安全权限、交易处理、智能合约和数据检索等功能，来保证各节点间账本信息的一致性。

JD Chain 的共识网络采用多种可插拔共识协议，并加以优化，来提供确定性交易执行、拜占庭容错和动态调整节点等功能，进而满足企业级应用场景需求。按照模块化的设计思路，将共识协议的各阶段进行封装，抽象出可扩展的接口，方便节点调用。共识节点之间使用 P2P 网络作为传输通道来执行共识协议。

身份管理功能使 JD Chain 网络能够通过公钥信息来辨识并认证节点，为访问控制、权限管理提供基础身份服务。

节点伸缩功能使 JD Chain 在部署共识节点时可以灵活地进行副本节点的添加、删除，对于联盟链的参与方来说，可以方便地加入和退出。

安全权限指的是，根据具体应用和业务场景，为节点设置多种权限形式，实现指定的安全管理，契合应用和业务场景。

交易处理是共识节点根据具体的协议来对交易信息进行排序、验证、共识和结块等处理操作，使全局共享相同的账本信息的功能。

智能合约是 JD Chain 中一种能够自动执行的链上编码逻辑，来更改账本和账户的状态信息。合约内容包括业务逻辑、节点的准入退出和系统配置的变更等。此外，JD Chain 采用相应的合约引擎来保证智能合约能够安全高效地执行，降低开发难度并增加扩展性。开发者可以使用该合约引擎进行开发和测试，并通过接口进行部署和调用。

数据检索能够为协助节点检索接口，来查询区块、交易、合约、账本等相关信息。

3. 数据账本

数据账本为各参与方提供区块链底层服务功能，包括区块、账户、配置和存储等。

区块是 JD Chain 账本的主要组成部分，包含交易信息和执行状态的数据快照哈希值，但不存储具体的交易操作和状态数据。JD Chain 将账本状态和合约进行分离，并约束合约对账本状态的访问，来实现数据与逻辑分离，提供无状态逻辑抽象。

JD Chain 通过细化账户分类、分级分类授权的方式，对区块链系统中的账户进行管理，达到逻辑清晰化、隔离业务和保护相关数据内容的目的。

配置文件包括密钥信息、存储信息以及共享的参与者身份信息等内容，使 JD Chain 系统中各节点能够执行诸如连接其他节点、验证信息、存储并更新账本等操作。

存储格式采用简洁的 KV 数据类型，使用较为成熟的 NoSQL 数据库来实现账本的持久化存储，使区块链系统能够支持海量交易。

事件作为一种上链的数据，为用户提供了其发布和监听的功能，并支持按照权限的划分控制其可见范围。

4. 工具包

节点可以使用 JD Chain 中提供的工具包获取上述 3 个层级的功能服务，并响应相关应用和业务。工具包贯穿整个区块链系统，使用者只需调用特定的接口即可使用对应工具。工具包包括数据管理、开发包(SDK)、安装部署和服务监控等。

上述 3 个功能层级都有对应的开发包，以接口形式提供给使用者，这些开发包包括密码算法、智能合约、数据检索的 SPI 等。

数据管理是对数据信息进行管理操作的工具包，这些管理操作包括备份、转移、导出、校验、回溯，以及多链情况下的数据合并、拆分等。

安装部署工具包括密钥生成、数据存储等辅助功能，帮助各节点执行区块链系统。

服务监控工具能够帮助使用者获取即时吞吐量、节点状态、数据内容等系统运行信息，实现运维管理和实时监控。

合约插件支持以 Maven 来管理合约代码的工程项目，通过使用 Maven 插件提供了更方便与 IDE 集成的合约编译、部署工具，并与持续集成过程结合。

离线测试使用 mock 的方式为用户提供 SDK 操作的测试工具，用户不用关心底层通信与共识，只需关注自己的 SDK 实现。

8.2.3 部署模型

在企业的实际使用过程中，应用场景随着业务的不同往往千差万别，不同的场景下如何选择部署模型，如何进行部署，往往是每个企业都会面临的实际问题。面对复杂多样的应用场景，JD Chain 从易用性方面考虑，为企业应用提供了一套行之有效的部署模型解决方案，如图 8-2 所示。

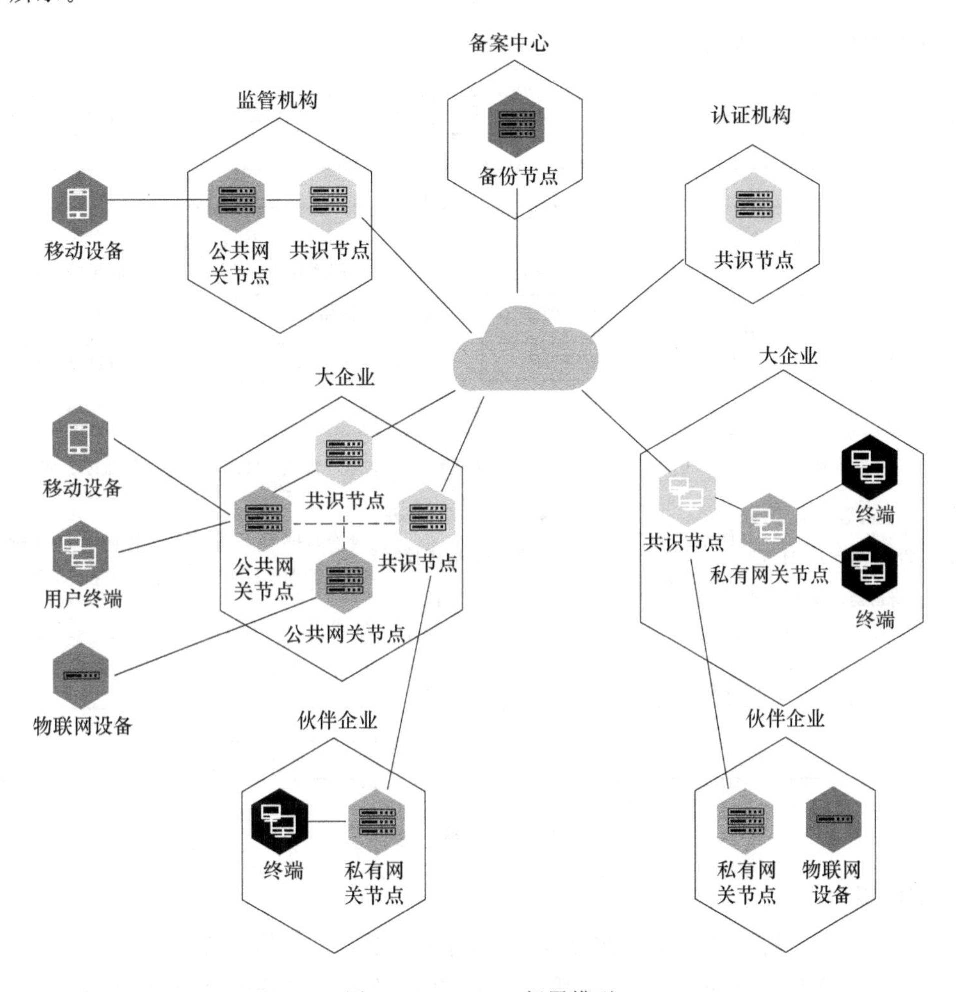

图 8-2　JD Chain 部署模型

JD Chain 通过节点实现信息之间的交互，不同类型的节点可以在同一物理服务器上部署运行。JD Chain 中定义了 3 种不同类型的节点。

- 客户端(client)节点：通过 JD Chain 的 SDK 进行区块链操作的上层应用。
- 网关(gateway)节点：提供网关服务的节点，用于连接客户端和共识节点。
- 共识(peer)节点：共识协议参与方，会产生一致性账本。不同规模企业的应用，部署方案会有较大区别，JD Chain 根据实际应用的不同规模，提供了面向中小型企业和大型企业的两种不同部署模型。

8.3　先进易用的企业级区块链服务平台 JD BaaS

区块链自从上升到国家层次后，越来越多的人关注和了解区块链，但复杂的搭建环境和繁琐的 SDK 集成使很多人望而却步。JD BaaS 就是为了解决这些痛点，把环境搭建 SDK 集成，降低区块链的入门难度，使越来越多的人可以亲身体验区块链。

8.3.1 系统架构

系统框架如图 8-3 所示。

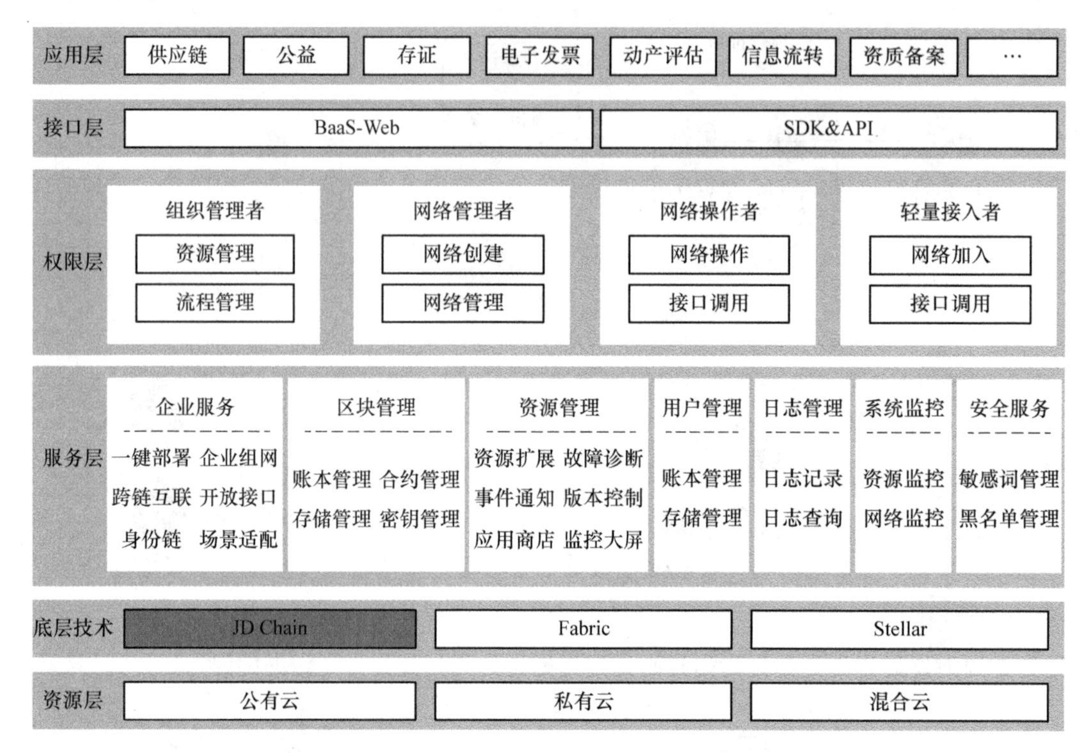

图 8-3 系统框架

1. 资源层

JD BaaS 平台支持企业级用户在公有云、私有云及混合云上协同部署区块链，这种跨云组网的能力使得联盟链部署更方便、更灵活，通过支持多种类型的基础资源，而非捆绑在特定云平台，可提高区块链应用项目中基础设施建设的多样性，避免资源的集中导致区块链去中心化特征的损失。

BaaS 平台基于容器编排工具调度资源，相比于裸机，具有分散调度、简化部署、提高资源利用率等优点；同时采用分布式存储作为区块链节点存储介质，支持海量数据，亦可动态划分节点持久化存储。

基于资源层的 3 种部署方式如图 8-4 所示。

(1) 公有云

个人及无 IT 建设能力的企业用户，他们可使用京东部署在公有云上的 BaaS 平台。在此平台上用户可以试用公共集群，亦可导入自己在任何资源上搭建的符合标准的自有集群，其相当于使用京东部署的公共 BaaS 平台代为托管。

(2) 私有云

有 IT 建设能力的企业用户，根据其业务需要，可将 BaaS 平台整体私有化，部署在企业私有云中，BaaS 组件及集群资源都由企业自己维护。基于私有平台搭建的区块链网络只能用于企业内部,并不能与其他 BaaS 平台共同组建联盟链。

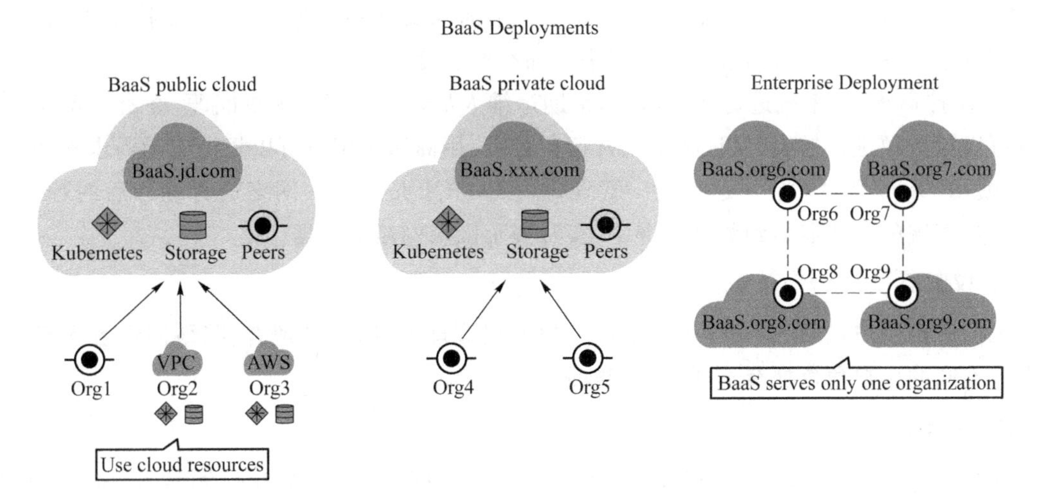

图 8-4　基于资源层的 3 种部署方式

(3) 企业联盟

为了能够与其他 BaaS 平台共同组建联盟链,BaaS 平台需要以企业联盟模式部署。在此模式下,各 BaaS 平台共享由京东公有 BaaS 平台维护的身份链及消息总线,企业独立维护的各 BaaS 平台基于身份链认证识别彼此的身份,通过消息总线传递邀请组网消息。各企业 BaaS 平台只需维系从属于联盟链中的自有区块链节点,而无须维护其他企业节点。

2. 底层技术

为满足企业对不同区块链底层技术的需要,JD BaaS 平台支持多种区块链技术底层,供企业根据业务场景自由选择,每种区块链底层技术都各有特点。JD Chain 作为京东自主研发的区块链底层,具备积木化定制、单链高性能等特点,适用于对上链交易比较频繁,要求比较高的高性能区块链的相关场景。

Hyperledger Fabric 作为开源的区块链分布式账本,在成员互信的基础上组成联盟链,支持 kafka 和 raft 共识,底层算法包括 ECDSA 和 SM2 算法,组网时根据不同的业务场景选择不同的共识和底层算法,以实现最优的解决方案。

Stellar 是一个基于区块链的支付协议,主要应用于金融交易场景。它旨在安全、流畅、高效地在不同用户之间进行在线转账交易。

3. 服务层

BaaS 平台依托底层区块链的支持,抽象封装了一系列服务模块,降低了区块链的使用门槛。总的来说,BaaS 平台提供的服务包括 3 类:企业服务、资源管理以及监控运维。

① 企业服务:主要帮助企业快速部署区块链技术,提供丰富功能,降低企业对区块链的入门门槛。用户可以通过一键部署来搭建简单网络并体验区块链,也可以通过企业组网的方式来搭建企业联盟,达到数据上链的目的。

② 资源管理:对 JD BaaS 平台中的用户及证书进行管理,用户可以查看证书、更新证书和下载证书,在证书即将到期时系统会通过邮件的方式通知用户更新证书,防止由于证书到期造成数据上链失败;账本管理和链码管理是指用户通过 BaaS 管理端对区块链网络进行账本的

创建和合约的安装;区块的存储分为 leveldb 和 couchdb 两种方式,leveldb 使用的是 KV 存储,查询速度快,但不支持富查询;couchdb 是一个面向文档的数据库系统,支持富查询,当区块数据量达到一定级别时通过创建索引来增加查询速度。

③ 监控运维:对系统进行实时监控,帮助运维人员及时发现并解决问题,在资源不够的情况下可以对资源进行扩展,保证系统正常运行;在应用商店中用户可以根据实际需求安装所需应用,使用 BaaS 平台对应用进行统一管理;监控大屏上是对区块网络进行统计后的数据,以一种更加直观的方式展示到数据大屏中,实时展示区块网络的数据。

4. 权限层

根据平台用户权限的不同,可将用户分为组织管理者、网络管理者、网络操作者和轻量接入者。不同的用户角色拥有不同的功能权限。

5. 接口层

为满足不同用户群体的差异化需求,BaaS 平台同时提供 Web 控制台及 SDK&API。Web 控制台适合业务型应用场景使用,对外 API 采用 openAPI 标准,并提供多语言版本 SDK,使外部系统可以快速、便捷地对接区块网络。

6. 应用层

企业或用户的各种应用,通过接口层与 BaaS 平台解耦,基于 JD BaaS 平台提供的丰富的服务接口,企业可以快速地把应用数据写到区块链。

8.3.2 平台特点

JD BaaS 的特点如图 8-5 所示。

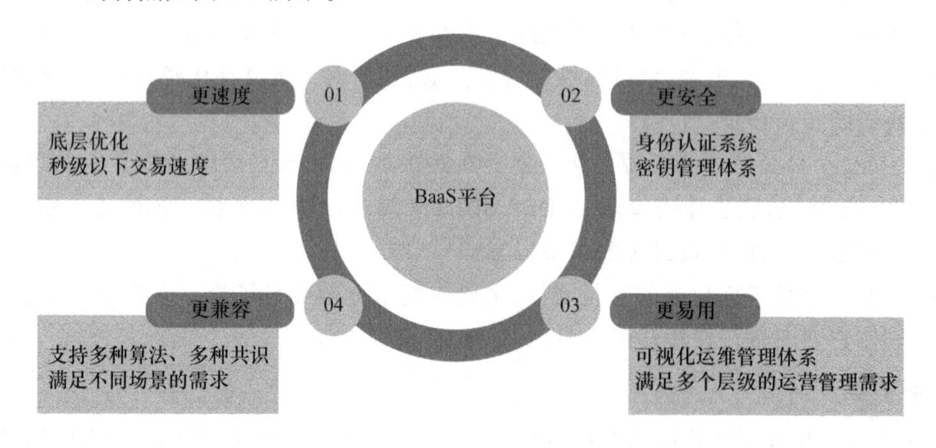

图 8-5 JD BaaS 的特点

经过几年产品打磨和技术沉淀,JD BaaS 具有多个特点。

1. 更速度

JD Chain 作为京东自研区块链底层,单链性能达到 2 万 TPS,多链协同 TPS 可达百万,适用于交易频繁、对数据上链要求比较高的场景。京东在 Hyperledger Fabric 源码的基础上进行底层共识出块优化,相比原生 Fabric 在性能上已经有了极大的提高,可以满足一般性的数据上链业务。

2. 更安全

自建身份链系统，身份更加透明，可防止密钥丢失。不同用户分配不同的使用权限，操作不同的功能，避免了对网络进行误操作，造成不必要的损失。通过接口的方式调用区块链服务时增加用户鉴权校验，只有鉴权通过后才能调用服务接口，鉴权使用的 token 也具有时效性，超出有效期后需要重新申请 token 进行鉴权。

3. 更易用

一键部署功能可以使用户快速地创建一个区块链网络，体验区块链。在实际应用区块链时用户按照组网引导可以快捷方便地创建一个联盟链，并邀请合作伙伴加入联盟中。

基于 prometheus 和 grafana 的可视化运维监控系统，可以使运维人员更好地监控资源和网络的运行情况，当出现报警时会第一时间通知到相应的人员。

经过统计整理后的数据通过电子大屏的形式，可以对整个区块链网络节点运行、交易和出块情况更加系统地、全面地展示出来。为减少服务的臃肿和不必要的资源浪费，部分功能以组件的形式放到应用商店中，用户可以根据需要选择安装所需的组件，实现对应的功能。用户也可以上传自己的应用组件，通过 BaaS 平台进行安装。

4. 更兼容

目前平台兼容 JD Chain、Hyperledger Fabric 和 Stellar 3 种区块链底层。根据业务场景的不同，在组建网络时应选择不同的底层。

Hyperledger Fabric 作为目前应用较广的联盟链，支持 kafka 和 raft 共识、国密和非国密签名算法，区块存储包含 leveldb 和 couchdb，可以满足在不同场景中的各种应用。

8.3.3　平台服务

在 BaaS 平台中，各层功能相对独立，每层内含组件各司其职，各层功能配合为企业提供优质服务。其中服务层是 BaaS 平台的核心，我们着重介绍 BaaS 平台特色服务。

1. 区块链组网

JD BaaS 平台根据区块链在实际使用中的问题，为企业提供了两种组网模式：一键组网以及企业组网。一键组网能够帮助开发者秒级启动私有链网络，且无须关心区块链具体如何实施，只需将关注点保持在其业务本身，降低了入门门槛。当在私有链网络中调试好业务逻辑时，企业组网模式帮助企业便捷地创建或加入生产环境的企业联盟链网络，实现业务与区块链网络快速对接。组网流程如图 8-6 所示。

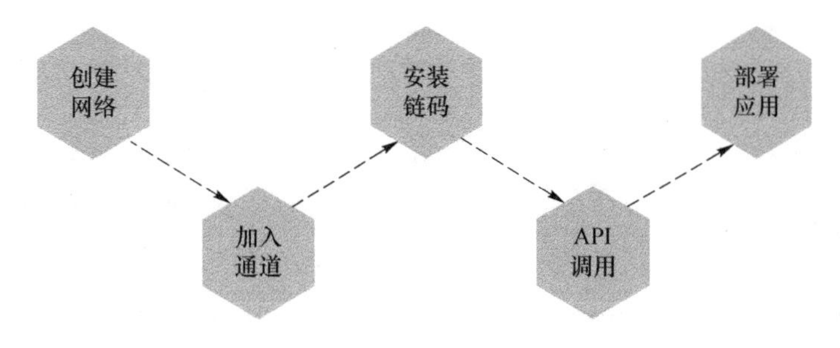

图 8-6　组网流程

JD BaaS 底层兼容 3 种方式组网：JD Chain、Hyperledger Fabric 和 Stellar。

2. 创建网络

企业组网时,选择邀请的用户和区块链底层,在参数界面进行配置。参数包括共识模式、底层协议版本、证书服务、数据库类型等,如图 8-7 所示。网络创建完成后,如图 8-8 所示,可以看到组网完成后的网络信息。

图 8-7　区块链网络创建

图 8-8　组网完成后的网络信息

3. 证书管理

创建网络后服务会自动创建节点证书和用户 admin 证书。用户可以在证书管理栏查看和下载组织节点证书和用户证书，由于证书具有时效性，所以证书失效之后将导致组织在网络中不能正常运行。通过证书更新功能在证书到期前对节点证书和用户证书进行更新，如图 8-9 所示。

区块链网络 >

网络状态　证书管理　账本管理　合约管理　应用管理

查询

archive

序号	证书名称	组织类型	证书类型	证书状态	创建时间	更新时间	操作
1	peer1	参与方	普通节点	正常	2022-05-24 11:26:57	2022-05-24 11:26:57	更新 下载
2	peer0	参与方	普通节点	正常	2022-05-24 11:26:57	2022-05-24 11:26:57	更新 下载
3	Admin	参与方	用户	正常	2022-05-24 11:26:57	2022-05-24 11:26:57	更新 下载 删除
4	baasadminaaorderer	参与方	共识节点	正常	2022-05-24 11:26:57	2022-05-24 11:26:57	更新 下载
5	Admin	发起方	用户	正常	2022-05-24 11:26:45	2022-05-24 11:26:45	更新 下载 删除
6	orderer	发起方	共识节点	正常	2022-05-24 11:26:45	2022-05-24 11:26:45	更新 下载

图 8-9　企业组网

用户申请新的证书时单击“申请证书”按钮，弹出申请证书的界面，如图 8-10 所示，填写证书名称和证书密码，确定后申请。申请用户证书后可以使用申请的用户证书进行交易、查询等操作。

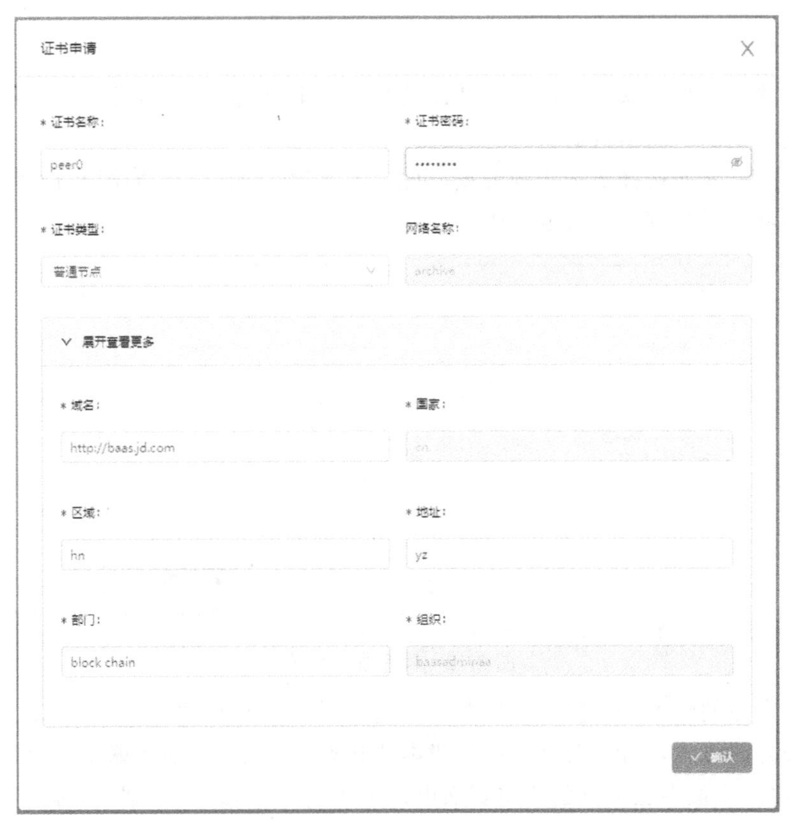

图 8-10　证书管理

4. 账本管理

如图 8-11 所示，用户创建数据账本，在创建账本时可以邀请其他用户加入。写入账本名称，选择加入账本的节点，单击“确定”来创建账本。节点在账本创建成功后，会根据选择的节点自动加入当前账本中。如果在创建账本时邀请了其他用户，则在账本创建成功后，会给相关联的用户发送消息。

图 8-11　账本创建

被邀请者接收到加入账本的消息，在“邀请我的账本”里会显示邀请账本的名称和创建者，单击“概览”跳转到加入账本页面。

在“账本详情”界面选择要加入的节点，单击“同意”加入账本中，如图 8-12 所示；如果不想加入，单击“拒绝”按钮，则不加入账本中。

图 8-12　同意加入账本

对于已经存在的账本，通过申请，待账本创建者同意后加入，如图 8-13 所示。

选择要公开的账本，单击“公开”按钮，账本的状态变成公开，说明账本已经对网络中的成员公开，网络中的成员在已公开的账本页面申请加入公开的账本，申请后，等待账本创建者同意加入后，申请者即可进行加入操作。

图 8-13　同意加入申请

账本创建者单击“准入”按钮查看申请列表，如图 8-14 所示。

图 8-14　同意申请

5. 合约管理

如图 8-15 所示，在安装合约时选择要安装合约的账本、安装合约的用户、节点、合约名称、合约版本、合约参数和合约文件进行安装。安装成功后通过操作对合约进行简单的交易和查询验证。

图 8-15　合约上传

合约安装成功后，在合约列表中单击“操作”按钮，弹出合约测试窗口，输入参数，单击“调用”或“查询”进行合约验证。如图 8-16 所示，调用是执行上链操作，查询是执行查询操作。

图 8-16　合约调用

创建合约是邀请其他组织成员，在链码创建成功后，会向组织成员发送邀请消息。受邀者在“我的链码”中单击“安装”。同意后将安装链码，参与合约，如图 8-17 所示；拒绝后将不再显示，也不参与合约操作。

图 8-17　同意合约邀请

对合约公开后，加入相同账本的用户都可以查看到，并通过申请方式安装该合约。

已经存在的合约通过申请的方式进行安装，提交申请后，等待合约创建者同意，如图 8-18

所示，进行合约安装，此时只需选择安装节点即可，其他参数会默认为已有的参数。

合约信息

序号	申请人	申请人公司	操作

暂无数据

网络名称	fabrictest11
账本名称	ledgertest
合约名称	contracttwo
合约版本	1.0.0

图 8-18　合约申请准入

6. 合约 IDE

应用数据的上链离不开智能合约，常规做法需要专业的人士搭建 IDE 并安装环境后，把开发的智能合约上传到平台进行安装。为解决这一问题，JD BaaS 新增合约 IDE 功能，用户可以直接在平台进行合约的开发，开发完成后直接进行安装，开发过程和本地开发没有任何不同。目前 IDE 已经满足 Go 和 Java 语言的开发条件，后期将适配更多的语言，以满足开发者的需求。

7. 应用商店

应用商店本着即装即用的原则，把一些常用的工具以组件化的模式添加到其中，用户根据需要有选择性地安装，达到以最少的资源实现更完善的目的。目前应用商店中已经上线的应用包含跨链组件、分布式存储和敏感词管理。

（1）跨链组件

中继网络将原始链区块数据存储到跨链组件中，跨链组件返回区块对应的地址，中继网络将原始链区块数据和区块数据对应的地址发送给目标链，目标链收到原始链区块数据和区块数据对应的地址时，对原始链区块数据进行校验，校验通过后目标链通过中继网络查询同步跨链组件中的原始链数据。

（2）分布式存储

在日常数据上链过程中，需要把一些文本、视频或图片等一起保存，由于这些文件体积大、上链时间长，所以通常都是将文件取哈希值后，把哈希值存储到链上。用户把文件上传后，把收到的哈希值写到区块链上，需要查看文件时，只需根据哈希值和文件名从存储中获取文件即可。

文件的存储除了提供在 BaaS 界面上传、下载文件外，区块链服务也提供上传、下载文件的接口，方便应用在对接时需要对文件进行上传、下载操作。

文件上传界面如图 8-19 所示。

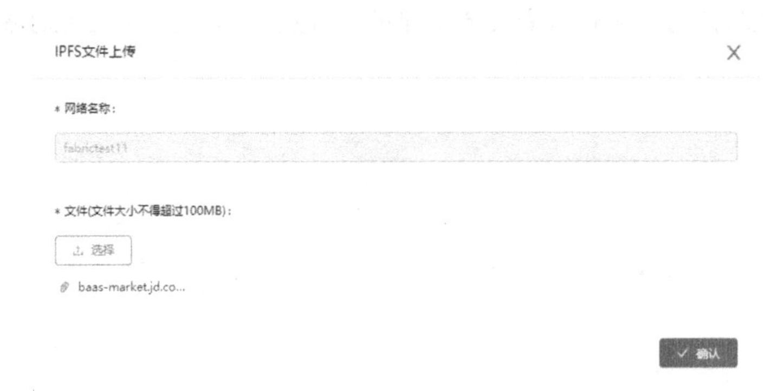

图 8-19　文件上传

上传后的文件列表如图 8-20 所示。

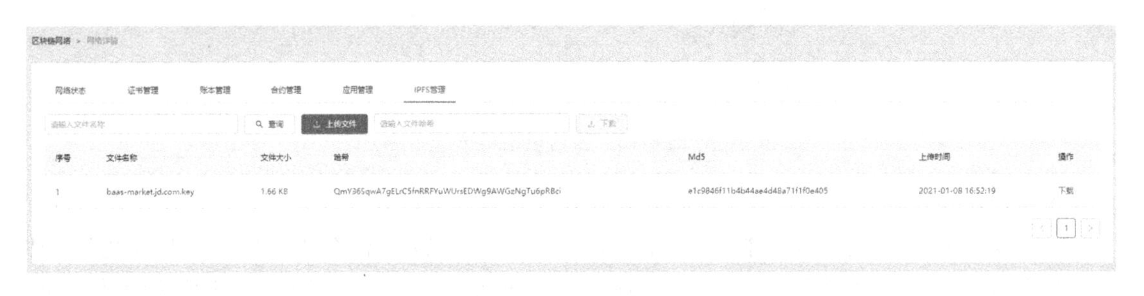

图 8-20　查看上传

（3）敏感词管理

为保证上链的数据可靠性，需要在数据上链前对其进行过滤，在查询时，对已经上链的脏数据进行过滤。网络创建者安装敏感词组件后，可以新增过滤敏感词功能，对敏感词进行时效性管理；数据上链时提交敏感词拦截次数和上链的组织；已经上链的脏数据被调用的次数达到 100 次之后，将被拉入黑名单。为完善对敏感词的管理，还可新增上报功能，用户可以提交举报，网络创建者根据举报内容把敏感词添加到敏感词列表中，如图 8-21 所示。

图 8-21　敏感词管理

8. 可视化监控大屏

通过监控大屏可以更直观地了解区块链网络运行的网络和节点状态、上链数据和主机资源的使用情况。监控大屏可实时刷新数据，动态展示上链数据，对上链数据按照月、年进行统计并展示总的上链数据量。

9. 身份链

如图 8-22 所示，身份链是基于区块链的身份认证系统，去中心化地认证 BaaS 用户，为用户和区块链节点背书。身份链的目标不是替换传统的 PKI 认证系统，相反身份链是传统体系的信任增强，"PKI＋区块链＝可信身份"，同时也能够解决传统 CA 根密钥丢失、被盗等导致的灾难性后果。通过身份链，可将身份管理做到透明可信，任何接入 BaaS 平台的企业及开发者都能验证平台内其他用户的身份，从而提升信任。

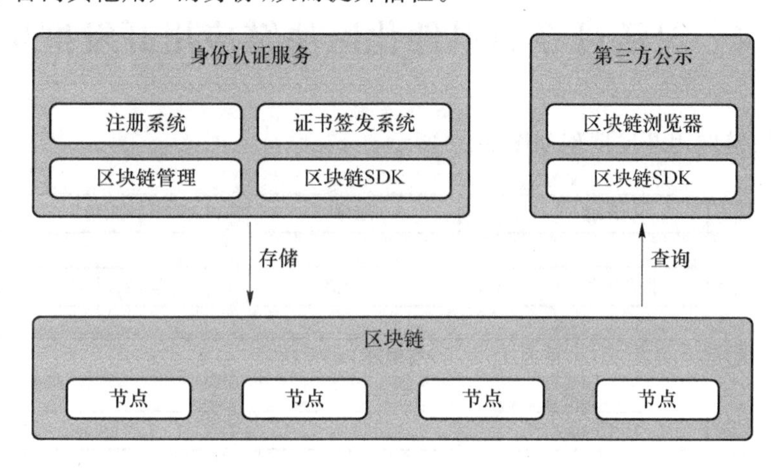

图 8-22　身份链结构图

10. 密钥管理

密钥管理对所有服务平台都是较敏感的话题，如何保障数据的安全是个永恒的课题。BaaS 平台密钥管理从 3 个方面保证用户数据的安全。

- 信道安全：在密钥传输的过程中，API 接口强制 SSL/TLS 双向认证，最大限度地保证了传输信道的安全。
- 访问安全：提供完善的访问控制策略，被策略阻挡的操作一律禁止访问，而且每一次操作都会有相应的访问令牌，令牌过期或无效都会拒绝访问，全方位地保障数据访问安全。
- 存储安全：拥有完整的数据加密体系，根私钥通过密匙分发技术分发成 N 份，而需要 M 份（$N \geqslant M$）才可以解锁数据。即便数据被脱库，违法者得到的也只是加密后的数据，除非数据与 M 份密钥一同丢失。

11. 面向业务的数据浏览

主流的区块链底层技术都提供面向区块的浏览器，在数据的展示上，更多的是呈现原始数据，很难与具体的应用关联起来。平台提供自研的应用浏览器（以下简称 ChainEye），ChainEye 通过支持在智能合约中内置数据展现样式，提供全网统一的、不可篡改的、符合业务规范和习惯的应用数据展现功能。其核心内容是智能合约描述规约，规约内容涵盖智能合约数据定义、行为定义和展现定义，这些规约内容是任何项目使用 ChainEye 支持应用数据展现所必备的。智能合约规约的应用不仅局限在应用数据展现，规约本身也是业务的抽象表达。通过借助配套的辅助开发工具，能够提升智能合约的抽象层次和业务亲和性，简化智能合约代码及客户端代码的开发。

8.3.4 未来目标

未来 JD BaaS 将在跨链交易、数据隐私、共识算法及签名算法的软、硬件国密算法上做更深入的集成，在性能上适应高频交易场景，全面实现功能的组件化，建立起完整的区块链生态平台。

8.4 灵活可靠的组件化区块链应用开发框架

组件化区块链应用开发框架如图 8-23 所示。

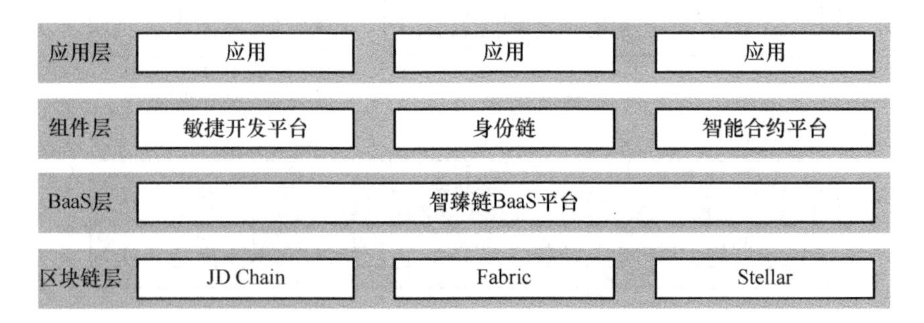

图 8-23 组件化区块链应用开发架构

应用如何与区块链更简单、更快地结合，这在业务开发中是一个现实问题，京东在应用研发过程中通过敏捷开发平台、身份链、智能合约平台来解决。

1. 敏捷开发平台

敏捷开发平台提供在线数据建模、可视界面配置、服务端代码生成等功能。

常见的应用研发一般分为可视化界面、控制层、业务处理层、存储层，当技术方案设计完成后，我们一般开始编写相应的代码，其实完全可以通过业务模型自动生成通用的前后端代码，敏捷开发平台正是解决该问题的组件。

首先研发人员根据业务需要完成业务字段配置，其过程与创建表结构类似；其次基于已经配置的字段进行可视化界面配置，其中包含列表、查询、新增、编辑、删除等基本功能；再次进行智能合约建模以及其他必须的配置；最后根据配置信息生成前后端代码以及调 用 JD BaaS 初始化智能合约，至此就完成了业务应用与区块链的结合，下一步就是根据自己的业务逻辑对代码进行修改，完成最终的功能模块。

2. 身份链

基于 DID 的身份链，提供用户注册、个人实名、企业实名、证书申请、扫码登录等功能。

区块链目前在市场应用层面仍旧处于初级阶段，即通过同一个区块链身份将数据结构化上链存储，链外公开或权限控制地查看。

（1）确保参与者链上身份的独立性

公有链会通过区块链钱包为每一个参与者管理一个独立的区块链身份，这个身份是基于区块链非对称加密算法生成的，具备安全性、可验证性以及匿名性。但是目前的市场主要还是以联盟链为主，例如政府机构、银行、国企事业单位、传统民营企业等。在联盟链中实现一个面向 C 端的钱包并不困难，生成秘钥对、创建账户、托管秘钥或者不托管，这些已经是较成熟的产品方案。所以“同一个区块链身份”的问题很容易通过现有方案解决，让每一个联盟链中的参与者都可以拥有一个独立的区块链身份。身份链系统包含区块链钱包的功能，用于解决 C 端独立身份的问题。

（2）确保上链数据的区分性、必然性和公开性

很多客户在经历了为时不久的“数据上链”需求之后，日益重视上链数据的区分性、必然性、公开性，公开性也被称作数据拥有者管理。

首先，上链数据的区分性。链上的数据有什么不同？或者还包含数据隔离的技术问题。链上的数据包含两类，一类是以区块为单位的日志数据，另一类是以智能合约管理的状态数据。通常情况下，对于提出这个问题的业务方来说，日志数据只是为了展示，状态数据是为了存储，而由于状态数据的状态可变性，这个存储用起来与 MySQL 无异，甚至还比不上它的处理速度。

其次，上链数据的必然性。哪些数据应该上链？哪些数据不适合上链？区块链是一个集网络、共识、存储、身份等多种技术于一身的综合技术，不适合那些静态的文件类存储，例如保存一篇文章、一部电影等。相对应地，那些会被动态影响的、多方协作的、零散的、流程类的、具备审计功能的数据是适合放在区块链上的。前者空占宝贵的区块链资源，同时相对于其他文件存储服务，使用起来也并不方便。后者占用空间少，但涉及用户广泛，数据零散导致传统手段难于管理，数据调用次数多等问题，同时最重要的是，数据的语义性不强。

最后，上链数据的公开性。上链以后的数据是否公开？如不公开，如何通过权限来管理？这个需求是业务方经常提到的，通常的方案是将敏感信息通过对称、哈希、非对称加密等一系列操作上链。这种方案可以将语义性强的数据处理为语义性弱的数据并上链存储。这也尊崇了区块链的匿名特质。不把敏感信息上链，所有数据都是公开的，就从根本上避免了这个问题。

身份链系统独立占用一条链，流转的数据只有匿名的、可证明的声明数据。身份链中的身份可以申请并拥有这个声明，或者授权他人验证该声明。同时身份链的身份还可以作为声明的使用方，征求声明拥有者的同意来验证该声明。可验证声明数据包含两部分内容，一部分是链上鉴权信息，另一部分是链外验证信息。链上鉴权信息包含声明创建时间、版本、状态、签名等，符合 DID 以及 CA 标准。另一部分是链外验证信息，包含声明类型、发证方身份、有效期、编号、第三方 ID、算法等。用户的数据由发证方链外持有，不会上链；上链的是发证方的背书，而这个背书是可公开的，但使用必须经过用户授权。

3. 智能合约开发组件——智能合约平台

智能合约平台提供智能合约在线建模，选择区块链底层生成相应的智能合约。

区块链业务的需求不会永远停留在简单的数据上链。通过智能合约灵活地管理、验证、处理、监控状态数据，就是一个必然选项。面对多变的业务需求，一套统一的、功能齐全的智能合约开发平台应运而生。功能齐全体现在该平台上众多强大的智能合约模板。这些模板向上兼容，可以帮助用户快速自定义并构建某一特定领域的智能合约，并提供了便捷的访问接口。同

时，这些模板也向下兼容，模板可以被编译成不同版本，可以支持多种区块链虚拟机，让构建于不同底层区块链的应用都可以通过智能合约开发平台构建合约。最后，由于行业属性较强，所以智能合约模板本身也是一个开放社区，各行各业的开发者、设计者均可以提供需求或者直接提供模板代码，作为贡献者，赚取丰厚的奖励。

应对不同的数据类型，智能合约开发平台提供数据结构化模板。用户可以在不了解程序开发的情况下完成对于自身需要的数据结构的定义。

应对各种虚拟资产类业务，例如银行业务、供应链金融、信用变现、游戏装备、专利版权等，智能合约平台提供数字资产模板，用户可以自定义数字资产的类型、发行量、使用场景、抵押、审计、退出等内容，完成对于线下资产的上链流转。资产的流转由线下转到区块链，抵押、审计等曾经最容易出问题的环节都交由智能合约来处理，将大大地降低金融风险，提高债权人的利益保障。

应对不同的组织结构，同时兼顾数据隔离安全性，智能合约平台提供组织模板。运营者可以申请创建组织，获得组织秘钥，添加组织成员，也可以申请加入其他组织。数据在组织内共享，一旦退出组织，就无法再查看该组织的数据内容。该模板完成了对于组织范畴的需求处理，用户通过该模板即可创建一系列智能合约，对接自己的 OA 系统。

对接 OA 系统，除了组织模板以外，智能合约平台还提供了流程类模板，支持工作流、审批流等常用流程结构，运营者通过配置流程节点、审批人等操作可以快速构建并发布一个智能合约流程，例如请假流程。终端用户可以直接使用该运营者通过模板创建的智能合约发起一条自己的请假流程。

除此之外，智能合约开发平台还提供很多系统合约、便捷工具、组件，以方便运营者对自己的智能合约进行修改配置、功能拓展。

3 个系统集成在一起完成系统身份验证、业务处理，数据上链功能非常方便、快速地解决了应用上链的问题。

本章参考文献

[1] 京东数科. 2020 京东区块链技术实践白皮书[Z]. 2021.

第9章 京东区块链主要应用场景

随着区块链技术与业务场景应用的紧密结合，区块链赋能实体经济的发展已经不仅是一个热门话题，也正在方方面面用实际案例重塑着实体经济的面貌。京东数科从自身生态应用出发，提出从可信供应链到数字金融的区块链实践路径，并以可创造持续价值的判断标准出发，打造了一系列经典的标杆案例和典型应用。区块链防伪追溯通过打通供应链上下游全程物流和质量信息，实现了供应链在物理层面的透明化、高可信，成为数字化供应链转型的可信基石。区块链供应链金融通过打通供应链上下游全程交易和风控信息，实现供应链金融资产的透明化、高可信，成为数字化供应链金融的可靠保障。区块链资产证券化在供应链金融的基础上，进一步推进了金融资产证券化发行和存续期管理的透明化，从可信供应链到数字金融，技术赋能效能凸显。区块链数字存证从司法层面提供了证据保全、验证的有效方法，以一种成本极低、效能极高的方式为金融业务流程的真实性提供背书。基于区块链数字存证的电子合同，进一步解决了传统纸质合同签署耗时、费力、成本高的问题。大量的局部实践拼凑出一幅从可信供应链到数字金融的恢宏画卷，而实体经济的转型升级和飞速发展，也在这一过程中被区块链推进着，奔涌向前。

9.1 品质溯源

在我国，商品追溯是不断提升人民生活水平和消费升级的必然要求，也是企业优化供应链管理水平，提升品牌竞争力的必经之路，更是我国强化全过程质量安全管理与风险控制的有效措施。随着我国居民消费水平的全面提升，人们对农产品、婴幼儿奶粉、生鲜、保健品等食品及其他重要产品的安全性、信息透明性、查询便捷性提出了更高的要求。然而，在现实生活中，我国消费者又面临着线上线下商品种类极大丰富、商品宣传五花八门、商品品质鱼龙混杂的现状，哪些商品才是安全、健康、放心的品质商品？这是摆在消费者面前亟待解决的问题。消费者迫切需要一个真实、可靠、可信的机制来给商品选购提供有力依据。

在企业端，商家面临着激烈的同行竞争，品质溯源可以帮助商家打造差异化竞争优势。一方面，品牌需要打出差异化的商品策略，将企业自身在商品销售上的所有努力，如食品的原材料甄选、生鲜动物的精心饲喂、农产品的科学种植、特殊仓储、冷链运输等过程，通过有效生动的方式精准触达消费者，以提升品牌形象和竞争力；另一方面，企业还面临着如何对供应链进行有效管控和如何降本增效的问题，企业往往有多个商品销售渠道、多样化的定价策略，如何杜绝个别经销商恶意窜货牟取私利，确保市场反馈数据的准确性？追溯系统的建立可以帮助企业更好地管理供应链，有效地打通生产、加工、仓储、分销、物流、零售等全流程数据，加强渠道管控，降本增效，提高企业的核心竞争力。传统的追溯系统使用的是中心化数据存储模式，在这种模式下，谁作为中心维护账本记录将变成关键问题。无论是源头企业保存信息或是渠道商、经销商保存信息，由于他们都是流转链条上的利益相关方，当账本信息对相关方不利时，即存在账本被篡改的风险，从而使溯源信息失效。因此，传统的追溯系统无论是信息的安全问题，还是流转记录的保护措施，都无法得到人们的完全信任。追溯体系建设是我国监管机构强化全过程质量安全管理与风险控制的有效措施。追溯采集并记录产品生产、流通、消费等环节信息，能够实现来源可查、去向可追、责任可究，一旦发现问题，能够根据溯源信息进行有效的控制和召回，从源头上保障消费者的合法权益。

9.1.1 区块链追溯服务价值量化

区块链追溯在全球目前处于早期发展阶段，对于为何采纳这项技术，它能带来哪些收益，品牌商和供应链上下游企业有待达成共识。在此背景下，京东联合中欧国际工商学院中欧-普洛斯供应链与服务创新中心，历时一年，对京东采纳区块链追溯服务的品牌商进行深度访谈，结合京东线上消费者的消费行为数据，首次以科研课题报告形式对区块链追溯的价值进行了深入研究。2020 年 3 月，双方共同正式对外发布了《2020 区块链溯源服务创新及应用报告》[1]，分析了影响和阻碍与区块链防伪追溯服务采纳相关的若干因素，并对区块链追溯服务的应用价值进行了论证。

调研团队针对采纳智臻链防伪追溯平台服务超一年的 8 家品牌商，通过实地走访、电话访谈等方式进行了调查研究，定性地分析了品牌商对区块链追溯服务的实际使用反馈和价值感知。调研品牌涵盖了母婴奶粉、食品粮油、海产生鲜、中外名酒和营养保健五大品类，受访者主要以企业中高层管理者为主，包含新零售供应链经理、品控总监等。调研显示，通过采纳区块链追溯服务，品牌商在品质管理和市场认同方面实现了价值提升：在品质管理方面，由于需要将更多的供应链信息开放给平台和消费者，所以在一定程度上强化了品牌商的管控意识，倒逼企业内部品控和管理水平的提升；在市场认同方面，京东商城品质溯源的露出让产品的浏览和关注度提升，通过全链路可视化追溯数据的展示，提升了消费者的信任和黏性，树立了品牌的品质正品形象。

为了通过量化数据来定量地论证区块链追溯服务对品牌产品销售的影响，团队选择了母婴奶粉、美容护肤、海产生鲜和营养保健 4 个品类中 120 个品牌的 495 个 SKU 作为分析对象，其中包括 97 个上线区块链追溯服务的 SKU、398 个同品牌/竞品的对照组 SKU。运用固定效应和交互固定效应模型，在纵向数据的时间维度上，以每个 SKU 的追溯上线周为事件实际发生的时间点，截取时间点前后 40 周消费数据，测量的具体变量包括：产品销量和客户的购买行为指标（访问量、加购量、复购率、退货率等），证实了区块链防伪追溯服务对于产品销量和品牌复购率的正面影响；营养保健和母婴奶粉类产品的销量相对提升了 29.4％和 10.0％；海产生鲜、营养保健、母婴奶粉和美容护肤类产品的品牌复购率相对提升了 47.5％、44.8％、6.8％和 5.2％；对于海产生鲜类产品，在上线追溯服务的同时，千里眼视频助力产品销量相对提升了 77.4％。

9.1.2　零售供应链可视化的基石

使用区块链技术来实施商品追溯，是供应链行业多主体参与、跨时空流转的客观特点要求。纵观商品在供应链全流程流转的管理特点，需要在原料商、品牌商、生产商、渠道商、零售商、物流服务商、售后服务商、第三方检测机构，乃至对应的政府监管部门间建立高效、互信、安全的追溯信息管理体系和数据应用体系，而这正是区块链联盟链技术的用武之地。

通过区块链技术加持的追溯系统和传统追溯系统大不相同，它能很好地利用区块链技术的特点，根除传统追溯系统存在的不足和弊端，从而真正解决社会大众的信任问题。区块链技术能够整合多个交易主体的共识机制、分布式数据存储、点对点传输和加密算法等多项技术特点，提供一个多主体间信息快捷同步、块链式存储、信息极难篡改的理想可信信息管理解决方案。

具体来说，区块链在供应链追溯方面的应用将带来以下几个方面的显著价值。

1. 串联供应链主体，打造技术信任基石

供应链中由于涉及的主体众多，主体之间的合作信任问题在原有中心化的形式下一直无法得到有效的解决，通过区块链技术将生产商、经销商、物流服务商、零售商、政府监管机构、检测机构等建立联盟网络，整个网络中的联盟成员形成共识机制，当数据写入区块链中后，自动完成各节点同步，数据一旦上链后无法单方面篡改，从而大大地降低了数据在传递过程中被人为干预的可能，在技术层面上建立了互信机制，为供应链中各主体之间的合作提供了信任的基石。

2. 加快信息流转，提供企业决策依据

在供应链管理中，“牛鞭效应”一直是困扰供应链运作的一大难题，即当供应链由多个环节组成的时候，下游的波动传递到上游是会逐渐变大的。通过区块链联盟网络，数据写入区块链中，各节点自动完成数据同步，所有节点中储存的数据信息完全一致，从而可以有效地消除信息不对称的问题，为供应链上下游企业的决策提供有效的依据。

3. 降低追责难度，助力政府监管

政府监管部门作为区块链联盟链中的一个监管节点，可同步获取到各主体写入区块链中的数据，一旦发生问题，可以快速地定位问题来源，查看问题涉及产品的去向，快速启动应急处理措施，避免事件的进一步扩大。通过区块链的数据来源，还可以快速地找到出现问题的责任方，进行相应的管理，从而以快速有效的技术方式实现消费品的安全管控，保障消费者的合法权益，助力国家质量管控体系的建设。

4. 传递信用价值，提升企业融资效率

供应链金融主要围绕核心企业为上下游的中小企业提供融资的诉求，通过供应链系统信息、资源等的有效传递，实现供应链上各企业的共同发展和持续运营。在原有模式下，除与核心企业关系密切的一二级企业，其他企业很难进行信用的传递，通过区块链联盟网络，在整个供应链中的各企业信息完全保持一致，从而大大地提升了中小企业信用的评定依据，也为中小企业的融资提供了更好的信任基础。

9.1.3　构建标准化追溯服务体系

京东作为中国领先的以技术为核心驱动的企业，致力于成为领先的以供应链为基础的技术与服务提供商，其尖端的零售基础设施使消费者可以随时随地购买所需的任何商品，更是倾力为消费者提供安全、健康、优质的商品及服务，倡导崇尚健康、科学消费的生活理念。近年来，京东为了保证服务品质作出了巨大努力。京东通过全面升级“防伪追溯”进一步夯实商品品质长城，推动智能化系统升级，不断提升商品准入标准，确保商品品质管理标准和效率，让消费者安心畅购全球好物。京东具备业内领先的现代化供应链、物流基础设施和服务能力，数字化的供应链使得上链信息采集的边际成本极低，构建了成熟的追溯信息管理体系和数据应用体系。

1. 全流程追溯

京东联合品牌商、检测机构、政府监管部门等共同打造了全流程的智臻链防伪追溯平台。商品从原材料开始进行来源信息记录，品牌上传原料信息、生产加工信息等源头信息，检测机构维护其检测检验信息，京东物流记录仓储运输信息、快递运输信息，商家发送消费者订单信息，以上这些由不同相关主体记录并维护的信息均写入智臻链防伪追溯平台，实现商品从原材料到消费者手中的全流程信息追溯，通过智臻链防伪追溯平台实现数据在联盟链成员间的共享，建立科技互信机制，保证数据的不可篡改性和隐私保护性。消费者通过扫描商品追溯二维码或 RFID 可以直接获取商品的全流程追溯信息，营造了放心可靠的购物环境。

2. 智能供应链

商品在供应链中的全流程信息记录，有效地补全了供应链的基础数据，为智能供应链的智能化决策提供了更完备的数据基础。通过商品的流转数据、京东的仓储物流数据和销售数据，结合大数据分析，上下游企业间信息快速传递形成分析结果。上下游企业可以合理地进行资源的分配，避免不必要的浪费。结合市场情况，智能供应链对采购、生产、仓储、物流、定价、促销等供应链中的决策起到有效的支撑作用。

3. 防伪追溯

智臻链防伪追溯平台将各联盟主体上传的数据写入区块链网络，结合物理防伪标签、RFID、AI 识别等方式，形成完整的防伪追溯体系。在智臻链防伪追溯平台申请追溯码，并为每一件商品赋予追溯码，将实物商品与数字码结合，通过追溯码查询次数、芯片比对、AI 识别验证等方式进行假货识别和预警，同时将记录在区块链中的溯源信息对消费者进行展示，让消费者在简单完成商品真伪验证的同时，获取到商品从原料开始的全生命周期的过程信息，做到真正的防伪追溯。

4. 可信检测

智臻链防伪追溯平台通过与权威的检测机构合作，在商品生产加工后，生产企业将商品送至专业检测机构进行检测，检测机构根据商品的送检批次、追溯码等数字标识，直接将检测结果同步到智臻链防伪追溯平台，并最终作为消费者查询追溯信息的组成部分，将真实的检测结果直接展示在消费者面前。检测结果通过区块链平台自动完成品牌方、零售方、监管部门等参与方的信息同步，确保数据不可篡改，一旦出现问题可以快速定责。

5. 直播触达

智臻链防伪追溯平台除本身已有的数据、图片等采集方式外，结合京东购物平台，在消费者购物过程中，结合视频技术，为消费者呈现原产地直播/录播视频，让消费者可更加直观地看到自己所购商品的生长环境、加工过程、检测过程等。除了购买后的商品溯源信息外，也能通过直播视频在购买的过程中事前进行商品品质的判断，增加消费者对商品及品牌的信赖程度。

6. 数字营销

基于消费者扫码访问，结合大数据分析结果，对扫码用户进行用户分析，形成用户画像，实现精准的数字营销。通过扫码页面实现优惠券领取、红包发放、积分发放，让消费者在了解商品追溯信息的同时获得更多的商家活动及优惠信息，从而促成再次购买。另外，在扫码页面根据所购商品类型进行内容的投放，如菜谱、使用说明、维护说明等，让消费者充分了解自己所购商品的各类属性。面向不同类型的消费者，还可以对其进行定向调研，通过用户反馈进行商品及服务优化，提升产品及服务体验。

7. 模式创新

基于区块链防伪追溯体系中的品牌商、经销商、供应商、仓储物流企业、检测机构、消费者等全流程的参与主体，通过长期的合作运营，逐渐建立信用体系，在整体供应链链条中，上下游间的信用记录清晰透明，从而建立更加良性的合作基础，让合作企业清晰地获知合作伙伴的信用情况，降低合作的信任壁垒。消费者也可以对所购商品品牌、流通状况，整个供应链条中的参与企业拥有更加清晰的认知。企业也可以识别消费者对品牌的信赖程度，从而更好地做出决策。

9.1.4　服务数十个供应链追溯场景

京东集团自2016年开始进行区块链应用的研究，商品防伪追溯作为京东第一个区块链大规模落地的应用场景，已经应用于多个品类领域。京东仓配一体化的电商模式，使京东与上游供应商间建立了更加紧密的合作关系，也让其在“区块链＋防伪追溯”的应用上具备了“先天优势”。截至2020年第三季度，京东智臻链防伪追溯平台作为供应链追溯的全球领先应用，已合作超1 000家品牌商，落链数据超10亿级，消费者“品质溯源”查询次数超750万次，覆盖生鲜、农业、母婴、酒类、美妆、二手商品、奢侈品、跨境商品、医药、商超与便利店等数十个丰富的业务场景。

1. 食品追溯(乳制品、生鲜、农业、保健品等)

食品安全一直是备受关注的社会热点话题，如何进一步加强食品安全也是目前政府的发展重点之一。病从口入，如何保障食品安全成为消费者关心的话题，快速、精准的食品追溯或将成为食品行业的标配。随着区块链、云计算、物联网等新技术的发展，建设食品安全全程信息追溯系统成为监管食品安全的新途径。

以乳制品为例，尤其是婴幼儿奶粉，在婴幼儿成长中需要营养的关键阶段，奶粉来源及品质受到妈妈们的高度重视，也是政府食品安全监管的重中之重。早在多年以前，惠氏、雀巢、伊利等众多行业知名乳制品企业纷纷建立了自己的防伪追溯系统，在每一罐奶粉罐底附贴二维码，消费者扫码即可查询到奶粉原产地、生产加工信息。但这对满足消费者购买信心、品牌商供应链全程管控，以及政府高效智慧监管仍然不够，亟须能够覆盖经销、仓储、配送、消费者触达，甚至售后逆向管控的供应链全程追溯。京东零售作为中国领先的以技术为核心驱动的企业，具备自营闭环的仓储、物流、消费者售前宣传及售后服务的优势，始终坚持正品理念，在区块链分布式存储、多方共识、加密共享、不可篡改特性的加持下，与品牌商优势互补，共建、共治、共享智臻链防伪追溯平台生态。平台通过赋予每一罐奶粉“独一无二”的数字身份证，串联乳制品品牌生产商、仓储、物流、经销商到消费者的全过程信息，通过区块链联盟链账本的形式在多主体中加密共享，消费者收到货后通过一键扫码，可清晰地看到这罐奶粉的“前世今生”。奶源地、生产时间、生产批次、保质期、国外出关、报关报检、国内仓储、销售时间、出库仓库、出库信息、收货信息等一系列详尽的资料，如同亲历全过程，大幅地提高了用户购物体验。品牌商也因为全程信息的串联和共享，提升了供应链效率，为营销决策提供了脱敏后的数据依据。

智臻链防伪追溯平台除了支持一物一码区块链全程追溯管理外，还支持通过直播视频的形式，让消费者更加直观地查看产品的原产地、生长环境、生产全过程等，对产品从哪里来、如何来进行多方位的阐释。以生鲜品类为例，通过“千里眼”直播，在海参海域及车间架设 24 小时不间断直播摄像头，将“育种、育苗、养殖、加工”各阶段生产画面和信息通过直播展现在京东商城的商品详情页，消费者在购买前就能够清晰地看到海参的生长、生产环境和过程，更加了解产品，在一定程度上打消了消费者对海参产地、养殖等方面的疑虑，从而提高了购买和复购意愿。另外从品牌商角度，通过将全程养殖、加工过程面向消费者透明开放，反向推动内部品控管理标准化、规范化，以及培训和实施能力的加速提升，对公司长远客户价值提供起到了很好的助推作用。

京东零售致力于为消费者提供放心安全的健康食品，京东与企业联合共建区块链食品追溯体系，将食品原材料信息、生产加工信息、仓储物流信息、检验检疫信息、交易信息等整合记录在区块链网络中，通过追溯码将信息串联并展示给消费者，消费者可清晰地看到每一件商品的来源和品质信息，以提升对商品品质的了解和信赖。

截至 2020 年 7 月，京东零售已有近 2 万种可溯源食品在售，消费者购买商品后，可通过扫描溯源码或在订单里查看商品的品质溯源信息，使购买更放心。据中欧国际工商学院发布的《2020 区块链溯源服务创新及应用报告》显示，区块链防伪追溯服务对于产品销量和品牌复购率带来正面影响。在销量方面，营养保健品的销量相对提升了 29.4%，母婴奶粉的销量相对提升了 10.0%。用户在购买区块链防伪追溯产品后，在一定时间内对于同品牌产品的复购意愿也均出现了显著性提升，海产生鲜的复购率相对提升了 47.5%，营养保健品的复购率相对提升了 44.8%，母婴奶粉的复购率相对提升了 6.8%。这说明食品可追溯，能够显著加强消费者对品牌的信赖和消费黏性。

2. 高奢品追溯(珠宝、奢侈品、美妆等)

当前，我国消费结构升级的步伐不断加快，人们对于购物的便捷性、商品的品质和服务有了更高的期待，线上购物也成为主流的购物渠道之一。然而，由于担心商品品质，部分消费者对于线上高值产品购买存有疑虑，尤其是高客单价珠宝商品线上占比偏低，阻碍了线上珠宝市场的进一步发展和繁荣。

为了加强消费者对线上交易的信任，全方位提升线上购物体验，京东发起并成立了“京质联盟”珠宝品质保障计划，联合专业检测机构、行业协会、品牌厂商，结合区块链溯源技术，多方面保障和提升商品品质，构筑商家与消费者之间的信任。

消费者在京东商城购买的所有带“品质鉴定”标识的商品，都有由专业检测机构提供的鉴定证书，并基于京东区块链技术，对每一张珠宝证书进行区块链追溯。消费者在京东商城完成购买后，可以在检测机构和京东商城这两个平台上查询具体商品对应的证书。一目了然的标识和专业检测机构的品质背书如同给消费者线上购买高值商品的“定心丸”，大大地提升了消费信赖，优化了购物体验。

截止到 2020 年 6 月，京东已经与国家珠宝玉石质量监督检验中心(NGTC)、国家首饰质量监督检验中心(国首)、中国地质大学珠宝检测中心(GIC)、北京中地大珠宝鉴定中心(中地大)、广东省珠宝玉石及贵金属检测中心(GTC)等13家国内专业检测机构达成战略合作,打通检测数据,开展质量检测和技术支持等深入合作,加入联盟的商家超过200家,覆盖2万件商品。在国际合作方面,京东与英国区块链科技公司易葳录、全球最大的钻石认证机构GIA达成合作,共同致力于提升钻石溯源的信任度和透明度,进一步增强用户在线购买钻石的信心。

3. 跨境追溯

随着电商行业的迅速发展和人们生活水平的提高,消费者购买商品已不限于本国境内商品,近些年,消费者对海外商品的购买需求越来越大,跨境电商交易规模也在稳定增长。根据艾媒咨询发布的《2020H1全球及中国跨境电商运营数据及典型企业分析研究报告》显示,2014—2019年,中国跨境电商用户规模持续扩大,2019年,中国跨境电商用户规模达到1.49亿人,同比增长率为35.5%。

定位于"京东旗下全球直购平台"的京东国际,将"区块链跨境溯源"定位为京东国际全球战略级举措之一,借助现代科技手段,真正提升消费者购物的透明性,让消费者买到真实放心的海外商品,提升消费者对跨境商品的信赖。京东国际通过原产地直采、品牌官方授权、自建国际物流体系、自营保税仓、区块链跨境溯源等35项措施,确保了跨境商品的全流程质量管控,购买售后无忧,提升了消费者购物品质,真正做到了安心购。

截至2020年7月,京东国际已有1万多种商品实现区块链全流程跨境溯源,消费者在京东国际购买商品后,可在订单中一键查询商品从海外原产地开始的运输信息、中国海关报关信息、中国检验检疫局报检信息、清关信息、国内段运输信息等,消费者可一目了然地看到所购买商品漂洋过海到自己手中的关键信息,大幅地提升了消费者对商品、对品牌、对京东的信赖。

4. 二手商品追溯

随着共享经济的不断普及,人们对物美价廉的二手商品接受度也越来越高,据网经社统计,2018年我国二手闲置市场规模已超过7 000亿元,2014—2018年复合增速达到40%以上。但二手市场商品的品质质量信息不透明,常常让消费者难以享受到安心的购物体验。

智臻链防伪追溯平台为二手回收平台、检测机构、销售平台、监管机构建立区块链网络,将回收信息、检测明细、定级信息和销售信息写入区块链网络中。销售平台在二手商品上架时,需提供每件商品的唯一追溯码进行质检报告的核验,在商品回收后,由检测机构完成二手商品的检验定级并同步到智臻链防伪追溯平台,确保在售商品严格按照商品质检标准完成检测鉴定,消费者在收到商品后可以查看商品完整的流转过程及权威品质检测结果,与实物商品进行核验,如信息与实物商品不符,则可以申请退货或投诉等处理,让交易更加公开透明。监管部门根据区块链网络中的信息,能够实现对二手商品的品质监管。

2020年6月,智臻链联合京东旗下二手交易平台拍拍正式推出了"区块链品质追溯体系",其是国内首个针对二手商品推出的区块链追溯体系,目前已向超10家国内知名检测机构进行了授权,为120余家二手商家提供了检测服务。相关数据表明,区块链追溯体系有效地降低了二手商品的退货率,提高了商品的可信度,对商家的诚信经营有了更为客观的呈现,为用户的购买决策奠定了信任基础。通过对区块链追溯体系的打造,买卖双方进一步建立了信任纽带,促进了营商环境的正向循环。

5. 医药追溯

近年来,医药可追溯成为全社会关注的重点。为了保障患者用药安全,适应新时代药品监管工作要求，推动药品信息化追溯体系的建设，2016 年，国家食品药品监督管理总局印发了《关于推动食品药品生产经营者完善追溯体系的意见》，首次明确："食品药品生产经营者应当承担起食品药品追溯体系建设的主体责任，实现对其生产经营的产品来源可查、去向可追。"2018 年 11 月，国家药品监督管理局印发了《国家药监局关于药品信息化追溯体系建设的指导意见》(以下简称《指导意见》)，明确了药品上市许可持有人和生产企业承担药品追溯系统建设的主要责任，药品经营企业和使用单位应当配合药品上市许可持有人和生产企业，建成完整药品追溯系统，履行各自追溯责任。2019 年，国家药品监督管理局先后发布了《药品信息化追溯体系建设导则》《药品追溯码编码要求》《疫苗追溯基本数据集》等 5 个信息化标准，并印发了《国家药品监督管理局关于加快推进药品智慧监管的行动计划》，将药品追溯协同服务及监管系统建设作为智慧监管的重要任务之一。2020 年 3 月，国家药品监督管理局再次发布了《药品上市许可持有人和生产企业追溯基本数据集》《药品经营企业追溯基本数据集》等 5 个信息化标准，基本建立起了药品信息化追溯的标准和规范。

伴随着《中华人民共和国疫苗管理法》和新修订的《中华人民共和国药品管理法》的出台，药品信息化追溯体系建设进入实质性阶段。但由于目前我国药品供应链环节多，迂回运输多，存在多个中心机构，导致供应链业务流程运行中存在信息孤岛的现象，信息离散地存储在各个企业内，业务企业也只能与自己的上下游企业进行信息交互，且共享程度低，交互速度慢，导致溯源信息的真实性、可靠性、及时性均得不到保证。各企业药品追溯方式各异，整个业务网络都依赖一个中心化系统，一旦发生故障，将直接导致整个追溯系统不可用，追溯系统之间处理和维护药品的数据规范也不一致，难以进行数据整合，形成"信息孤岛"，给国家医药监管部门信息采集取证、企业问题药品追踪召回、居民用药信息查询等均带来了极大的困难。

因此，搭建多中心化信息分布处理的组织结构，形成高效、安全的信息共享机制，建立新的药品追溯服务模式，已成为监管机构、医药企业、消费者的迫切需求。

(1) 区块链技术在医药追溯领域中的价值分析

区块链技术联盟链分布式存储、不可篡改等技术特点决定了它可以很好地解决医药供应链管理数据协同的问题，可以防止未通过验证的假劣药进入药品流通环节，极大地提高了药品质量的安全，从而保障了人类的健康安全。

区块链中有多种组网形式，其中联盟链网络应用于医药供应链，能够保障链中节点医药交易的合法性，交易主体在加入时均需要提供合法身份验证，通过应用电子证书、电子签名等技术，使得联盟链各主体身份合法，为交易的合法性追踪提供了保障，有利于净化医药供应链商业环境。区块链不可篡改的特点可以解决药品溯源信息造假问题。药品供应链数据通过"区块"方式环环相扣，链式存储，想要篡改链上数据需要说服全链参与主体共同改动，极大地提高了造假的难度，保证了链上数据的真实完整。数据上链时采用时间戳和数字签名等技术，确保数据来源可查可验。

区块链分布式存储特性可提高药品追溯信息的可信背书，将供应链中所有通过合法身份验证的参与者，包括生产商、流通服务商、经销商、零售商及第三方监管机构都作为节点，共同参与维护记账权、交易权，每笔合法交易都实时记录上链，降低了单独故障率带来的数据灾难风险，同时上链数据经过多家节点同步存储，通过各节点之间的相互见证，实现联盟链中的信任背书，追溯数据可通过任何一个参与者进行链上查询验证，实现药品"来源可查，去向可追，责任可究"。

(2) 京东区块链技术在医药追溯中的典型实践

① 药品追溯

遵循国家药品监督管理局的监管要求,京东基于区块链技术搭建了智臻链医药追溯平台,平台兼容多种药品编码标识,贯穿医药生产、流通、零售与医疗应用等多环节场景,并可实现医药供应链的可视化管理。

药品生产厂家采集产线生产信息并与药品追溯码关联,将药品如生产时间、批次、有效期等生产追溯信息实时写入上链,被授权的经销商可以在其节点"共享"药品生产追溯信息。同理,经销商入库、销售、出库、消费者触达等信息都按照此模式上链。患者可以通过扫描药品上的追溯码查验真伪以及药品生产流程的全过程信息。

当监管机构或企业发现某种药品存在安全隐患时,可在智臻链医药追溯平台中发起相关批次召回指令,所有联盟节点将同步此信息,自动冻结其节点中的相关产品信息,并在后续的药品交易中自动进行药品召回警报。京东智臻链医药追溯平台的建立,为医药追溯提供了可参考的标杆,创造了前所未有的联盟化、可视化、自治化的追溯体系,能够高效、透明、清晰地记录药品高质量生产、可控安全运输、有效正确使用的每一项记录,保障来源可溯,去向可查,增强社会公众的健康管理信心。

② 疫苗管理

在智臻链医药追溯平台的基础上,京东打造了智臻链智慧疫苗管理软硬件解决方案,以确保疫苗在生产、流通与使用等环节的信息透明流动,保证每一支疫苗都来源可追溯、记录可信赖、存储更放心、接种更安全,为消费者的医药安全保驾护航。

针对疫苗流通环节多、信息不透明、免疫终端库存管理效率低、接种统计费时费力等痛点,京东以区块链技术打通了疫苗的生产、冷链物流、疾控中心、接种站、疫苗的冷藏以及最终的接种、反馈等全流程环节,以数字化技术为消费者医药安全提供安心的服务,并帮助疫苗接种站提高工作效率。

以具体的产品应用场景来说,京东将追溯系统与智能硬件结合,与海信生物医疗冷链强强联合,打造了以智能冷柜为核心的疫苗管理系统,提供了存储、监控、追溯、库存管理一体化的解决方案,解决了疫苗追溯难题。系统严格实行疫苗一物一码的精细化管理,并串联医药追溯平台,与前端疫苗厂家形成联动,确保实现疫苗流通全过程追溯;而用于接种终端对疫苗进行库存管理的智能冷柜则具备疫苗出入库、温控预警、自动盘点、缺货预警、追溯扫码等管理功能。此外,系统还能实现疫苗信息及进出库状态数字化,可大幅降低接种站的人工操作成本,提高工作效率。基于该智慧疫苗追溯管理系统,人们在接种疫苗时,可在手机端便捷地看到接种疫苗的信息流通全流程追溯,并能收到接种结果的信息告知,令人踏实放心。

京东在医药领域的防伪追溯平台不仅只是完成技术搭建,而是已经有了实质性落地,京东智臻链与银川互联网医院在2019年年初已达成深度合作,落地区块链疫苗追溯解决方案。截至目前,其已帮助接种站实现全部二类疫苗共28种、总量达1 600支的智能化管理,其中疫苗的温控记录超30万条,为900名居民的1 300次安全接种保驾护航。

9.2 数字存证

当前,人工智能、区块链、云计算、物联网等技术正在蓬勃发展,数字技术与实体经济正在深度融合，产业数字化应用一方面直接影响着人们的日常生活，另一方面也为生产力和生产关系带来新的飞跃。从 2005 年以来，我国数字经济规模增长了 12.7 倍，年复合增长率高达 20.6%[2]。随着数字经济的高速增长，数字化影响着人们生活的方方面面，电子数据也被使用得越来越多。例如，在知识产权领域，中国网络版权产业规模连续 5 年增长，于 2018 年达到 7 423亿元，同比增长 16.6%；2018 年，中华人民共和国人民法院共新收各类知识产权案件 334 951 件，同比上升 41.19%；据中国裁判文书网数据，2016 年至 2018 年约 89%的知识产权民事案件使用了电子证据[3]。

由于电子数据具有易篡改、易灭失的特征，因此也需要有相应的技术手段加强电子数据在原始性、完整性、安全性方面的保障，提升各方对电子数据的信任。区块链技术具备多方见证、防篡改、可追溯的特性，适合用于解决数字经济中的信任问题。2018 年中华人民共和国最高人民法院发布的《最高人民法院关于互联网法院审理案件若干问题的规定》中提到："当事人提交的电子数据，通过电子签名、可信时间戳、哈希值校验、区块链等证据收集、固定和防篡改的技术手段或者通过电子取证存证平台认证，能够证明其真实性的，互联网法院应当确认。"这也意味着区块链数字存证技术得到了司法机关的肯定。

综合使用电子签名、可信时间戳、哈希值校验、区块链等技术，能够确认电子数据产生的提交者、提交时间，并可以校验电子数据的原始性、真实性，通过技术手段实现数据层面的信任。但是由于相关技术存在一定的门槛，且为了达成更高的公信力，一些机构可能会要求对处理和保存数据的系统进行评测，这也为数字存证的应用推广带来了一定的阻碍。

为了让企业和个人可以更快捷、低门槛地达成数据可信，京东智臻链数字存证平台提供电子数据存证一站式服务。一方面平台通过了数据合规性测评、区块链安全性测评、国家信息系统安全等级保护三级测评，通过规则前置的方式确保平台合规安全，另一方面平台通过区块链连接多种类型的司法机构，提供一键司法服务，如接入北京互联网法院天平链及广州互联网法院网通法链，链上接入司法鉴定中心、律师事务所、公证处等权威司法机构。京东智臻链数字存证平台提供电子数据取证、自动化网页取证、电子数据固化存证、在线获取存证证书、电子证据一键调取、电子证据法院验证、电子律师函、在线公证等服务，通过技术和联盟合作的方式赋予电子数据公信力；平台适用于电子协议、合同、订单、邮件、网页、语音、图片等各类电子数据的存证，已在多个领域展开应用。随着区块链技术的发展以及司法领域对区块链数字存证的认可，数字存证已经成为区块链最被认可的应用场景之一，数字存证在电子合同、版权保护、商业秘密保护、电子单据、电子证照、广告监播等领域已经有了广泛而且深入的应用。

随着区块链技术的发展以及司法领域对区块链数字存证的认可，数字存证已经成为区块链最被认可的应用场景之一，数字存证在电子合同、版权保护、商业秘密保护、电子单据、电子证照、广告监播等领域已经有了广泛而且深入的应用。

9.2.1 电子合同

1. 电子合同领域的发展现状与瓶颈

电子合同起步于 2004 年全国人大正式颁布《中华人民共和国电子签名法》，此后陆续出台的 GB/T 20519—2006《时间戳规范》《证书认证系统密码及其相关安全技术规范》《电子合同在线订立流程规范》等文件给电子合同在安全合规方面的设计订立了技术标准。然而由于各行业对于电子合同的落地缺乏指导性文件，同时移动互联网、身份认证等技术尚不成熟，导致电子合同使用不便、成本高、司法取证困难。彼时各业务场景均缺乏标杆性的电子合同应用案例,电子合同长期处于蛰伏状态。直到 2015 年,以《网络借贷信息中介机构业务活动管理暂行办法》的颁布为标志,政策开始支持、规范并指导电子合同在金融、交通运输等具体应用场景落地。2020 年,由于新冠肺炎疫情的影响,各地政企纷纷加速了远程办公能力的建设,与此同时,政务、房地产、人力资源等领域相关政策的发布进一步提高了社会各界对电子合同的认知和接纳程度。

表 9-1 列举了 2015 年以来与电子合同相关的政策,得益于这些政策的支持,以及社会、经济、技术等多重因素的影响,眼下电子合同市场正处于高速发展期,越来越多的企业将电子合同纳入自身基础能力建设的规划之中。目前电子合同整体市场渗透率不高,未来发展趋势向好。在电子合同市场蓬勃发展的同时,用户对于电子合同在司法支持方面的需求也日益增长。目前主流电子合同厂商均提供了基础的电子合同摘要值/原文存证和出证服务,但用户需要更完善的存证与出证设计,以及更全面的增值司法服务。因此,打通与法院、公证处、司法鉴定中心、仲裁处等法律机构的连接,使电子合同在实际应用中能够更便捷高效地获得法律支持,将会是电子合同在推广中的核心价值,也是电子合同行业未来发力的重点方向。

表 9-1　2015 年以来与电子合同相关的政策

应用场景	政策名称	发布年份
金融	《网络借贷信息中介机构业务活动管理暂行办法》	2015
	《互联网金融个体网络借贷电子合同安全规范(征求意见稿)》	2018
	《关于加强警保合作 进一步深化公安交通管理“放管服”改革工作的意见》	2019
交通运输	《交通运输部关于修改〈道路货物运输及站场管理规定〉的决定》	2019
	《互联网道路运输便民政务服务系统业务办理工作指南(试行)的通知》	2019
	《关于加快推广应用道路运输电子证照 提升数字化服务与监管能力的实施方案(征求意见稿)》	2019
司法	《最高人民法院关于互联网法院审理案件若干问题的规定》	2018
政务	《国家移民管理局公告(2019 年第 5 号)》	2019
	《国务院关于在线政务服务的若干规定》	2019
	《关于积极应对疫情 创新做好招投标工作 保障经济平稳运行的通知》	2020
	《关于加强公证行业党的领导 优化公证法律服务的意见》	2020
房地产	《房屋交易合同网签备案业务规范(试行)》	2019
	《关于促进市场活跃安全开通房地产项目线上售楼平台的建设》	2020
	《关于积极推进商品房全流程网上销售工作的通知》	2020
	《住房和城乡建设部关于提升房屋网签备案服务效能的意见》	2020
人力资源	《人力资源社会保障部关于建立全国统一的社会保险公共服务平台的指导意见》	2015
	《人力资源社会保障部办公厅关于订立电子劳动合同有关问题的函》	2020

2. 区块链技术在电子合同领域中的价值分析

电子合同的根本是合同,合同最重要的特征是对当事人的法律约束力。因此电子合同在实际使用中,其法律效力是用户最关注的部分,也是用户决策是否使用电子合同时最先考量的问题。

电子合同的法律效力基于可靠的电子签名，《中华人民共和国电子签名法》对于可靠电子签名定义了四个必要条件：

（一）电子签名制作数据用于电子签名时，属于电子签名人专有；

（二）签署时电子签名制作数据仅由电子签名人控制；

（三）签署后对电子签名的任何改动能够被发现；

（四）签署后对数据电文内容和形式的任何改动能够被发现。

通俗表述即"真实身份＋真实意愿＋原文未改＋签名未改"。鉴于区块链技术具有去中心化和分布式存储的特点，通过引入区块链技术服务于电子合同的存证环节，可以有效增强电子签名的可靠性。由于区块链技术天然具备防篡改特性，所以对电子合同进行区块链存证，可以在数字证书的基础上，为合同数据装上双保险。对原文或签名的任何改动，都将导致电子合同数据与区块链上存证的数据不一致，从而使任何篡改后的合同都可以通过比对校验出来。用户对合同内容有保密需求时，通过对电子合同计算哈希值，再将哈希值进行区块链存证，不但可以起到完全相同的防篡改效果，还可以实现合同原文不出业务系统，从而保障敏感数据的隐私安全。

在此基础上，区块链技术还可以实现对用户注册（如用户账号、短信验证码等）、实名认证（如身份证照片、人脸识别、公安三要素核验等）、意愿表达（如短信验证码、签署密码、人脸识别等）等环节的存证，从而形成完整的证据链，实现对用户签署场景的还原，为"真实身份＋真实意愿"提供强有力的佐证。区块链技术通过联盟链的形式，将互联网法院、公证处、司法鉴定中心等法律机构作为节点接入区块链存证，在合同签署过程中进行全程见证，当出现争议时，用户还能享受电子合同在线诉讼、在线公证等一键直达司法机构的增值司法服务。区块链技术在电子合同行业还有更为广阔的延展能力和想象空间，例如，将规则写入智能合约，实现电子合同签署后的智能履约；将合同履约情况广播上链，打造链上用户的信用体系；将与合同关联的业务数据在链上共享，形成行业大数据，并与 AI 技术结合后建立决策引擎等。

3. 京东区块链技术在电子合同中的典型实践

京东数科为电子合同引入了区块链技术，在区块链网络中记录用户注册、实名认证、申请数字证书、创建数据、签署及传输等电子签约全过程数据以及完成签约的电子合同摘要信息，并进行证据链电子认定，通过计算机加密固化技术在业务发生时锁定证据链数据指纹，备案于具有电子数据司法鉴定资质的司法机关、机构。发生纠纷时，通过区块链存证编号即可一键导入证据，也可通过和区块链上的数字指纹进行真伪判断和篡改查验，生成存证报告，明确数据权属关系及合同的签署轨迹，以供司法、监管对原始证据进行科学性、有效性查验，从技术上确保电子合同原文的数据安全及可追溯。电子合同区块链存证项如图 9-1 所示。

京东数科电子合同区块链存证有以下特点。

（1）规则前置，减少证据核验成本

对于接入司法链的应用，需要对其部署环境、系统流程、管理机制等进行评测，保证只有符合标准的数据才能接入。证据提交时，即可减少核验成本。

（2）事中存证，降低数据造假风险

业务发生时，即对数据进行存证，可以降低数据造假的风险。数据生成及固化规则在事前已按要求多方评估，能够保障数据生成、传输、存储、固化等机制可信，增强数据真实性。

（3）一键出证，提高维权效率

通过系统调取证据，减少证据被篡改的可能，采用区块链存证的数据直连法院、公证处，可信度高，可减少线下公证、司法鉴定带来的时间和人力成本。

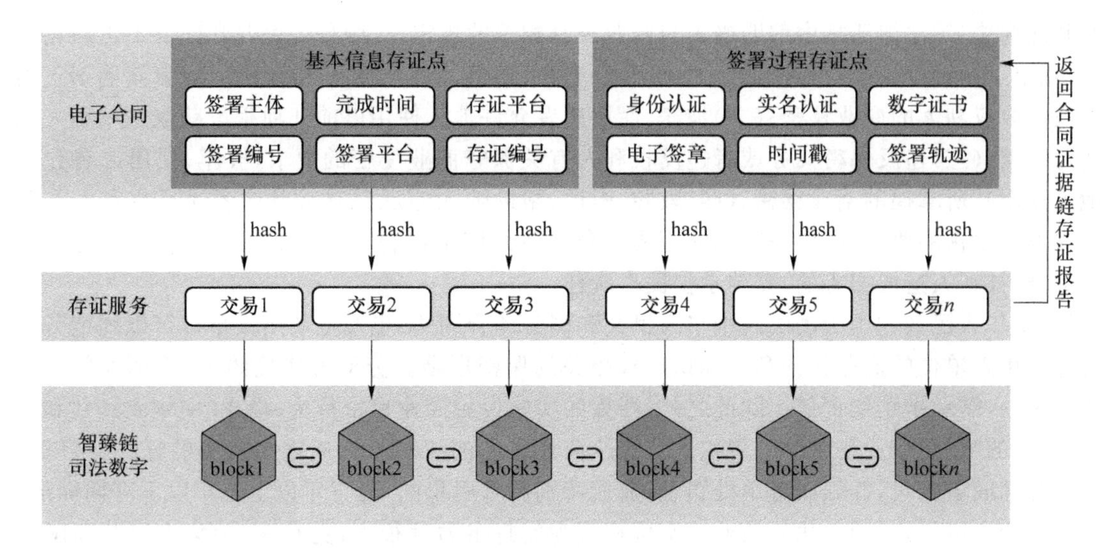

图 9-1　电子合同区块链存证项

4. 区块链电子合同推动贸易领域数字化发展

2018 年，京东数科即开始探索将区块链技术应用于人力资源电子合同的存证，经过两年的努力，已经将“电子合同＋区块链存证”拓展到供应链金融、在线教育、物流、公共资源交易等场景中，助力越来越多的企业降低合同签署成本，获得可信电子证据保障。

2020 年，京东数科与厦门国贸集团股份有限公司(以下简称“国贸股份”)达成了区块链电子合同合作，共建贸易领域的数字化签约新模式。基于京东数科智臻链云签电子合同平台，合作将服务于国贸股份下的纺织、油品和化工、橡胶和轮胎、农产品等多个业务板块，为其产业链上下游数十万家客户提供更便捷的数字化合同服务。

国贸股份始创于 1980 年，1996 年即在上海证券交易所上市，目前其核心业务包括供应链管理、房地产经营、金融服务。近年来，国贸股份在信息化建设方面大力投入，通过利用新一代信息技术，打造物资配送系统和商务面客系统两大“抓手”，构建“网络化、智能化、服务化、协同化”的“互联网＋产业链”产业生态体系。本次与京东数科在区块链电子合同领域的合作，旨在提升国贸股份公司内部及服务客户合同的用章效率，降低人工作业成本，优化业务管理流程。

京东数科与国贸股份合作的合同类型涵盖采购、销售、居间、运输、仓储、货代、港口作业等十余类，还包括担保函、抵押函、履约函、发货申请、收货收据等单据函件。区块链电子合同平台的使用，预计可帮助国贸股份业务流程节约 80％的时间成本，签约成本下降 60％，可大大地提升贸易合作效率。电子合同平台实现了与国贸股份 OA 办公系统的打通，支持计算机网页、微信小程序的跨地区、跨平台签发，能够随时随地查阅、下载合同。国贸股份工作人员及合作伙伴无须通过见面、快递等形式进行合同内容的确认签署，减少了纸质合同面签、邮递、存档等繁琐的流程和时间、人力成本，而仅需输入有效的个人、企业身份信息，即可极速签发有效的可视化电子合同。

9.2.2　商业秘密保护

1. 商业秘密保护领域的发展现状与瓶颈

《中华人民共和国合同法》《中华人民共和国劳动法》《中华人民共和国公司法》《中华人民

共和国刑法》等法律法规中都明确了与商业秘密相关的规定。《中华人民共和国反不正当竞争法》规定了四种侵犯商业秘密的行为：(一)以盗窃、贿赂、欺诈、胁迫、电子侵入或者其他不正当手段获取权利人的商业秘密；(二)披露、使用或者允许他人使用以前几项手段获取的权利人的商业秘密；(三)违反保密义务或者违反权利人有关保守商业秘密的要求，披露、使用或者允许他人使用其所掌握的商业秘密；(四)教唆、引诱、帮助他人违反保密义务或者违反权利人有关保守商业秘密的要求，获取、披露、使用或者允许他人使用权利人的商业秘密。侵权人有以上行为，给权利人造成损害的，需要承担民事责任。

《中华人民共和国劳动法》《中华人民共和国劳动合同法》也规定了用人单位可以约定劳动者保守用人单位的商业秘密和与知识产权相关的保密事项。劳动者违反约定，给用人单位造成损失的，需承担赔偿责任。除此之外，严重的实施侵犯商业秘密行为，构成《中华人民共和国刑法》上的"侵犯商业秘密罪"，侵权人行为给商业秘密的权利人造成重大损失的，处三年以下有期徒刑或者拘役，并处或者单处罚金；造成特别严重后果的，处三年以上七年以下有期徒刑，并处罚金。可见，我国立法对商业秘密侵权行为的打击力度很大，更是在《中华人民共和国刑法》上对单位侵权行为设定了"双罚制"，对单位自身和主管人员、相关责任人员均加以处罚。

随着各行业技术研发水平的提高，人们对商业秘密保护的重视程度也越来越高，尤其是高精尖领域，如在电子信息领域中涉足领先型技术(区块链、AI 等)的企业开展商业秘密管理的较多，但在商业秘密的管理和维权实践中存在的问题始终不容忽视。

① 未重视商业秘密管理导致资产流失：公司内部技术研发项目资料存储位置和方式不统一，对技术研发过程中资料存储、流动缺少规制，对人员的监督仅依赖于签署保密协议和竞业限制，而不对其参与研发的过程进行管控，都有可能导致研发过程和研发结果中的资产流失。

② 存储方式存在缺陷导致信息不准确：传统资产数据的保存依赖于纸质化归档，后来丰富至电子存储和云存储。纸质数据存在易丢失、难查询等劣势，而电子数据容易被复制、篡改，最终导致存储的信息准确度难以确定。

③ 商业秘密的非排他性导致相关数据的原始归属难以定位：非排他性意味着商业秘密是相对权利，不是绝对权利。任何获得该商业秘密的人或公司都可以对信息进行使用、转让。基于非公开性，他人无法查验该人/公司是否是该信息的原始权利人，获得信息的途径是否合法，这可能导致非法获取的商业秘密在市场中流转，给权利人带来损失。

④ 商业秘密本身的非公开性导致举证困难：证据的取得是权利人获得实质性保护的关键所在。但是，商业秘密不像商标、专利一样，由法定机构进行注册登记。一旦有侵犯商业秘密的案件发生，首先要做的就是对这项商业秘密进行确权，这就意味着信息需要被公开。商业秘密的权利人为了保持秘密性，或担心在取证过程中信息被泄露，很多时候不愿意提供相关的证据，导致在诉讼中举证的难度非常大。

2. 区块链技术在商业秘密保护领域中的价值分析

为了解决商业秘密本身易流失、易被泄露和易被侵权的问题，以及商业秘密在管理中存在的难点，区块链技术与电子存储相结合的方式应运而生。和传统的纸质存储、电子数据存储相比，依托区块链技术实现电子存证的商业秘密数据存储的优势主要体现在：

① 数据上传更加方便、安全，尽管对于商业秘密保护的需求很迫切，但是一般部门不愿意把核心数据输出部门以外，更不愿将其存储到位于公司外部的其他主体服务器上。这是目前企业商业秘密管理的难点，也是商业秘密第三方存证的痛点。而区块链存证平台采用存储原

始文件哈希值的方法，哈希密钥由公司和链上司法机构共同分块保管，原始文件依然保存在本地。存证文件上链后，再由存证平台生成包含权属信息及存证时间信息的数字证书。这种以哈希值为存储内容的方式提高了存证空间的利用率，也提高了商业秘密数据存证和传递过程中的安全性。

② 确保数据真实、归属明确，每份文件上链时的哈希值是唯一的。如果对原始存证文件进行篡改，文件对应的哈希值也会随之改变，只需与链上存证的哈希值加以比对便可得知数据是否为原始真实数据。基于区块链可追溯和不可篡改的性质，一旦出现非法披露或伪造数据情形，存证数据的原始归属和状态均可在全流程、全节点进行查验，侵权行为便可迅速现出原形。可信时间戳的加入则明确标识了存证时间，对于商业秘密的产生时间起到了关键的印证作用。

③ 易于调取证据并查验，通过存证平台将商业秘密存证固定，使得电子数据不被篡改，保证了数据的真实性和稳定性。存证平台与法院、公证处等机构打通后，节点上的各主体都可以对存证内容生成唯一的存证编号。已存证的电子数据在存证平台上及法院电子诉讼平台上均可以查验，实现了"一站式"链上存证取证。验证后的电子数据被视为具有原件价值，可以作为法院裁判的依据。节点上的主体都可以从链上取证，简化了纠纷解决的流程，取证过程也更加安全私密。

3. 京东区块链技术在商业秘密保护中的典型实践

作为国内领先开展商业秘密维管的企业，京东数科着力建立商业秘密管理机制，对研发项目进行分级管理，实现研发过程及结果的技术资产固化及互联网认证，力争改善研发过程及结果资产流失，诉讼中取证困难等情况。为了避免可能出现的商业秘密泄露、被侵权的风险，寻找新的、安全的商业秘密数据存储方式已成为京东数科的迫切需要。

2020 年 4 月，京东数科生成了第一张商业秘密区块链存证证书，在业内率先实现了区块链技术在商业秘密领域的应用。京东数科法律合规部协助研发业务部进行技术研发资产的盘点和固化，将所有研发阶段的文档、设计图、源代码等技术资产归档打包。以京东数科自主研发的智臻链数字存证平台作为商业秘密存证的载体，运维人员将需要存证的商业秘密数据进行打包，生成哈希值后存入存证平台。互联网法院作为链上的节点，接收该哈希值并生成唯一的存证编号，存证平台在接收到编号后将其集成，生成区块链数字存证证书，存证信息在智臻链数字存证平台、互联网法院区块链平台均可查可验。为了区块链存证更好地与商业秘密保护实践相融合，在存证前首先需做好项目的分级工作，核心项目、重要项目可采用公证方式，一般项目可进行互联网法院存证。目前，JT^2-RAS 智能投顾产品相关商业秘密信息已在存证平台上完成存证。京东数科智臻链数字存证平台已实现同北京互联网法院"天平链"、广州互联网法院"网通法链"打通，一旦出现侵权纠纷，可向链上接入的司法机构快捷发起司法请求，接收到请求的互联网法院、公证机关等机构便可根据存证的哈希值提取原始存证文件，对权利主体提供证据的真实性、关联性、合法性作出迅速判断，提高了商业秘密确权、侵权行为与内容认定的效率，能够节约大量的诉讼成本和司法资源，这也是区块链存证证据的主要优势所在。

9.2.3　广告监播

1. 广告监播领域的发展现状与瓶颈

在线下广告领域，广告投放的价值和效果往往是广告主最为关注的。为了确认广告投放情况的真实性，往往希望有广告监播报告。广告监播的一般手段是拍摄上刊图像，确认广告投放的实际情况。精细化运营时，还需要对广告投放的人群进行人群画像分析，明确广告投放的人群。当前，在广告监播领域中，监播的照片、监播的分析结果往往是由广告公司或者监播公司单方面提供的，所提供的监播照片、上刊报告等的真实性难以向广告业务各方证明，这成为广告领域合作发展的瓶颈，广告主、广告商均呼吁新的商业广告价值证明或监控方式的出现。

2. 区块链技术在广告监播领域中的价值分析

区块链技术融合了分布式存储、点对点传输、共识机制、密码学等技术，具有保障数据可追溯、不可篡改、集体维护等特点。在广告监播领域，广告的实际投放情况，包括投放点位、观看人次、观看人群等信息，都需要可信技术来促进广告业务各方，尤其是广告主的信任。区块链技术通过块链式的数据结构，以及多方一致的共识机制等技术，能够解决广告监播领域的信任问题。区块链技术应用于广告监播业务后，可以保障广告投放情况数据多方见证、上链数据不可篡改，促进广告监播业务的规范化，提升广告监播报告的可信度。

3. 京东区块链技术在广告监播中的典型实践

随着互联网人口红利的减弱，线上流量成本日益高涨，线下电梯媒体成为更多广告主的选择。传统的线下广告往往是按照时间、点位、频次的方式投放的，广告投放不够精准，广告投放效果难以评估。梯之星创新地发布了“按人次、按社群、按效果”的广告投放方式，实现了从CPD(按天售卖)/CPW(按周售卖)的销售模式，向“CPR(按千人次曝光售卖)＋DMP(千人千面、精准触达)”的销售模式的转变，提供与线上流量相同程序化服务的流量入口，让线下梯媒的广告投放真正做到真实可测、精准细分、灵活投放、效果可控。

对于这种“按人次、按社群、按效果”的广告投放方式，投放效果与投放情况紧密相关，广告监播因此变得尤为重要。京东数科基于深厚的数据技术积累，拥有海量的大数据沉淀和多维度、全生命周期的品牌用户分层画像，结合梯之星在电梯媒体领域的线下场景以及其母公司新再灵独家的云梯技术支持，在电梯场景中，实现了千人千面的广告投放，帮助企业解决了精准营销的难题。在监播上，京东数科提供区块链技术支持，基于京东智臻链数字存证平台，数据指纹实时上链，实现了防篡改、可追溯，提升了CPR监播报告的真实性与公信力[4]，截至2020年8月，通过京东智臻链数字存证平台上链的监播数据已经超过500万条。

京东智臻链数字存证平台提供SDK集成到监播系统，可从源头获取监播数据，并且电子数据摘要同步多家司法机构共同固化存证，可以确保广告监播中的上刊点位、上刊时间、上刊照片等数据不可篡改，广告主在获得上刊报告的同时也能够获得相应的存证证书，通过证书可验证信息的真实性，大大地提升了广告监播效果的真实性和公信力。

9.2.4 版权保护

1. 版权保护领域的发展现状与瓶颈

① 从宏观层面分析，政策、社会、经济、技术等方面日新月异的变化让版权服务成为经济增长的新动能。

- 在政策环境方面，《中华人民共和国著作权法》的修订工作持续进行，国务院、国家版权局、国家广播电视总局等部门出台了多项配套政策，全国行动打击盗版，彰显了国家对版权的重视程度越来越高；国家版权中心推动了DCI(数字版权唯一标识符)认证，中国文化传媒集团推动了IPCI认证，进行版权的官方电子化认证和维权渠道打通，并与各社会团体合作共建，极大地促进了版权管理的规范化进程。

- 在社会环境方面，数字网络时代改变了信息的传播模式，对企业版权保护的法律基础和技术能力都提出了新的挑战。整体来说，虽然近年来原创作品数量激增，但由于传统版权登记费用较高，只能挑选关键的作品进行登记，导致很多原创作品未得到有效保护。此外，新的盗版形式不断出现，比如依靠社交媒体渠道传播，在盗版的确认、追踪上增加了难度，版权保护任重道远。区块链存证提供更便捷、更低廉服务的同时，降低了原有盗版形式的打击难度。
- 在经济环境方面，版权市场迅猛发展，全国版权资源登记数量以及行业规模逐年上升，从登记数量来看，2017 年首次突破 200 万，2018 年达到 235 万，增速提升明显；从行业规模来看，网络版权维持高于 GDP 增速增长，成为版权产业的中坚力量，年增长率保持在 30%以上，产业规模 2018 年达到 6 365 亿元，形成了版权运营的独特商业模式，带动智能硬件、线下 IP 授权开发等实体经济，成为经济增长的新动能；C 端付费进入黄金时代，版权付费的用户习惯逐渐养成，付费用户开始成为网络版权行业的核心增长动力，且市场对于正版版权的需求量缺口仍然很大，如图片，国内每年网页上的图片使用量超过 6 000 亿，各大自媒体平台消费图片 430 亿张，如果按照 5%的正版率计算，市场规模已经高达 1 500 亿元，版权价值开始彰显。
- 在技术环境方面，国家发改委明确“新基建”包含以人工智能、云计算、区块链等为代表的新技术基础设施，区块链作为新基建的重要组成部分之一，在企业实现数字化升级方面的作用也日益彰显。版权保护机制日趋完善，图像识别、智能搜索、词库技术等人工智能技术，结合大数据和网络爬虫等新技术投入反盗版斗争，盗版更容易被识别和追踪，可以极大地提升维权效率。

② 从微观层面分析，目前很多企业缺乏符合基本行业规范的版权资产清理及管理工具，存量版权亟待清理，企业内部版权无形资产长期处于闲置和待开发状态。

基于以上版权服务市场环境的宏观和微观分析，构建版权管理、保护、运营一站式版权服务基础设施，既能满足京东自身业务运行过程中的版权管理需求，又能服务于广大外部权利人的应用需要。

2. 区块链技术在版权保护领域中的价值分析

区块链技术天然适用版权服务场景，价值表现在以下三个层面。

- 在版权存证方面，依托区块链、哈希验证、电子签名、可信时间戳、黑产知识图谱等技术组合拳，可实现对作品创作时间和内容的不可篡改存证，且直通互联网法院保障版权存证的法律效力，形成版权资源证据链条，从录证、存证、认证、监测、维权到呈堂，全流程护航知识产权。
- 在版权监测及取证方面，人工智能、图像识别、知识图谱及爬虫技术等监测手段投入反盗版斗争，盗版更容易被识别和追踪；将监测结果进行证据保全和固定，作为谈判和呈堂的关键依据，可以极大地提升维权效率。
- 在版权交易方面，分布式记账、多中心管理、智能合约等区块链记账、管理、交易方式，为版权交易提供了高效、安全、便捷的保障。

3. 京东区块链技术在版权保护中的典型实践

(1) 京东区块链技术为版权保护提供一站式解决方案

① 版权确权：原创者首先需确权，才能更好地维权。依托于区块链去中心化、不可篡改、全程留痕、可以追溯、公开透明等特点，将版权主要信息登记在区块链上，通过可信时间戳将原创者信息、原创内容、版权确权证书等一起打包并实时上链存储，同步公证处、司法鉴定中心，解决了数字内容作品难溯源、易篡改的痛点。

② 版权监测及维权：通过文本检索、图像检索、音频指纹技术、数字水印对确权的作品进行侵权监测。若监测出侵权线索，通过区块链技术对监测到的侵权证据进行固化，可追溯查看侵权过程，明确侵权行为轨迹上链后不可篡改，同时可在线申请公证或司法鉴定意见，将电子投诉函、律师函发送至侵权方，若侵权方拒不停止侵权行为，可将原创证据和侵权证据等材料传送至互联网法院，实现一键立案。

③ 版权交易：建立正版版权库，原创者通过 IPCI 确权证书或 DCI 确权证书作为权利证明，可进行版权转让或版权授权，版权交易也可用区块链进行记录追溯，查看交易行为，了解版权确权及使用的前世今生，有利于作品的传播及经济价值的实现，版权交易将成为下一个致富金矿。

（2）京东区块链服务生态内外实践案例

① 氢舟数字资产产权服务平台依托于官方知识产权溯源验证机构，联合国家权威版权保护组织机构共同搭建平台，为全网用户提供版权确权服务，支持图片、视频、音乐等全类型互联网原创作品确权。用户基于该平台可申请由国家文化和旅游部下属中国文化传媒集团 IPCI 出证的确权证书。平台具备跨平台保障、区块链技术加持、可在线维权等优势，打造数字资产知识产权确权、维权、交易一站式服务，为全网商家、服务商、达人组织、设计师等各类原创内容权利人提供数字资产全链条服务，解决用户确权难、维权难、增值难等版权难题。

② 京东版权服务平台致力于构建版权管理、保护、运营一站式服务基础设施，依托“京东智臻链”底层技术，打造全方位、全生命周期的版权服务平台，京东版权服务平台与玲珑、RELAY、JELLY 等内部设计师共享平台，实现了无缝对接，快速存证确权，形成了京东自己的正版素材库，供设计师共享使用。不仅如此，京东版权服务平台对完成存证的作品进行审核评级、价值评估，筛选出优质 IP 资源，接入京纪圈版权交易平台，通过对外授权获取收益，盘活公司 IP 资产。区块链技术在版权保护领域已经实现了版权资源管理、版权存证和侵权取证，并将在版权监测、维权、交易层面持续发力，构建丰富立体的版权服务生态体系，为更多的企业和版权人提供版权管理、认证、监测、维权、交易的 SaaS 产品服务。

9.2.5 电子证照

1. 电子证照领域的发展现状与瓶颈

当前，我国提倡优化营商环境，为企业提供便利的商事服务。中华人民共和国国家工商行政管理总局在积极推动商事创新改革，对企业注册流程进行简化，其中电子执照的发展最为迫切，借助互联网技术实现安全、快捷的电子证照注册，让企业在办理证照的过程中减材料、少跑动。

随着商事制度的全面改革，“放管服”改革为市场主体增添了活力，进一步降低了企业制度性交易成本，全面释放了改革红利。2013 年至今，工商登记、注册资本等商事制度全面改革，企业开办时间缩短了三分之一以上。中国共产党第十九次全国代表大会和《2018 年政府工作报告》指出，要深化“放管服”改革，在全国推开“证照分离”改革，全面实施市场准入负面清单制度，进一步降低企业制度性交易成本。简化企业注册和实现线上电子营业执照注册已经成为未来发展趋势。无论是在国内还是在国外，证照的电子化始终是政府机构及企业的追求。其本质在于将日常业务应用中的纸质单据转变为电子版本，以互联网为载体进行高效流转，降低或停止对纸质单据的使用，一方面提升流转速度，另一方面降低耗材及邮寄成本，同时能够减少纸张浪费。

虽然传统中心化的电子证照技术自2008年发展至今已经解决了数据归集和中心化的数据标准与安全问题，但经过近十年"互联网＋政务服务"的应用发展，该技术凸显了它的局限性。传统电子证照技术的难点：一是电子证照数据来源于各部门各业务系统，采用的数字证书和电子签章不互通互认，没有统一的标准；二是电子证照的可信验证受承载网络、认证中心等条件的限制，在使用上并不方便，也难以推广至政府以外的行业。因此，如何保证电子证照数据的真实性、完整性，实现可信身份认证、数据安全存储等功能，是传统电子证照技术亟待解决的问题。

2. 区块链技术在电子证照领域中的价值分析

区块链技术去中心化、稳定可靠、不需要第三方介入的强安全共识机制、公开透明和不可篡改性等特征，为解决传统电子证照的数据真实性、自证性问题提供了方法。利用区块链技术组建区块链网络，借助去中心化、同步记账、交易身份认证、数据不可篡改以及数据加密等手段，实现电子证照库的归集、检索、查验比对，解决政府、企业、公民之间的证件查验难题，提升政府治理能力的现代化水平。

(1) 提升证照信息防伪能力

区块链技术是一种分布式账本技术，在政府管理机构中，相当于每个用户都有一份独立的账本——"电子证照库"，由各方共同参与电子证照库的记录和使用。每一次记账，要对所有的参与者进行广播，待所有人确认后才能被记录到账，这种方式保证了数据不能够随意进行篡改，并且数据能够被追溯。

《中华人民共和国电子商务法》明确规定了电子商务平台经营者应当要求申请进入平台销售商品或者提供服务的经营者提交其身份、地址、联系方式、行政许可等真实信息，进行核验、登记，建立登记档案，并定期核验更新。目前的纸质营业执照、电子营业执照主要用于记载企业的基本信息，而区块链营业执照侧重于企业全过程信息的记载，包括办照前主体信息、前置审批信息，办照时的登记、变更信息，办照后的后置审批信息、财税信息、信用监管信息等。

(2) 保障证照信息安全

在信息安全上，基于区块链技术的非对称性加密的特征在于信息加密时密钥公开，解密时私钥只有信息加密者掌握。加密信息时，拥有私钥才能解密，防止信息泄露。在系统安全上，区块链技术让每个人手上都有账本，即使是单点故障，其他人手上的账本可以保障系统的正常使用。

网络市场具有主体虚拟、交易跨地域、行为隐蔽、信息不对称等特点，这也成为网络市场监管的难点。区块链具有共识机制和自治性，它采用基于协商一致的规范和协议使得整个系统中的所有节点能够在去信任的环境中自由安全地交换数据，实现将国家企业信用信息公示系统中可公开的工商行政管理监管执法信息互通共享。允许行业协会、电商平台、政府部门、消费者之间求同存异，共同建立联盟规则，认可该规则的可以接入区块链，按照规则读取和写入相关数据，形成社会多元共治格局。

(3) 快速检索，提升服务效率

通过电子证照目录体系的建立,将海量的证照数据拆分为城市内信息和全国检索信息,分别放置在相应的链上,实现快速检索的功能,规范电子证照的管理,提升服务效率。利用区块链不可篡改、全过程留痕的技术特点,实现营业执照从开出到每一次信息变更的全量信息及流程的记录,并且通过查询页面,可以便捷地查询营业执照的全流程信息,包括开出时间、写入区块链时间、写入方、签名方、信息内容等。

(4) 实现全面信息归集

由于政府各部门职能的差别,数据归集管理不同,因此证照数据分散在各部门系统中。电子证照基于区块链技术的平权、共建特点,以共建共享的原则,理论上可实现全省、全市、全国范围内跨区域与跨部门的数据归集,建立数据共享交换的生态圈。

3. 京东区块链技术在电子证照中的典型实践

营业执照区块链应用是宿迁市工商局与京东集团共同推进区块链技术在政务领域的创新,旨在以技术创新突破传统网络交易监管瓶颈,是对新业态进行"包容审慎"监管的全新探索,宿迁市工商局以网络市场监管与服务示范区创建为契机,联合京东开展技术创新,积极向上争取政策支持,致力于在网络市场推进企业自律、行业自治、政府监管、社会监督的协同共治模式。

2019 年,宿迁工商局、京东、益世商服三方部署区块链节点,组建联盟链;在商家授权的情况下,从宿迁工商局直接将需要的商家信息同步至京东商城,为京东商城 POP 商家准入提供了极大的便利。具体应用场景为,京东商城接到企业入驻商城申请后,自动比对区块链中该企业信息与申请信息,快速反馈审核结果,审核通过后将该企业开店信息上链;营业执照信息一旦写入区块链,即自动同步到所有节点,某一节点只要获得授权,即可查询对应营业执照信息。该技术很好地满足了各方对数据安全、便捷、保密的要求,为监管部门开展在线监测,及时发现问题,开展行政指导提供了技术支撑。区块链技术确保了上链电子证照的真实性,代替纸质证照,提高了企业办事效率,同时加快了政务电子化及提高了其效率。在系统功能上线后,对企业资质的审核效率提升了 60%。

2020 年,京东数科继续与益世商服、宿迁市工商局进行合作,在拓展电子证照应用范围的同时,也思考证照的法律存证意义。在实际业务过程中,可能存在使用他人企业信息恶意调用比对、故意使用错误信息比对等情况。因此,除了证照信息的安全性外,还需要对整个业务过程进行留存记录,并且上链。京东数科已经与广州互联网法院、北京互联网法院进行数据链上同步。当出现类似恶意调用情况并造成了经济损失或者影响了正常业务时,此部分数据可以通过区块链同步给两个互联网法院,这些电子存证信息将会方便地作为证据影响判决结果。证照与法务体系的链接,一方面加强了电子证照的法律效应,另一方面也保证了整个证照使用时的安全、合法、合规。

9.2.6 物流单证

1. 物流单证领域的发展现状与瓶颈

在供应链物流领域,企业与企业之间、个人与企业之间的信用签收凭证大部分还在纸质单据与手写签名的阶段。这些纸质单据不仅是运营凭证,也是结算凭证。在实际应用中,纸质单据在操作上繁琐,并且有邮寄和对账的成本,严重地制约了智慧物流的发展。以快运承运业务为例，目前纸质委托书带来的业务痛点主要有以下几点。

（1）成本问题

在传统内审、外审的要求下，需要有纸化对账单，势必产生材料成本和管理成本方面的费用，而通过无纸化升级可大幅度地降低此成本。

（2）运营问题

纸质单据通常通过线下传递，很难保证信息流与单据流的一致，产生较多运营异常，从而产生对账差异大，结算周期长等问题。双方需要花费一定时间在核定账目异常等琐碎事务上，影响承运商的现金周转以及回款，造成负面的用户体验。

（3）监管问题

网络货运时代迎来数据监管时代，这就要求网络货运经营者不得存在虚构交易、运输、结算信息。而纸质运单和通过系统接口对接的方式上报监管数据很难确保单据内容的真实性和实时性，这将为监管带来很大的阻力。

（4）限制物流

金融业务的发展融资业务的单据处理属于最基础、最频繁，也是出现问题最多的环节，纸质单据主要靠人工处理，无论是技术难度还是处理成本都比较高，而且也无法完全保证单证的真实性。

2. 区块链技术在物流单证领域中的价值分析

区块链是一种不可篡改的分布式账本技术，有助于在无信任的多方之间达成可信和透明的交易。区块链技术应用于物流单证中具备较多优势，联盟链上链的单证数据可以实现全程追溯，实时监控物流单证的数据状态，有助于物流单证的溯源与防伪。同时，基于区块链技术和电子签名技术实现物流单证的无纸化，可利用区块链的共识机制和分布式架构等特性，关联包括法院、公证处、司法鉴定中心等多方权威机构，进一步提升物流单证的公信力，提升认证结果的可信程度。区块链去中心化、不可篡改和可追溯等特性可以解决 PKI 体系存在的固有问题，如单一节点故障不会影响分布式记账的整体运行，从而使电子签名具有了更高的连续性、可靠性和容错性[5]。利用区块链实现物流单据交接无纸化、结算智能化如图 9-2 所示。

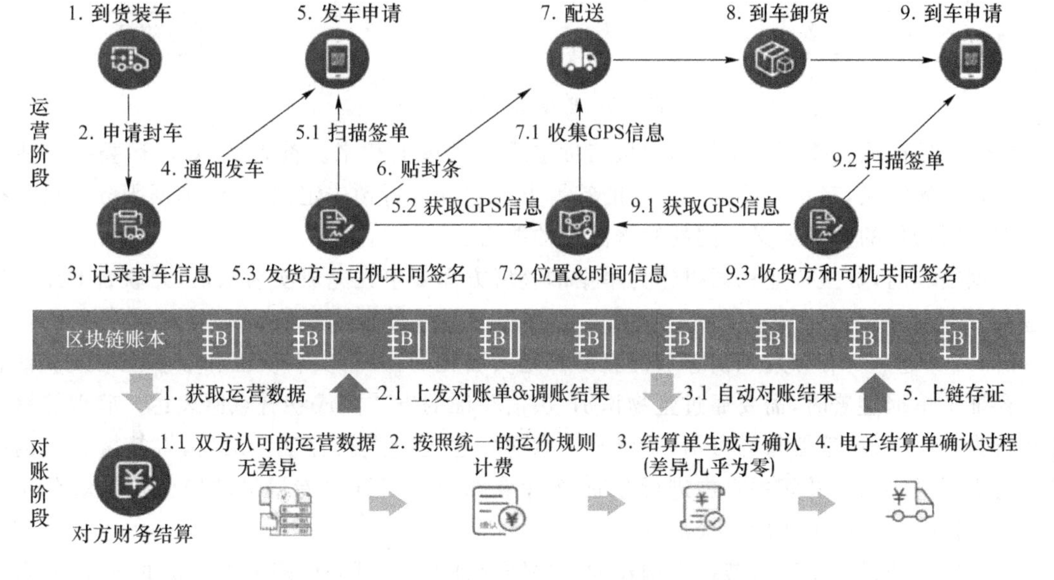

图 9-2　利用区块链实现物流单据交接无纸化、结算智能化

将物流单证上的运价信息、履约信息编写成智能合约，并由相关方进行背书后发布到区块链网络，协议中明确了双方的权利和义务，开发人员将这些权利和义务以电子化的方式进行编程，代码中包含会触发合约自动执行的条件。比如，承运商福佑卡车的运输司机将一整车货物按照京东物流的要求从A始发地运到B目的地，同时，这份智能合约中也规定了从A到B的价格，随即系统则自动触发该笔交易的生成，参与方各自收到账单，财务按照相应账目进行月结对账付款，即可完成整个付款流程，利用区块链分布式账本技术可降低对账成本，缩短结算周期。

3. 京东区块链技术在物流单证中的典型实践

京东物流利用区块链和电子签名技术打造了“链上签”产品，解决了传统纸质单据签收不及时、易丢失、易篡改，以及管理成本高的问题。同时可利用数字签名技术解决传统纸质单据不能处理异常的问题，确保物流配送过程中发现异常能够及时修正，并实时将修改的数据上链，双方运营结算人员可以及时获取准确的数据。利用京东物流供应链优势、背靠已有的物流网络和技术打造基于区块链的可信单据签收平台，实现单据流与信息流合一。单据签名服务示例如图9-3所示。

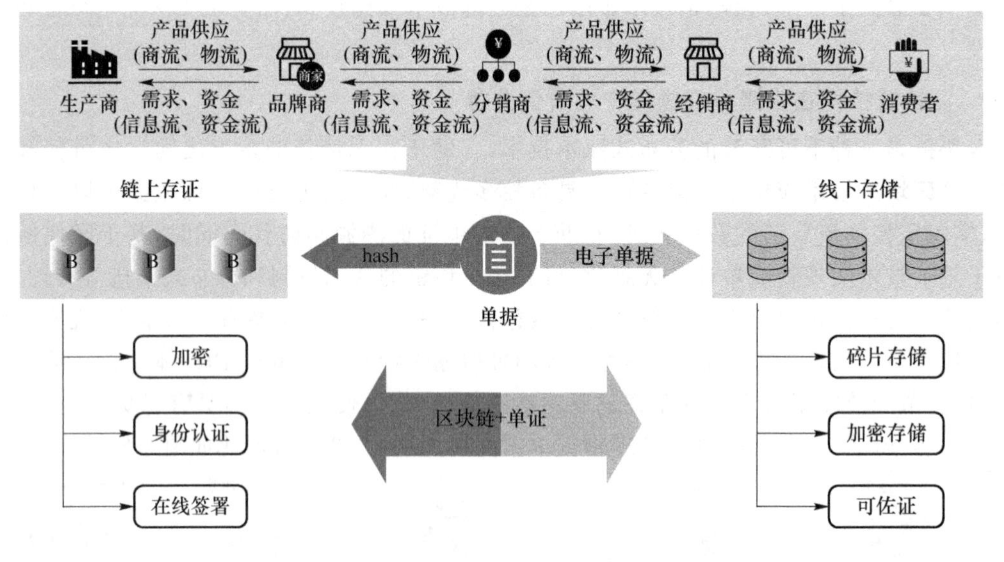

图9-3 单据签名服务示例

“链上签”产品主要服务于货运司机与货主之间的单据往来。首先，需对承运委托书协议模板进行预先定义，对承运委托书协议的签署方及过程进行预先定义，可信单据服务平台需提供根据不同场景的需求定义不同的签署流程的能力。

单据签署前，货主企业和司机作为单据的签署方需要事先完成实名认证，并联合CA机构为签署方颁发一份认证其身份的数字证书。利用CA认证技术检查证书持有者身份的合法性，确保区块链上所有经过私钥签名的交易都是实名化的，并将实名认证和数字证书发放信息上链存证。单据签署时，需要通过生物识别、短信验证的方式完成签署意愿表达。确保签署主体及行为真实有效、签署行为可信，并将确认意愿信息上链进行存证。最后，将签署完成的电子承运委托书协议以及相关日志进行存证，各个参与方均可通过专属区块链浏览器等公示工具查看、提取、验证已上链的存证信息。

区块链存证是基于区块链技术构建的区块链存证服务，可采用多节点共识的方式，联合法院、公证处、司法鉴定中心、授时服务机构、审计机构以及数字身份认证中心等权威机构节点，并为这些节点提供电子数据存证服务，主要原理是基于区块链以及相关分布式账本技术，可以保证存证信息的完整性和不可篡改性[6]。基于区块链实现单据流与信息流合一如图 9-4 所示。

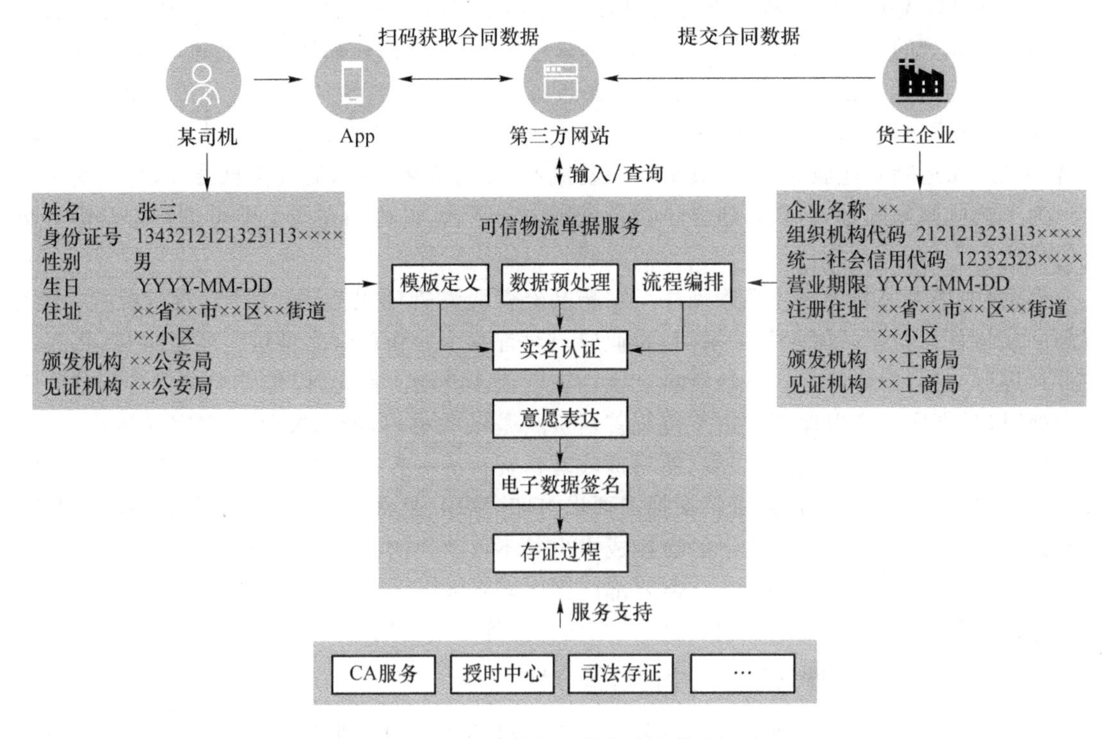

图 9-4　基于区块链实现单据流与信息流合一

通过区块链构建可信单据查验平台，为利益相关方提供单据查验和下载统一视图功能。基于标准跨链协议完成与北京互联网法院"天平链"等权威机构的证据链对接，提升了取证效率，降低了司法取证成本。

可信单据服务平台可采用联盟链的治理方式，在该网络中，京东物流、承运商、CA 机构和其他业务相关方都可作为链上节点加入，形成一个可靠的联盟链网络。在业务设置上采用符合供应链物流特点的治理方式，保障供应链数据可信共享，同时，又具备良好的安全特性和隐私保护能力。"链上签"所使用的区块链平台是基于京东自主知识产权的区块链底层技术平台"JDChain"，其本身具有强化区块链底层在客户实名、协约签署、管理、维护和合同保障方面应用的功能，为物流单证应用场景构造了很好的基石。

利用"链上签"平台，京东物流携手承运商企业通过对现有业务流程进行规范，从而将供应商对账期从目前的 90 天账期缩短为至少 60 天账期，不仅从承运商处可以获得更多的优惠条件，也大幅地降低了运营和管理成本。据不完全统计，全国每年快运支出大概有 20 亿元，"链上签"平台将会在每年为全国快运业务整体减少 2～3 亿元的成本。未来随着快运业务的迅猛发展，将会有更大的成本节省空间。同时，利用联盟链技术和物流供应链核心企业优势，可以衍生出更多的应用场景。例如，利用区块链上可信的单据与交易数据及为供应链金融提供保理服务，可更好地解决中小企业融资难、融资成本高的问题。

9.2.7 首营证照

1. 首营证照领域的发展现状与瓶颈

2016年起，我国开始鼓励医药流通的数字化，《国务院办公厅关于进一步改革完善药品生产流通使用政策的若干意见》(国办发〔2017〕13号)、《国家食品药品监督管理总局关于推动食品药品生产经营者完善追溯体系的意见》(食药监科〔2016〕122号)文件等，均鼓励推动"互联网＋药品流通"的发展，京东基于在电子商务、产业数字化、区块链领域的持续积累，为生产经营者提供产品追溯专业服务，帮助其减少交易成本，提高流通效率，促进信息公开，打破垄断局面。为了响应国家的号召，京东建立了首营资料电子平台，以达到在线上即可进行首营资料交换的目的。

根据《中华人民共和国药品管理法》及《药品经营质量管理规范》等法律法规，购进首次经营药品或与首营企业开展业务关系前，企业应该对首营企业和首营品种进行质量审核，将规定的资料进行交换，而传统方式下的资料交换存在着诸多弊端。首先，以传统的方式进行首营资料交换时，其真实性难以保证。由于传统首营资料是纸质材料，所以文件内容容易被篡改，或者材料上加盖的是私人刻制的印章，使得接收首营资料的一方很难识别。其次，传统方式下的资料交换时间很长。传统首营资料交换需要以打印、复印、邮寄等方式进行交换，交换时间长，容易延误商机。最后，传统方式下的交换成本也是不可忽视的。对于监管部门来说，这种资料交换的形式也需要耗费大量的人力，需要部门到医药企业(医疗机构)进行实地检查，除了高昂的人力成本以外，还涉及邮递、纸张、打印、存档管理等多项费用。

2. 区块链技术在首营证照领域中的价值分析

基于上述背景，电子化的首营资料交换平台应运而生。引入平台后，在成本方面，时间成本、人力成本、保管成本、存放成本、查询成本、印刷复印成本、盖章成本、快递或传递成本，以及管理成本，相对于传统方式下的首营资料交换方式，医药企业成本大大缩减。平台核心功能分为资质上传、资质交换、资质存档3个环节。在操作方面，平台的操作简单清晰，上传资料完毕后可实现瞬时交换、快速建档，以保证时效性，为交易双方节约流通时间，绿色环保，为企业降耗提效。在资料的真实性方面，要求资料扫描上传，与公民信息系统、企业信息信用系统对接，并采取开户银行验证，多重保障。

在合法性方面，我国早在2005年就施行了《中华人民共和国电子签名法》，在满足相关条件的情况下，可靠的电子签名与手写签名或者盖章具有同等的法律效力。且国家鼓励信息技术企业作为第三方为生产经营者提供产品追溯专业服务，鼓励行业协会组织、企业搭建追溯信息查询平台，为监管部门提供数据支持，为生产经营者提供数据共享，为公众提供信息查询。

在数据统计、数据标准化方面，与医药流通物联网管理结合，同步对接监管端信息更新，及时准确反馈市场数据。与监管后台进行匹配，为药品流通的去中间化提供数据支持，为医药行政监管的终极目标提供有效、可操作、可落地的服务数据支持，将使医药流通更加透明。

3. 京东区块链技术在首营证照中的典型实践

在医药首营证照可追溯性方面，京东健康通过使用京东智臻链技术，对每份首营资料的交换情况(包括交换时间)作记录，所有在平台上交换的首营资料都建立了相应的交换路径，可查询首营资料在任一交换节点的流转情况。通过溯源的方式，实现对首营资料交换的全环节记录，通过区块链技术防篡改的机制反向保证药企间交换资料的真实性与可靠性，从而打击假药市场，提供安全可靠的药品服务。

在首营资料交换的过程中，区块链保证着资料的高度一致性与安全性，可实现“多方见证”。所有交易信息都会被“如实地记录”，而且这个账本将是唯一的。在存储方面，由于网络中的每一个节点都有一份区块链的完整副本，所以即使部分节点被攻击或者出错，也不会影响整个网络的正常运转。区块链去中心化、防篡改、透明开放的特点，意味着数据的高度一致性和安全性。流通环节在区块链技术的保障之下，可以进行直接的数据监控，让各环节都无处遁形。

此外，区块链的系统是分布式的，除了交易各方的私有信息被加密外，数据在所有节点都是透明的，任何人或参与节点都可以通过公开的接口查询区块链数据记录，这是区块链系统获取信任的基础。区块链数据记录和运行规则可以被参与节点审查、追溯，具有很高的透明度，因此区块链的数据稳定性和可靠性极高。哈希算法的单向性是保证区块链网络实现不可篡改性的基础技术，因此首营资料遭篡改的概率极低。在自治性方面，区块链采用基于协商一致的规范和协议，使得整个系统中的所有节点都能够在去信任的环境中自由安全地交换数据，使得对“人”的信任改成了对机器的信任，任何人为的干预都将不起作用。综上，运用区块链技术加持的首营资料电子平台所实现的药品质量档案电子化管理的意义，并不仅是高效、节约成本，同时也助力了医药行业的行业监管及数字化转型升级。

9.2.8　电子发票

1. 电子发票领域的发展现状与瓶颈

《中华人民共和国电子商务法》第 14 条对电子商务经营者做出了明确规定：“电子商务经营者销售商品或者提供服务应当依法出具纸质发票或者电子发票等购货凭证或者服务单据。电子发票与纸质发票具有同等法律效力。”

作为财税创新重要成果的增值税普通电子发票，在国家的大力支持推动下，已经得到了广泛应用。虽然电子发票的推广及应用取得了可喜成就，但还没有达到全领域覆盖和效应最大化。其中，“营改增”后企业开具增值税专用发票数量大、应用广，但未实现电子化。纸质专票已经成为制约企业降本增效的一大因素。以京东集团为例，此前每年开具大量纸质专用发票，纸质发票的开具、报销、抵扣、勾选认证等环节均需要耗费大量的人工及流通邮寄成本，且核销流转效率较低。如何在最大程度上节约生态资源，缩减庞大的综合投入，同时提升效率呢？基于区块链技术的增值税专用发票电子化方案可以有效地解决以上问题。

2. 区块链技术在电子发票领域中的价值分析

区块链技术应用于电子发票，以其特有的分布式去中心化、全流程追溯、不可篡改等技术特点，可以破解增值税专用发票虚开、重复报销抵扣等痛点、难点。利用区块链技术记录专用发票的票面信息及其开具、勾选认证、作废冲红等状态，可以大幅地提升交易效率，降低交易成本。基于区块链去中心化、不可篡改等特质，受票方可随时在本地节点查询区块链上真实无法篡改的发票信息，用以校验发票真伪及状态，准确无误地进行自动对账操作，可提高财务运行效率。开票方可有效地节省人工及流通邮寄成本等综合管理费用。此外，在区块链中，通过密码学手段的限制，每个企业只能查看与自身有关的信息，有效地保障了发票信息的隐私性和安全性。

区块链技术用于电子发票后，还可以拓展信息存储范围，将订单信息、物流信息、资金流信息、发票报销入账信息等写入区块链，为税务机关提供丰富的涉税大数据，利用大数据技术对其进行比对分析，能够让人们更加深入地了解税源状况。同时，政府部门可全程跟踪记录增值税专用发票的完整流转链条及参与方节点，对全票面信息进行实时采集和动态掌握，识别倒卖虚开增值税专用发票行为，有利于税务稽查工作的高效开展，可大幅地提升税务机关税源穿透式监管能力。

3. 京东区块链技术在电子发票中的典型实践

京东增值税专用发票电子化基于区块链技术搭建了一整套无纸化全流程应用，做到了发票的开具、流转、报销、使用、抵扣、归档均在区块链上电子化完成。京东区块链电子发票生态如图 9-5 所示。区块链技术在京东增值税专用发票生态中的应用如下。

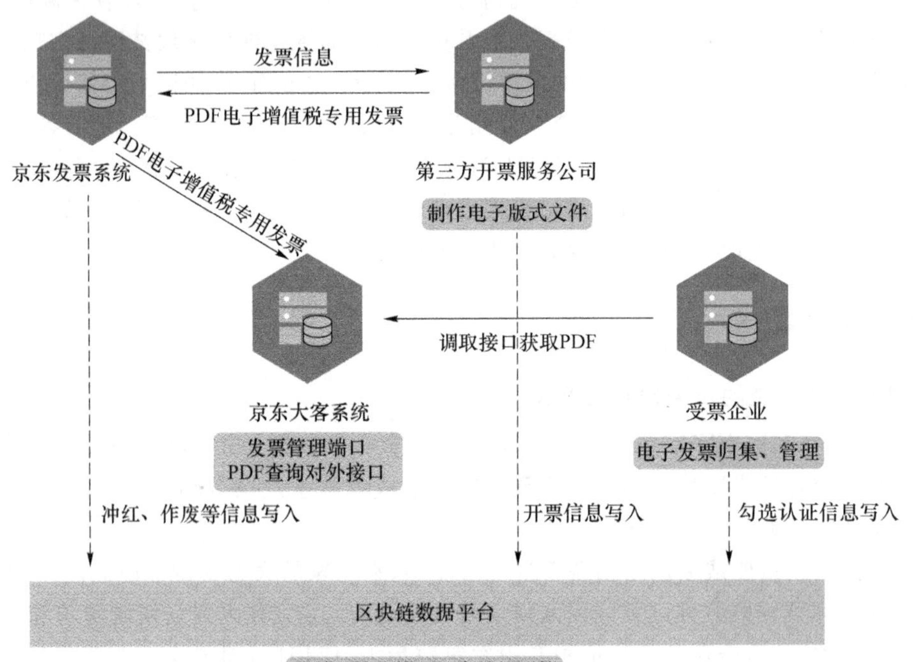

图 9-5　京东区块链电子发票生态

由开票服务公司提供上链数据，开票服务公司进行链上信息签名背书，通过智能合约校验开票信息的准确性，确保了链上数据与上传税务局、给到受票方，以及纸质版增值税专用发票的数据信息的一致。

基于区块链的增值税专用发票电子化技术除了能应用到京东及其客户之间外，区块链技术的保密性、可追溯性、安全性等特性使得该平台具有很强的通用性，其他企业可方便地接入区块链平台，及时获取准确的增值税专用发票电子化信息，进行发票的开具、使用、报销、抵扣认证、交易管理、数据对账、逆向处理等操作，同原有纸质发票需要人工核对多个发票字段信息的方式相比，基于区块链的增值税专用发票只需要比对哈希值，就能实现发票信息的精准快速核对。通过区块链专票数字化应用，可实现企业采购全流程电子化升级，打造高效、透明和数字化的采购管理体系；同时，能够打通采购系统、财务系统、报销系统，实现全流程数据由系统自动生成或通过系统对接自动采集，减少人工操作，推动采购流程的透明化。

9.3 数字金融

金融的本质是信用的建立和传递，区块链以其不可篡改、安全透明、去中心化或多中心化的特点，天然适用于多种金融应用场景，例如交易清结算、资产证券化、供应链金融等。京东数科本身拥有庞大的金融业务场景，这些场景与区块链技术的融合将为金融领域带来更多的可能性。

9.3.1 资产证券化

京东数科在区块链 ABS 领域已有 4 年多的经验，在多种类型的 ABS 项目中落地。2017 年 7 月，京东数科与建元资本 ABS 云平台合作发起了基于区块链技术的汽车融资租赁 ABS 项目。2018 年 6 月，京东数科与华泰证券资管、兴业银行共建了区块链 ABS 联盟，基于区块链 ABS 系统成功发行了白条 ABS 项目，该项目中律师事务所、会计师事务所、评级机构等 ABS 主要中介机构也纷纷在区块链 ABS 系统中完成了部分业务环节。2018 年 11 月 8 日，“京东金融-华泰资管 2018 年第 6 期供应链保理合同债权资产支持专项计划”成功设立并于上交所挂牌转让。此项目以保理合同债权作为底层基础资产，发行规模为 15 亿元，由华泰证券资管担任计划管理人，由兴业银行担任托管机构，京东金融全资子公司邦汇保理担任原始权益人和资产服务机构。该项目在联盟链上通过智能合约实现了 ABS 项目智能化管理，首次实现利用智能合约，将交易结构条款转化为可编程化的数字协议；依托智能合约，实现了加速清偿和违约事件的实时判断、合约条款的自动强制执行、特殊事件触发实时通知等功能，使处置工作能及时和透明地展开。2019 年 6 月 3 日，京东数科基于智臻链 BaaS 平台，推出了首个区块链 ABS 标准化解决方案，兴业银行、中信证券、众华会计师事务所、奋讯律师事务所、中诚信等机构成为首批使用该方案的机构。该方案能帮助资产方、托管行、计划管理人、律师事务所、评级机构、会计师事务所等 ABS 业务参与机构优化业务流程，节约时间成本，提升 ABS 发行业务效率。各参与方可通过标准化模块加入 ABS 区块链，整个过程仅需数分钟，节省了自行开发、部署区块链节点的成本。同时，该方案可以为律所等 ABS 业务中介机构节省数百小时信息传递和审核的时间，将人力成本降低 30%。2020 年 7 月，东道 2 号京东白条第三期资产支持票据发行成功，这是银行间市场首单运用区块链技术的消费金融类 ABN 产品，中国银行、建信信托、联合资信、天职国际会计师事务所、中伦律师事务所、华夏银行等机构参与了业务发行。

9.3.2 数字仓单

中国大宗商品种类超千余种，包括煤炭、原油、铁矿石、大豆等上游产品和橡胶、化纤、合金、成品油等中游产品，构成了我国各行各业的源头与基础。2020 年 1 月，中国大宗商品价格指数(CCPI)达 152.53 点，创下近 7 年来的新高。

然而，市场稳定发展的同时，上海钢贸案、青岛港德正系骗贷案等事件引发的大宗行业融资危机仍然困扰着行业。究其原因，大宗商品生产流通的参与方众多，个别环节作假、肆意修改信息、隐瞒真实信息的行为降低了整个大宗流通链条的安全性。而这些问题在传统的线下大宗流通模式下难以解决，导致行业风险难以把控，信用整体缺失，主要体现在以下几点。

① 货物安全难以保障：大宗仓储管理水平参差不齐，经常发生存货短少、缺件、被挪用的现象，而由于大宗商品许多以散杂货形态堆放，难以用肉眼的方式识别货物变化，且大宗仓储本身管理比较粗放，无论是监管方对货物的监管，或是银行对质押货物进行核库，都面临较大难度，质押货物的安全性无法保障。

② 货物确权过程复杂：在货物确权方面，大宗商品货物所有者、交易方、监管方、资金方等角色存在严重的信息不对称，难以避免一货多卖、一货多押的问题。这些问题使得大宗商品的货权认定存在极大的痛点，货权确认的高复杂度也限制了质押业务的开展。

③ 品质、价格难以识别：在品质和价格确定方面，大宗商品的来源认定、品质认定都存在痛点，货不对板、偷梁换柱等问题难以识别，这为大宗商品质押融资带来了困难。

④ 仓单开具与使用难：在仓单开具和使用方面，传统的仓单融资业务采用仓储方线下开具的纸质仓单，纸质单据的管理难度极高，存在印鉴伪造、单据伪造、一单多用的风险。

综上所述，行业风险防控手段缺失、整体缺乏信用等问题，导致大宗商品流通商有强烈的融资需求，却面临融资难的困境。传统的大宗商品质押融资模式已无法继续，大宗行业需要新技术、新模式来重构大宗商品融资新环境。

区块链技术的兴起为大宗商品流通行业带来了新的机遇，其技术本身安全可信、不可篡改且全程可追溯的特性，能够有效地解决目前大宗商品质押融资中风控的问题，可帮助银行降低风险，提升大宗商品融资效率，体现在以下几方面。

(1) 通过区块链实现大宗货物流通全过程追溯

大宗商品一般从资源地以海运或铁路的方式进入中转港口或集散地仓库，再配送至消费地中转仓库或消费企业。整个流通环节会经历海运、铁路、陆运等2～3段物流环节，同时会发生在途、在库的销售和货物交割。通过区块链技术，可将货物流通过程中各环节的信息同步上链，实现货物交易、交割、物流全过程的追溯，为质押业务中的资产穿透提供数据支撑，帮助银行识别和甄选可靠的资产，降低融资中的风险。

(2) 区块链帮助大宗商品流通环节各参与方实现互信

基于区块链技术打造仓储服务、交易交割服务、融资服务平台，将各个业务参与方的操作统一在平台上完成。该业务系统无数据篡改风险，参与方可以平等地在平台上获取信息，完成仓储业务办理、交割、交易等业务，极大地降低了对平台和其他参与方的信任成本，缩减了业务协作交互成本。同时，通过该平台产生的资产具备安全可靠的业务背景，能够增强资产的可信度，起到资产增信效果，从而降低融资方的融资门槛，实现中小企业融资诉求。

(3) 基于区块链打造安全可靠的电子存货仓单数字化资产

基于区块链搭建的电子存货仓单全生命周期管理系统，能够保障电子存货仓单的安全性、唯一性、开放性、防篡改性、可追溯性，让有形的库存转化为“数字化资产”。基于“数字化资产”的形式可以有效地打通产业链上下游，电子存货仓单成为产业和金融之间的骨干和枢纽，从而构建真正对银行产生价值的金融产品。

京东数科针对大宗商品金融服务的需求痛点，构建了一整套大宗商品产业数字化解决方案。以区块链技术为基础，通过将大宗商品流通过程中的仓储物流、交割交易、金融、风险管理等环节的过程上链，实现大宗商品数字化、线上化和智能化，并通过电子存货仓单的全过程追溯，打造基于安全可信电子存货仓单的质押融资服务。最终实现资产和资金的对接，帮助大宗上下游企业以门槛更低、更便捷的方式获得融资，此外，该平台还能够帮助银行识别更可靠的资产，降低风险，实现行业整体融资效率的提升。京东数科大宗行业融资解决方案如图9-6所示。

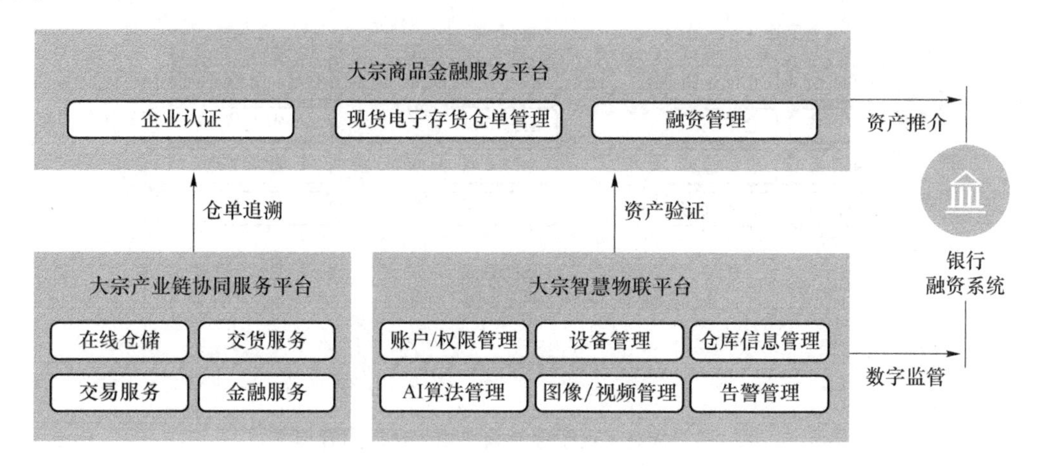

图9-6 京东数科大宗行业融资解决方案

在大宗产业链协同服务平台中，通过企业认证、人脸识别、电子签章等方式匹配企业人员分工和业务流程，厘清执行人、执行单据的关联关系，确保业务往来的真实性，并将关键操作和关键单据全部上链，确保电子存货仓单信息的不可篡改性和可追溯性；同时，对接京东区块链数字存证服务，实现关键业务环节和单据的事中存证、诉时调证、高效维权。

此外，通过IoT实现实物与数字仓单数字化资产的对应，并通过摄像头、AI视觉识别、电子光栅、激光测距等方式实现远程监控和异常报警，对质押货物的状态、形态等进行实时监管，以确保仓库内质押品的安全性。利用IoT设备将信息直接对接上链，将进一步确保链上数据的准确性。这些信息将同步给平台、仓库和银行等相关方，实现参与方的信息公开共享，从而保障电子存货仓单的底层实物安全。

最后，基于电子存货仓单追溯信息和IoT资产数字监管的能力，在京东数科大宗供应链金融服务平台形成可信可靠的电子存货仓单，以此对接金融机构的信贷服务能力，集成大宗产业链协同服务平台的供应链协同服务能力，通过数字仓单质押、买方融资、现货交易融资等多种产品为大宗客户提供融资服务。利用区块链技术共享分布式账本、多中心共识决策、可信合约执行、账本数据难以篡改等特点，实现多方共识下的大宗商品融资业务，解决虚假单据、一单多押的问题，提升大宗商品融资的效率和质量。2020年4月，京东数科与中储发展股份有限公司共同组建的中储京科供应链管理有限公司，上线了大宗商品供应链协同平台“货兑宝”（www.huoduibao.com）。货兑宝平台基于京东智臻链BaaS平台，搭建了大宗现货数字仓单系统，实现了数字仓单的全生命周期管理。通过区块链技术，货兑宝可保障数字仓单的安全性、唯一性、开放性、防篡改性、可追溯性，进而与银行系统对接，实现数字仓单的质押融资。平台的主要功能包括以下两方面。

(1) 实现基于区块链智能合约的电子存货仓单全生命周期管理

在仓储企业、平台企业、行业协会、资金方等主体中建立网络节点，对于电子存货仓单的生成、拆分、注销、质押等操作在节点间达成共识。将电子存货仓单对应的出入库、过户、交易、质押等追溯信息存储在区块链网络中，信息在各节点中同步，以保障仓单相应操作的真实性，无法单方面篡改。货兑宝电子存货仓单全生命周期管理如图9-7所示。

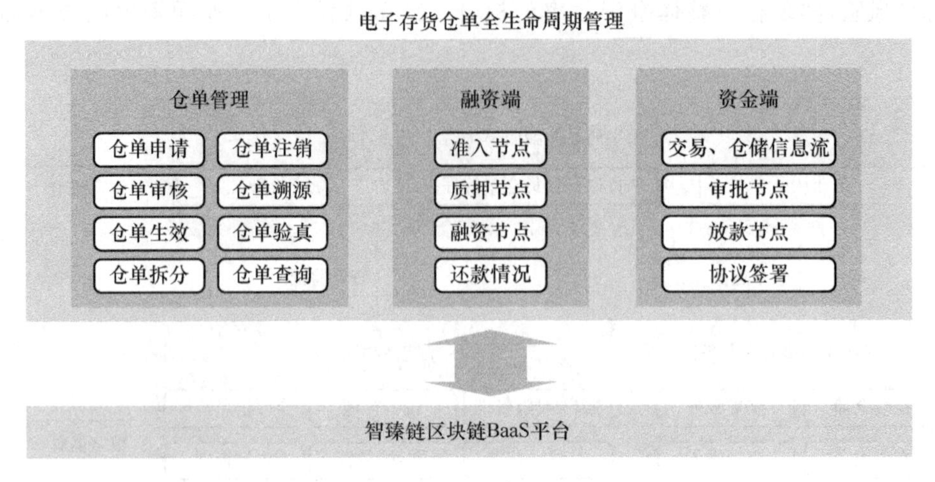

图 9-7　货兑宝电子存货仓单全生命周期管理

根据区块链联盟网络中的参与方共同约定的业务规则、封闭的仓单流转环境，再结合基于区块链智能合约的电子存货仓单管理系统，可在极大程度上保障仓单的真实性、唯一性、可追溯性，以解决一货多卖、重复质押的问题，并在参与方中实现互信。

(2) 实现关键业务环节的区块链存证

对接京东数科区块链存证服务，将货物和订单全程追溯信息、电子存货仓单追溯信息和全生命周期关键节点，用户的入库、出库、过户等关键操作，入库单、出库单、过户单、合同等重要单据上链，直连互联网法院等机构，赋予电子数据公信力。

货兑宝区块链电子存证应用如图 9-8 所示。

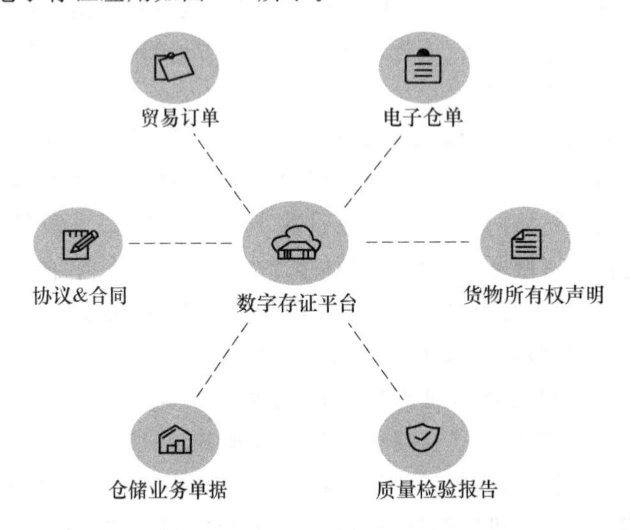

图 9-8　货兑宝区块链电子存证应用

通过区块链数字存证平台，货兑宝平台可实现如下 3 个场景应用。

- 事中存证：业务发生时进行存证，同步“网通法链”，实现在多家权威机构存证，多方背书，数据可信。
- 诉时调证：诉讼发生时，只需填写存证编号，电子证据系统一键调证，实现快速出证，省时省力。

- 高效维权:存证标准与规则前置,存证数据可信,免公证及鉴定,高效维权。

目前,货兑宝平台与中储股份青岛分公司、中国建设银行青岛分行自贸区支行于 2020 年 4 月 21 日完成了第一笔服务融资客户的区块链数字仓单质押融资业务试单。该笔试单业务的顺利完成验证了货兑宝平台数字仓单质押融资业务的整体流程,单据区块链存证、取证情况取得了中国建设银行的认可,搭建起了区块链数字仓单质押融资产品标准与应用场景,实现了区块链技术在大宗商品流通大场景下的产品化和实用化。2020 年 7 月 17 日,中储京科的货兑宝平台与中国建设银行青岛自贸区支行、青岛诺顿进出口有限公司、中储发展股份有限公司青岛分公司共同合作的首单基于区块链技术的电子存货仓单质押融资在“海陆仓转现货仓”的业务模式中放款成功。此业务的顺利落地标志着货兑宝平台金融服务的解决方案开始在实际业务中应用,更标志着由中储仓库在货兑宝平台线上化出具的区块链电子存货仓单获得了金融机构和行业内供应链企业的认可,完成了从“0”到“1”的突破。

9.3.3 供应链金融

京东零售作为中国最大的零售平台之一,以自营为主的经营模式和较为丰富的供应链体系,使其十分适合作为核心企业输出信用,方便实现应用账款信用多级流转。信用凭证的开具、拆分转让、融资等全流程节点均由区块链赋能,以实现确权的真实性,以及信用凭证全生命周期的真实性和可回溯性。以企业公开信息、交易信息、交易凭证信息、存证信息为抓手,结合智能合约履约等适合区块链赋能的角度推进供应链金融业务,进而推动政府部门、征信部门、核心企业、供应商、资金方各方实现信息标准化和线上化,以此来推动整个供应链体系的区块链赋能,最大限度地实现贸易的真实性、可追溯性。打破信息孤岛,增强各方的信任,减少资金方对贸易真实性不信任的问题,进而从根本上解决中小微企业融资难、融资贵的现状。

本章参考文献

[1]　中欧国际工商学院. 2020 区块链溯源服务创新及应用报告[Z]. 2021.
[2]　中国信息通信研究院. 中国数字经济发展白皮书(2020 年)[Z]. 2021.
[3]　中国信息通信研究院,上海高级人民法院. 区块链司法存证应用白皮书[Z]. 2019.
[4]　中国电子技术标准化研究院. 区块链电子合同存证应用指南[Z]. 2020.
[5]　京东数科. 2020 京东区块链技术实践白皮书[Z]. 2021.

第 10 章 区块链与智能技术融合

10.1 区块链+云,构建一站式低门槛技术及服务体系

如果要给过去 10 年中,最能改变我们生活的计算机技术做个投票,相信很多人都会给云计算投上一票。云计算技术打破了旧时代的禁锢,将服务 SaaS 化、平台 PaaS 化、基础设施 IaaS 化,使全社会的信息处理能力(服务)提升了至少一个数量级。

10.1.1 区块链多云战略的实现路径

区块链网络部署是典型的分布式应用构建方式,通常会因为各节点计算资源、网络资源、存储资源等不同而导致区块链组网异常复杂。云的出现让区块链复杂的组网过程有了统一简化的可能,现在只需要统一标准,即可将区块链网络进行公有云、私有云、混合云、专有云在内的多云部署。在 5G、IoT 技术的加持下,端到端的区块链节点部署及应用充满更多可能。

众所周知,区块链技术的特征之一是多(去)中心化,整个区块链网络不会被单一破坏者劫持。如果我们将其概念推广,提供区块链网络管理服务的 BaaS 平台同样也应该是多中心化的。如果单中心的 BaaS 平台发生故障,那么对于它管辖的区块链网络来说,无疑也是一种共识分叉。因此,将繁杂的部署逻辑通过云平台统一调配,将云作为一种独立资源进行适配,BaaS 平台可抽象资源管理插件,基于各云平台对外 SDK 实现对该平台的集成。结合企业组网功能,所有存量的 BaaS 平台实例之间都可以进行跨域组网,从而进行业务往来。

京东智联云是 BaaS 平台云化的第一落脚点,而随着区块链在京东、在全社会的不断实践,BaaS 平台将逐步向前推进,支持更多云平台,真正做到无视资源底层的互联互通,从而实现多云战略的阶段目标。

10.1.2 灵活的接入方式助力中小企业业务腾飞

在独立版 BaaS 平台部署方案中,我们可以将企业用户如何接入区块链网络总结成图 10-1。

- 应用接入模式:企业本身并不维护区块链节点,而直接使用其他企业的节点,这种接入模式的企业可以归纳为小微企业或边缘企业。

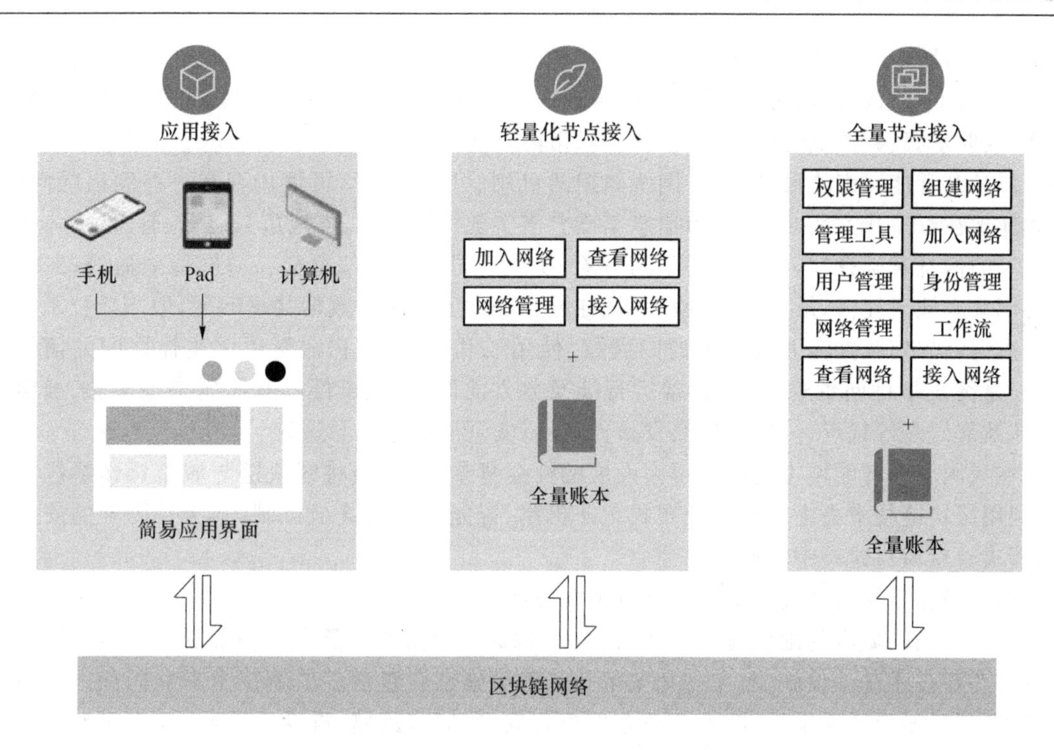

图 10-1　企业用户接入区块链网络的 3 种方式

- 轻量化节点接入模式：企业本身维护一个区块链节点，但并不拥有 BaaS 平台，而依托于核心企业的 BaaS 平台，这种接入模式的企业可以理解成与核心企业有业务往来的供应链上下游企业。
- 全量节点接入模式：非常适合供应链核心企业，企业拥有完整的 BaaS 平台，能够主导这个区块链联盟的发展；同时，也能够与其他对等的 BaaS 平台进行跨域组网，从而形成核心企业的强强联盟。

通过对独立版 BaaS 平台部署方式的分析，不难发现其中并没有中小企业使用场景，而"区块链＋云"的组合恰恰填补了空缺。相较于独立部署 BaaS 平台，中小企业客户可通过云版 BaaS 平台构建有共同业务线的对等联盟。相较于独立版 BaaS 平台，定价方案中毫无疑问会附加各种成本，实施成本过高。核心企业有能力摊平成本，但对于中小企业来说，在预算有限的情况下，使用云服务是上上之选。

再者，独立部署 BaaS 平台的客户，一般是拥有丰富区块链应用场景的客户，而中小企业更多的是只有单一业务场景。在局限的前提下，中小企业使用云服务是较为明智的选择。

综上，京东数科智臻链区块链 BaaS 平台与云平台的融合，是京东近几年在区块链技术领域实践经验的沉淀，是顺应国家区块新基建建设的重要举措。平台搭建依靠的是京东的实践积累，而平台生态的构建及繁荣离不开全社会的热情及参与。

10.2　区块链＋城市操作系统，打造新型智能城市

10.2.1　区块链与城市操作系统结合的实现路径

随着新型智能城市建设的不断发展，城市运行过程中产生的数据呈现爆发式增长，城市操

作系统作为城市级全域数据感知汇聚平台、数据管理平台、AI智能引擎和智能应用赋能支撑平台,实现了城市数据采集、存储、计算、管埋、挖掘、分析、可视化等多项功能,解决了城市数据汇聚、数据基底、数据赋能的问题,保证了城市的智能化运行。

但是在智能城市建设过程中,围绕数据的可用、可享、可管、可信仍存在一些突出的问题,具体体现在以下几方面:一是城市信息基础急需实现协同共用,各地市缺乏云、管、端一体化协同发展的信息基础设施,导致针对不同对象,使用不同载体的信息交互协同能力薄弱;二是政务协同共享缺乏互信,虽然城市操作系统在相当程度上解决了数据共享问题,但当前技术手段尚难以清晰界定数据流通过程中的归属权、使用权和管理权,仍需解决多主体之间的信任问题;三是突发事件问责难,城市正常运行涉及方方面面,相关事件具有所属类型多、来源渠道多、涉及部门多等特点,一旦发生突发事件,难以实现原因追溯与追责。

在我国新型智能城市建设取得大发展的社会背景下,应当将区块链与城市操作系统相融合,利用区块链技术去中心化的分布式记账机制、智能合约的共识机制、基于密码学的安全机制,解决智慧城市建设中的痛点。

城市操作系统与区块链结合包含以下几方面。

一是可信的城市基础设施。2020年4月,国家发改委相关负责人明确提出,区块链、云技术等作为新技术基础设施,而在一个城市的基础设施也会包括多项新技术来共同促进城市经济发展,促进城市产业发展,助力业务办理更高效,数据多跑路,群众少跑腿,让人民群众的生活更美好。区块链技术具有不可篡改、可追溯、去中心化等特点,面对城市发展过程中面临的相关问题,区块链这项技术能够让数据账本安全可信,将分布式记账、智能合约机制、密码学安全机制等作为城市操作系统的底层支撑能力,为城市中交通管理、工程建设、溯源监管等领域的数据共享、业务协同提供能力支撑,助力于智慧城市提升协同效率和降低协同成本,多项已有基础应用的功能可以得到大幅提升。

二是城市级数据共享交换平台。在城市发展到一定阶段后,会出现不同部门之间数据格式不一致,没有形成统一的标准和规范,数据无法共享、不愿共享、不想共享等问题,这样就出现了"数据孤岛,烟囱林立"的情况,不利于智慧城市的整体发展和推进。而依托区块链技术,助力构建基于区块链技术进行政府数据共享交换网络模型的研究,对于数据权限设置、身份认证设置、数据共享设置等关键点进行重点考量,统一设置数据标准,在保障隐私安全的前提下,让各部门之间从不愿共享数据到愿意共享数据,打造可信的城市数据共享交换平台。

三是敏感操作安全审计系统。城市操作系统中业务敏感操作日志存在被篡改的风险,一旦被篡改,用户在信任方面将会蒙受巨大的损失。针对以上问题,实现基于区块链的敏感操作审计功能,将业务中的密钥操作、设备的权限更改等敏感操作数据上链,一方面可以保护敏感数据的隐私性,另一方面可以实现历史可查、可溯、可验以及防篡改,遏制越权行为,实现风险溯源和审计,提升审计效率,降低审计成本,保障审计安全。

10.2.2 助力提升城市治理效率和水平

将区块链技术与城市操作系统相融合,对于改变传统城市治理思路,建立现代化城市,提升城市治理效率和水平有着特别重要的意义。

① 建立信任机制,促进数据共享:充分发挥区块链技术特有的不可篡改性、可追溯特性,使得城市运行过程中的各相关方获得前所未有的信任机制背书,相关部门均可部署节点,形成联盟链,节点相关方拥有一套完整的数据库,多方数据互相数据共享,同时可把集中化数据存

储变为分布式存储，一方面确保数据安全，另一方面确保城市各项工作的可追溯、防篡改，从源头上引导和监督相关方诚信履约、尽职履责。

② 提升城市治理效率，加强业务协同：城市治理效率的提升需各方共同参与，互相信任，区块链技术可通过不可篡改、公开透明和可追溯等特点助力解决，一旦把相关信息存储在区块链上进行存证，会保障信息安全可靠，这样才能充分发挥政府各部门的协同效应，完善业务监控点和内部控制管理，使决策者可以及时准确地了解城市运行状态，促进资源的共享与整合，实现信息化与城市价值的融合。通过在智能城市的相关业务场景中使用区块链中的"智能合约"，可以减少人为的干预，更多地实现程序自动化执行，这样可以使得智慧城市的建设规则更加透明，运营成本得到进一步降低。

③ 提升多部门联合风险管控能力：面对城市高速发展所带来的管理压力，利用区块链实现多部门、多主体间的关键数据和哈希值上链，实现风险数据的链上查询、验证和共享，帮助决策者分析和预测风险，并进行有效的联合监督决策与调度管控，同时还能为城市运行积累真实可信的一手数据。

10.3 区块链+联邦学习，开创更高安全信息处理技术标准

人工智能是生产力，区块链是生产关系，大数据是生产要素，这是多数区块链从业者的共识。在大数据时代，数据作为一种新型的生产要素已被社会认知并广泛接受，但区别于其他生产要素的一点是，被严格要求保护个人数据隐私，这是受到法律法规保护的；而数据又需要开放共享才能与人工智能共同发挥其最大价值。如何维持数据隐私保护与数据开放共享之间的平衡已成为制约应用大规模落地的最大掣肘。业界一般采用联邦学习技术解决问题。在满足数据隐私、安全及监管要求的前提下，它可让各企业独立的人工智能系统更加高效、准确地共同使用各自的数据进行模型训练及预测。虽然联邦学习标榜企业主体间独立学习预测，但绝少不了企业主体间的合作。而区块链技术的出发点就是解决多主体间合作的信息不对称问题。

10.3.1 "区块链+联邦学习"的实现路径

区块链和联邦学习有共同的应用基础，通过技术上的共识实现多方合作的可信网络，具有较好的互补性。从应用目标来看，联邦学习旨在创造价值，而区块链旨在表示和转移价值，因此有以下3种基本结合形式。联邦学习与区块链结合示意如图10-2所示。

① 利用区块链不可篡改的特性，对联邦学习合作主体方可能面临的恶意攻击进行追溯惩罚。在多参与方进行联邦学习的同时，区块链用于记录联邦学习的数据指纹（包括建模样本、推理样本、交互协调信息等），而用于学习的原始数据始终存储在参与方本地。当发现遭受恶意攻击时，调查组就可依据区块链数据对数据指纹与原始数据进行比对，追溯具体是哪一方遭受攻击或发动攻击，从而采取反制惩罚措施，确保联邦学习联盟持续、健康运作。

② 利用区块链多(去)中心化特性，利于多方参与的联邦学习联盟积极拥抱审计监管。在多方参与联邦学习的区块链网络中，可将相关的监管机构作为独立公正的第三方只读节点加入联盟网络。通过这种方式，监管机构可实时监控联邦学习联盟的数据及操作动向，违规操作可第一时间制止，利于维护人民群众的数据隐私及市场经济的有序健康运行。

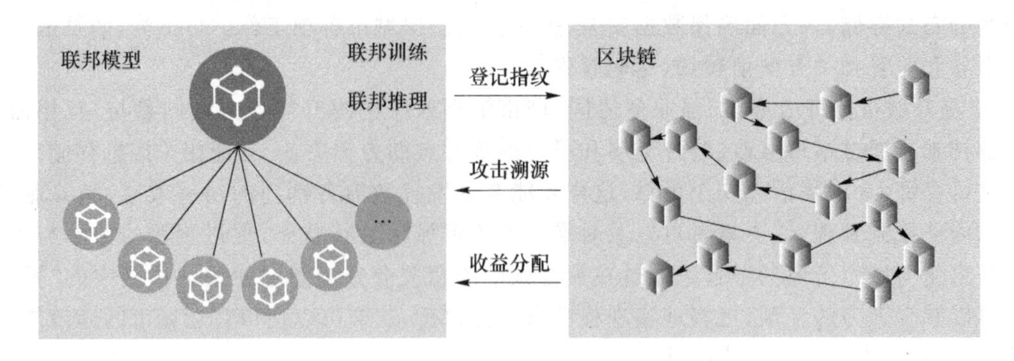

图 10-2 联邦学习与区块链结合示意

③ 利用区块链多(去)中心化特性,可以将区块链网络作为联邦学习协同计算分布式枢纽,从而确保各参与方的机会均等。通过区块链智能合约伪随机选取任意参与方主导某次学习的发起,杜绝一方参与者主导的窘境,增强各参与方共建联盟的自信心及参与感,亦可维护联邦学习联盟的根基。

利用区块链的价值标定能力,对联邦学习服务所创造的价值进行登记、确权及利益分配。在多个参与方进行联邦学习的同时,区块链可记录用户服务接口调用记录、各参与方的贡献度、服务产生的收益,而且可通过智能合约自动将利益按照提前拟定的分账规则及比例分配到各参与方区块链账户中,并在适当的时候与真实收益挂钩。

10.3.2 开创数据"可用不可见"合规应用新模式

区块链与联邦学习二者都是新技术风暴下的"可信媒介",信任在市场经济中具有至关重要的作用,能够简化沟通交易流程,提高交易成功率,进而实现大规模交易活动,推动市场经济健康运行。区块链之所以可信,在于在交易记账的过程中使用了群体共识和数字签名技术,即使没有权威机构监督,所有交易活动也是不可篡改且不可抵赖的。联邦学习的可信在于企业主体间合作使用的是不可逆的变换数据,即使没有权威机构监督,隐私数据也不会泄露。对于区块链技术带来的新生产关系,以及联邦学习提升的生产力,二者的结合可以为市场经济持续健康发展提供新的动力。探索不同主体合作开展业务的新能力、新模式,有望将数据安全信息标准进一步提高。

10.4 区块链+数据服务,京东智联云区块链数据服务

10.4.1 区块链数据服务的重要意义

区块链底层数据对于整个区块链生态极为重要,而链的评估一直以来都是一个棘手的问题,有很多机构都做过尝试,不过由于这些机构立场不同、视角不一,并没有全貌地展现一条链的真实情况,得出的结论也过于主观、武断。于是我们认为,提供区块链数据服务,对于项目团队、研发机构、用户乃至整个行业都有着重大的价值。

具体来说,京东智联云区块链数据服务(Blockchain Data Service, BDS)的意义有三:一是

系统归纳和整理区块链底层各方面的运行数据，正确客观地梳理和掌握一条链的真实运营状况；二是透过区块链底层繁杂的链式数据表象，结构化区块链底层数据，挖掘数据之下隐蔽的阶段性关键问题，从数据层面对链进行诊断及监控，为用户提供参考；三是由数据出发而不是根据主观好恶，公允客观地评价区块链项目的运营状况，为行业树立基于区块链数据的专业评价标准。

10.4.2 京东智联云区块链数据服务

京东智联云区块链数据服务(Block chain Data Service, BDS)是基于区块链公有链构建的开源数据存储和分析服务。相比于公有链原始数据的非结构化、离散性而言，BDS 将公有链原始数据结构化存储到高性能数据库服务中，方便了数据的读取、分析和监控；BDS 主要面向对区块链数据感兴趣并尝试探索的行业机构或个人，用户通过简单地进行云资源配置与部署即可使用；BDS 针对用户的不同需求，还会提供针对性的数据库实例以及服务方案，最终帮助客户解决实际业务中的相关问题。图 10-3 是京东智联云区块链数据服务产品架构图，图 10-4 是系统架构图。

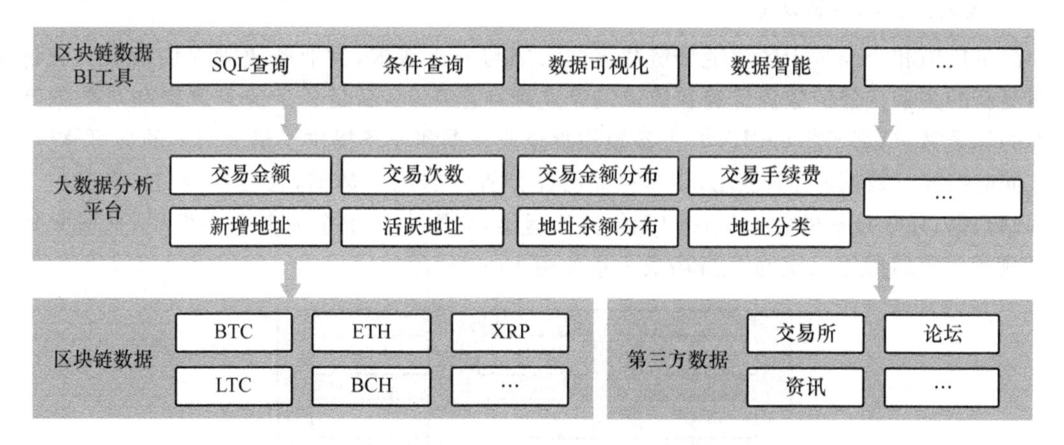

图 10-3 京东智联云区块链数据服务产品架构

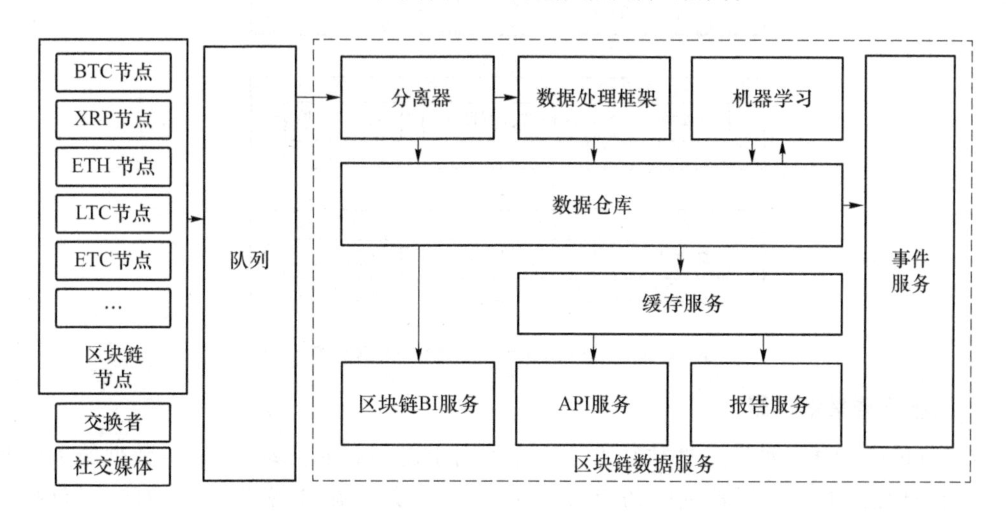

图 10-4 京东智联云区块链数据服务系统架构

10.4.3 功能特点

BDS产品涵盖了BTC、ETH、EOS、LTC、XRP、BCH等几十个知名区块链项目，各公链数据实时、稳定同步，以保证数据完整，并可一键部署到高可用关系数据库实例，与现有云数据库平台无缝集成，为用户创造了数据分析的便利条件；自定义了涉及用户、交易、区块等的100多个独家数据指标，开启同步服务，即可查看数据表结构和定义；提供服务实例各项指标的实时监控及自动警告功能，即开即用，方便快捷，有效地降低了用户运维成本。依托京东智联云的软硬件及架构支持，同时具备查询速度快、查询效率高的特点；支持使用标准SQL语句进行高级数据查询，可轻松地实现复杂的查询逻辑；支持使用点击及拖拽的方式进行简单数据查询，降低了使用门槛，可实时生成各类BI图表，支持图形化、可视化界面，定制专属于用户的区块链数据仪表盘。

10.4.4 应用场景

1. 数据采集与分析场景

满足机构和个人对于区块链公链数据的采集与分析需求，为业务决策提供指引。全量且实时更新的关系化公链数据部署在成熟的企业级数据库上，满足复杂业务逻辑和对数据高一致性的场景需求；基于多可用区的主备架构给企业数据和业务提供了最大限度的高可靠保障；建议同时搭配云数据库MySQL，用于存储已经分析后的用户数据，云缓存Redis集群用于缓存网站数据；易于维护的特性让用户无须关注运维，只需专注于企业业务的发展，且极大地降低了成本。BDS数据采集与分析场景示意如图10-5所示。

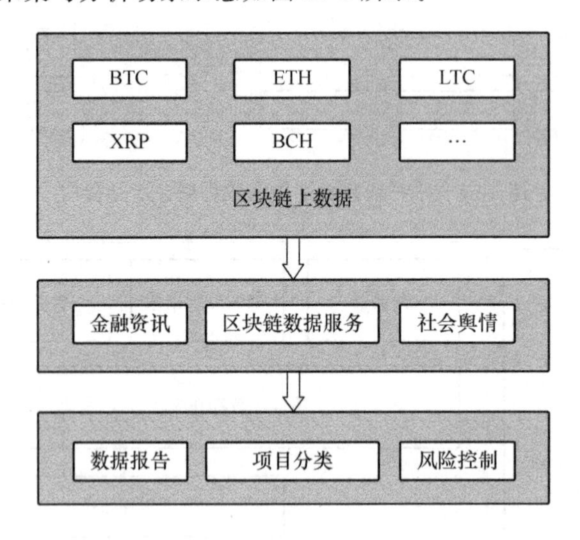

图10-5　BDS数据采集与分析场景示意

2. 犯罪证据采集场景

数字货币由于其地址匿名性往往被不法分子用于违法犯罪活动，区块链数据服务完整地记录了交易信息，通过分析地址间的交易行为，可定位资金流向，获取金融犯罪的有效证据。BDS犯罪证据采集场景示意图如图10-6所示。

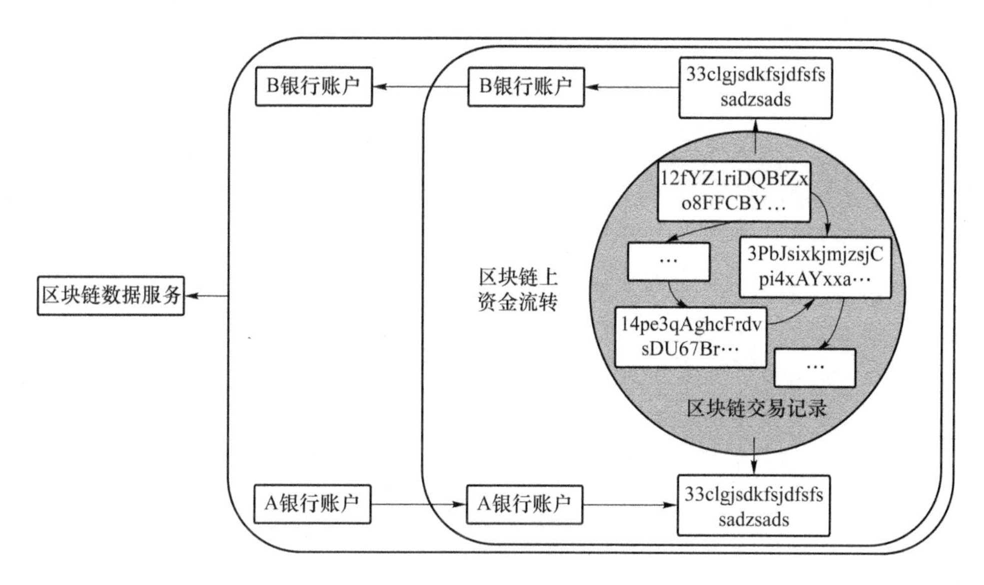

图10-6 BDS犯罪证据采集场景示意图

10.5 区块链技术的未来

十年后，或许人们不会再刻意提起区块链，而是在生产、生活中无时无刻地享受区块链带来的便利和安全。自主可控的区块链技术核心体系保证了技术发展过程中的自主性、灵活性，为场景落地提供了稳定、可扩展的技术保障。基于区块链技术的应用已经延伸到数字金融、物联网、智能制造、供应链管理、数字资产交易等多个领域，在促进数据共享、优化业务流程、降低运营成本、提升协同效率、建设可信体系等方面发挥着重要作用。区块链和人工智能、大数据、物联网、云计算等技术深度融合，互相支撑和促进，推动大量集成创新和融合应用，助力数字经济模式创新、实体经济深度融合发展、新型智慧城市加速建设，不同业务联盟链之间跨设备、跨链打通融合，合约校验执行、数据交换、数据多级监管、价值高效互通的分布式共治体系呼之欲出。

本章参考文献

[1] 京东数科. 2020京东区块链技术实践白皮书[Z]. 2021.